FUNDAMENTOS
DE MEDICIÓN
Y CONTROL DE
PROCESOS

FUNDAMENTOS DE MEDICIÓN Y CONTROL DE PROCESOS

Juan Arturo Miranda Medrano

Para realizar pedidos de este libro, contacte con:
Palibrio
1663 Liberty Drive
Suite 200
Bloomington, IN 47403
Gratis desde EE. UU. al 877.407.5847
Gratis desde México al 01.800.288.2243
Gratis desde España al 900.866.949
Desde otro país al +1.812.671.9757
Fax: 01.812.355.1576
ventas@palibrio.com
714449

ÍNDICE

Dedicado a mi familia que siempre me
ha apoyado en cualquier circunstancia.

A los estudiantes no conformistas.

1 Introducción a la Medición y Control de Procesos.

En la actualidad la medición y control de procesos ha alcanzado niveles sorprendentes de aplicación en todo tipo de industria, entre otras cosas, porque mejora enormemente la calidad del producto y la eficiencia de los procesos, lo que se refleja en mayores ganancias y una posición más competitiva de las empresas.

La industria de la instrumentación y control de procesos ha crecido y se ha diversificado a pasos agigantados en los últimos años, por lo que encontramos más compañías especializadas en este campo de la ingeniería y muchos más tipos y marcas de instrumentos de medición y de control en este mismo mercado.

Aún los ingenieros o técnicos no especialistas en medición y control, tienen que trabajar con equipos y plantas completas instrumentadas y supervisadas por sistemas de control automático. Por eso es importante, para esas disciplinas de ingeniería, tener conocimientos básicos sobre el campo de la medición y control de procesos, así como del desarrollo y actualidad de esa industria.

La teoría de control industrial engloba muchos campos, pero usa los mismos principios básicos que controlan la posición de un objeto, la velocidad de un motor, o la temperatura y presión de un proceso de manufactura.

1.1 Historia abreviada.

Se desconoce cuándo se inventó el campo de la medición y control. Alrededor de 2600 AC, los ingenieros egipcios usaron dispositivos de medición simples y precisos para nivelar los cimientos o bases de las pirámides y para cortar las piedras con enorme precisión. También usaron vertederos para medir y distribuir el agua de irrigación. Siglos después, los romanos construyeron sus acueductos y distribuidores de agua usando medidores de flujo elementales (Battikha, 2006).

1

El tubo Pitot se inventó en los años de 1600 (Battikha, 2006). La revolución industrial comenzó en Inglaterra a mediados de los años de 1700 cuando se descubrió que la productividad de ruedas giratorias y maquinas tejedoras podía incrementarse dramáticamente acoplándolas a máquinas movidas por vapor (Bartelt, 2006). La "bola" reguladora de las máquinas de vapor se inventó en 1774 durante la revolución industrial (con mejores versiones aun en uso hoy). Esta "bola" reguladora de admisión de vapor se considera la primera aplicación del concepto de controlador con retroalimentación (Battikha, 2006).

Invenciones posteriores y nuevas ideas en arreglos de planta llevo a los Estados Unidos de América (por los años 1850) al liderazgo mundial en el sector manufacturero. A inicios del siglo veinte, el motor eléctrico reemplazo las ruedas de agua y vapor como fuente de potencia. Las fabricas se hicieron más grandes, la maquinaría mejoró debido a tolerancias cada vez más pequeñas, y se creó la producción en masa cón métodos de ensamble en línea (Bartelt, 2006).

A finales de los 1800, se tenían disponibles comercialmente los termómetros con cubierta de estaño o madera y los barómetros de mercurio. Al inicio de los 1900, aparecieron en el mercado los controladores de temperatura, controladores neumáticos y registradores de pluma (Battikha, 2006).

Con la primera guerra mundial, la necesidad de instrumentos más eficientes ayudó a mejorar y desarrollar el campo de la instrumentación. Se desarrollaron los cuartos de control, y emergió el concepto de control proporcional, integral, derivativo (PID). A mediados de los 1930, se desarrollaron los potenciómetros electrónicos, medidores de flujo y analizadores. En ese tiempo había cerca de 600 compañías que vendían instrumentos industriales (Battikha, 2006).

Entre la primera y segunda guerra mundial, se desarrolló el control con retroalimentación, permitiendo que se reemplazara la maquinaria operada manualmente por equipo automatizado. Los sistemas de control con retroalimentación es el elemento clave en los procesos de fabricación actuales. El término control industrial se usa para definir este tipo de sistemas, que automáticamente monitorean el proceso de manufactura y ejecutan una acción correctiva en caso de que la operación no se esté realizando apropiadamente (Bartelt, 2006).

Durante la segunda guerra mundial hubo avances significativos en la tecnología de retroalimentación debido a que se requerían sistemas sofisticados de control para las bombas militares. Después de la guerra las técnicas usadas en el equipo militar se aplicaron al control industrial para mejorar la calidad de los productos e incrementar la productividad (Bartelt, 2006).

Al inicio de los 1940, se desarrolló el método de entonamiento de Ziegler-Nichols (que aún se usa hoy). La segunda guerra mundial fue la que mayor influencia tuvo en el desarrollo de la medición y control. Se produjeron instrumentos de balance de fuerzas, todos los instrumentos electrónicos, y transmisores de presión. A finales de los 1940 y hasta los años de 1950, la industria de control de proceso se transformó por la introducción del transistor. Durante este periodo también se introdujeron: transmisores neumáticos de presión diferencial, controles electrónicos y la señal DC de 4-20 mA (Battikha, 2006).

En los años de 1960, se introdujeron las computadoras con la implementación de control digital directo (DDC) con interfaces de operador basadas en CRT, los controladores lógicos programables (PLCs), el medidor de vortex, y válvulas control mejoradas. Los años de 1970 trajeron el microprocesador, los sistemas de control distribuido (DCSs), transmisión por fibra óptica, analizadores in-situ de oxígeno, y el chip de memoria de acceso aleatorio (RAM) (Battikha, 2006).

Los años de 1980 y 1990 vieron el advenimiento de la era de computadora personal y del software, que ampliaron las aplicaciones de los DCSs y PLCs. Se introdujeron las redes neuronales, sistemas expertos, lógica difusa, instrumentos inteligentes y controladores auto entonables (Battikha, 2006).

No se conoce el futuro de la medición y control de procesos. Sin embargo, basándose en las tendencias actuales, se espera que la línea que separa a los DCSs y PLCs siga desapareciendo, se incremente la auto reparación y el auto diagnóstico, se expanda la inteligencia artificial en aceptación y facilidad de uso, y que los estándares de los sistemas *bus* de comunicación de toda la planta sean la regla. En el horizonte está la era de la integración total de los componentes digitales – desde la medición al sistema de control hasta el elemento final de control – (Battikha, 2006).

1.2 La importancia del control de proceso.

La medición y control de procesos (también conocida como automatización de procesos, instrumentación y control de procesos o sólo instrumentación), es necesaria para la industria moderna de proceso para que ésta sea redituable. El control de proceso mejora la calidad del producto, reduce las emisiones de la planta, minimiza el error humano y reduce los costos de operación entre otros beneficios.

1.2.1 Definición de proceso.

El término proceso se utiliza en el marco de la industria de procesos. Se refiere a la planta completa o a una porción de ella donde las materias primas o productos intermedios sufren cierta transformación.

La industria de proceso incluye la industria química, la de gas y petróleo, de alimentos y bebidas, la farmacéutica, de tratamiento de agua, y de generación de potencia.

1.2.2 Efectos del control de procesos.

El control de procesos se refiere a los métodos que se usan para monitorear y regular las condiciones de proceso durante la fabricación de un producto. Por ejemplo, condiciones de proceso como la proporción de ingredientes, la temperatura de los materiales, el grado de mezclado, o la presión de trabajo influyen de manera importante en la calidad del producto final.

Un instrumento es cualquier dispositivo que sirve para medir o indicar las condiciones del proceso, su funcionamiento, posición, dirección, etc., o algunas veces para operaciones de control.

El control de procesos de una fábrica se realiza por tres razones básicas: Reducir la variabilidad del producto, incrementar la eficiencia global de proceso y mantener la seguridad del proceso

1.2.2.1 Aumenta la calidad del producto y reduce su variabilidad.

El control del proceso puede reducir la variabilidad del producto final, asegurando, consistentemente, un producto de alta calidad.

Reduciendo la variabilidad también se puede ahorrar dinero, disminuyendo la necesidad de darle al producto mucho "colchón" (product padding) para cumplir las especificaciones requeridas de producto. Dicho "acolchonamiento" se refiere al proceso de hacer un producto de mayor calidad que aquel necesario para cumplir especificaciones. Cuando hay variabilidad en el producto final (por ejemplo, cuando el control de proceso es pobre), los fabricantes son forzados a "acolchonar" (exceder las especificaciones) el producto para asegurar que se cumplen las especificaciones, lo que incrementa los costos. Con un buen control de procesos, el valor deseado puede moverse más cerca de las especificaciones de producto y así ahorrar dinero.

1.2.2.2 Incremento de la eficiencia del proceso, reduciendo costos de operación y efluentes.

Algunos procesos deben mantenerse en ciertas condiciones para maximizar su eficiencia. Por ejemplo, la temperatura de reacción. Un control preciso de temperatura asegura la eficiencia alta del proceso. Los fabricantes ahorran minimizando los recursos necesarios para la elaboración de un producto.

1.2.2.3 Aumentar la seguridad del proceso y minimiza el error humano.

Si no se mantiene el control del proceso puede ocurrir que este llegue a condiciones extremas que pueden llegar a ser catastróficas. Por eso, para garantizar que el proceso se realice de forma segura es necesario un control preciso del proceso.

2 Clasificación del control industrial.

Para efectos de estudio los procesos industriales de producción se clasificarán en tres grandes grupos:

- Procesos discretos o de control de movimiento.
- Procesos continuos.
- Procesos por lote.

Esta clasificación es conveniente puesto que los sistemas de control para cada uno de esos procesos tienen características muy específicas que son apropiadas para cada uno de ellos.

2.1 Procesos discretos o de control de movimiento.

Un sistema de control de movimiento es un sistema de control automático que controla el movimiento físico o posición de un objeto. El ejemplo claro son los robots que realizan operaciones de ensamblado o soldado.

Hay tres características que son comunes a todos los sistemas de control de movimiento. Primero, controlan la posición, velocidad, aceleración o desaceleración de un objeto mecánico. Segundo, se mide el movimiento o posición del objeto que se está controlando. Tercero, los dispositivos de movimiento responden típicamente a una señal de entrada en fracciones de segundo (no en segundos ni en minutos, como en el control de procesos). De aquí que los sistemas de control de movimiento son más rápidos que los sistemas de control de procesos (Bartlet, 2006).

Los sistemas de control de movimiento también son conocidos como *servos* o *servomecanismos*. Otros ejemplos son: equipo maquinaria o herramienta controlada numéricamente por computadora (CNC), prensas de impresión, copiadoras de oficina, equipo de empacado, y máquinas de inserción de partes electrónicas que colocan componentes en un circuito impreso (Bartlet, 2006).

Este tipo de procesos también se les conoce como *Procesos Discretos*.

El control de este tipo de procesos esencialmente consiste en la operación automática de la maquinaria. Es decir, es la automatización de una serie de etapas con encendido y apagado de maquinaría muy bien sincronizadas en el tiempo (Martin & Hale, 2010).

Actualmente existen un gran número de dispositivos electrónicos y electromecánicos inteligentes, sin embargo, prevalecen los interruptores automáticos así como secuencias de interruptores interconectados; además de temporizadores.

A final de cuentas, aún ahora, el corazón del control de procesos discretos es el encendido y apagado automático.

Al inicio, en el control de procesos discretos se usó el relevador electromecánico pero, no es difícil imaginar, que para el control de una planta se requirieron un gran número de relevadores interconectados para realizar ciertas operaciones al mismo tiempo. Posteriormente, la disponibilidad de relevadores "normalmente abiertos" o "normalmente cerrados" permitió el diseño de secuencias lógicas complejas en los sistemas de control, junto con los temporizadores. Sin embargo, al ser elementos mecánicos, los relevadores tarde o temprano se desgastan y la reparación de un sistema con muchos relevadores se vuelve muy difícil. También al hacerse más complejos requirieron de mucho espacio, se necesitó la construcción de esquemas lógicos complejos y se volvieron caros (Martin & Hale, 2010).

Obviamente, las computadoras eran la solución natural para resolver esta situación, pero como en aquel tiempo (1960) eran caras y todavía se desconfiaba de ellas, los fabricantes estuvieron renuentes a aceptarlas en sus sistemas de control. Para resolver esta situación y darle la vuelta al hecho de estaban utilizando la tecnología de computadoras, los fabricantes de las mismas llamaron a sus dispositivos "controladores programables" o "controladores lógicos programables" (1968).

Para resolver el hecho de que los electricistas que diseñaban y construían los sistemas lógicos basados en relevadores electromecánicos, se diseñó un lenguaje de programación que simulaba los diagramas de escalera de relevadores que han estado utilizando los electricistas en sus diseños. El primer software de este tipo para controladores programables se le llamo lógica de escalera (logic ladder). Ver Figura 2.1.

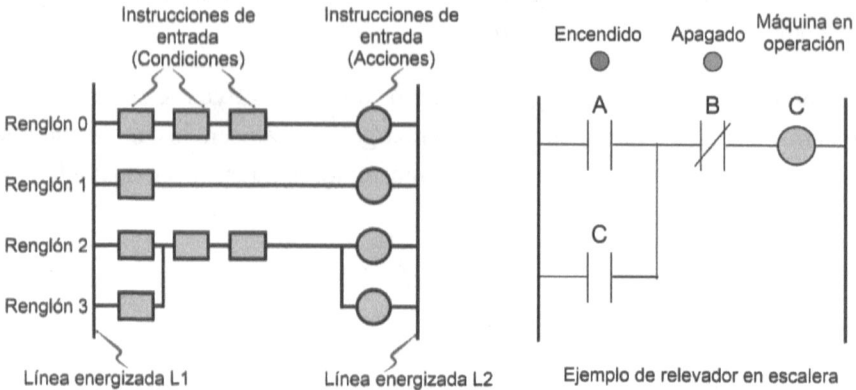

Figura 2.1 Ejemplos de lógica de escalera.

Este tipo de procesos escapa al interés de este libro por lo que no se verán más detalles.

2.2 Control de procesos continuos.

Es el tipo de control más conocido y cuya descripción es la más difundida, especialmente para profesionistas relacionados con los procesos químicos en general.

En los procesos continuos se controlan una o más variables de un proceso de manufactura. Estas variables pueden ser la temperatura, presión, flujo, nivel de líquidos o sólidos, pH, o humedad y deben mantenerse constantes con el tiempo. Por eso en este tipo de procesos el control debe compensar cualquier agente externo que pueda cambiar el valor de la variable. El tiempo de respuesta de estos sistemas de control de procesos continuos es normalmente lento, y puede variar de unos pocos segundos a minutos. Este tipo es el más usado en la industria manufacturera.

Como la teoría y la mayoría de la literatura se basa en el control automático de procesos continuos y, debido a que el estudio del control de este tipo de procesos facilita su aprendizaje, en el Capítulo 4 se describe ampliamente el control automático de este tipo de procesos. Por lo pronto sólo se comentará lo más básico de estos controladores.

El control automático de procesos continuos se realiza mediante circuitos de control con retroalimentación negativa, Figura 2.2.

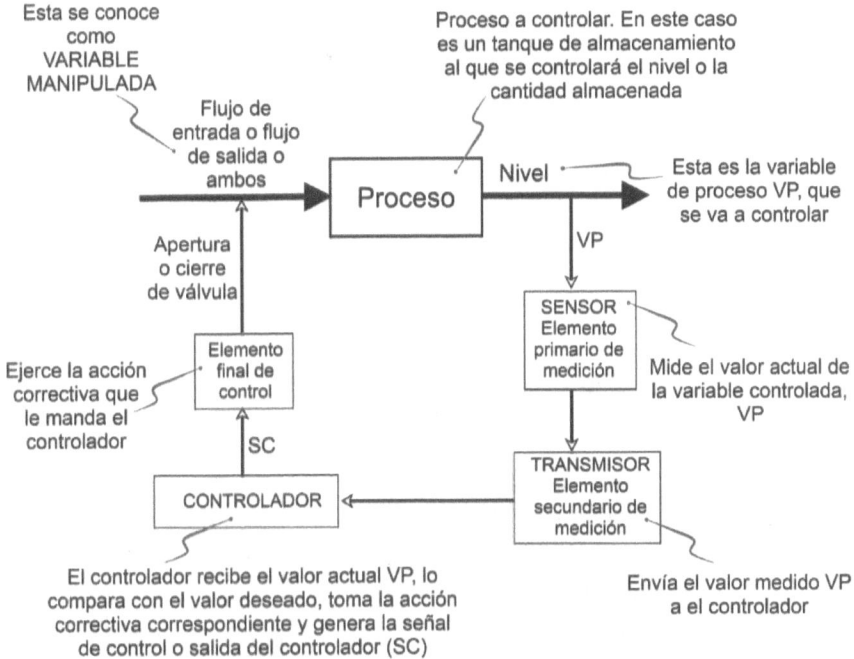

Figura 2.2 Circuito de control cerrado con retroalimentación negativa.

En estos circuitos el valor de la variable controlada se mide con el elemento primario de medición (sensor o medidor), se transmite al cuarto de control a través de distancias grandes con ayuda del elemento secundario de medición (transmisor). El controlador recibe esta señal y genera una salida de acuerdo a los algoritmos o instrucciones que residen en él. Esta salida es la señal correctiva que se regresa a la planta (transmitida) hacia el elemento final de control (generalmente una válvula de control), que modifica lo que se conoce como variable manipulada, y esta a su vez modifica el valor de la variable controlada de tal forma que tiende a regresarla al valor deseado o Set Point. Ver ejemplo en la Figura 2.3.

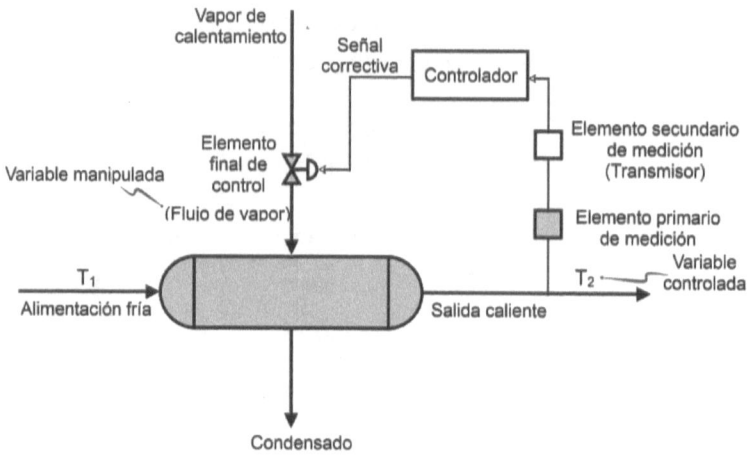

Figura 2.3 Control de temperatura de la corriente de salida de un intercambiador de calor.

2.2.1 Diferencia principal entre el control de movimiento y el control de procesos continuos.

La diferencia principal entre el control de movimiento y el control de procesos continuos es el método de control que se requiere. En el control de procesos se pone énfasis en mantener una condición constante de un parámetro, tal como nivel, presión o flujo. En cambio, en el control de movimiento la orden de entrada está cambiando constantemente. Se hace énfasis en seguir los cambios en la señal de entrada deseada tan cerca como sea posible. Típicamente, en los procesos discretos las variaciones de la señal de entrada son muy rápidas.

2.3 Control de procesos por lote.

Cuando la fabricación de un producto requiere de cierta flexibilidad en su elaboración, o cuando una de las etapas del proceso requiere de mucho tiempo para su conclusión, el tipo de proceso que se utiliza es por lote. Ejemplos donde se utilizan los procesos por lote es la industria de alimentos y la farmacéutica. En esta última rama industrial el fabricante elabora varios productos en cantidades moderadas o relativamente pequeñas. Resulta más económico fabricar esa variedad de productos usando el mismo equipo de proceso. Además, como el mercado es pequeño, no tiene sentido usar el proceso continuo para elaborar grandes cantidades de producto.

La fabricación por lote consiste en una secuencia de etapas y cada una de ellas puede incluir una serie de operaciones secuenciales o paralelas. La operación de una planta que opera por lotes consiste en el arranque y paro de bombas o agitadores. Por eso desde el punto de vista del control básico, la operación de estas plantas involucra actividades de control lógicas, así como controles habituales de temperatura o nivel. Por esta razón los procesos por lote son controlados por una combinación de controladores de proceso y PLCs. Por esto, el control de procesos por lote a veces se le conoce como control híbrido.

La fabricación por lote puede consistir en la elaboración de un solo producto o de varios en una misma planta de producción, es decir, con el mismo equipo de proceso y con los mismos controladores lógicos o de proceso básicos, Figura 2.4.

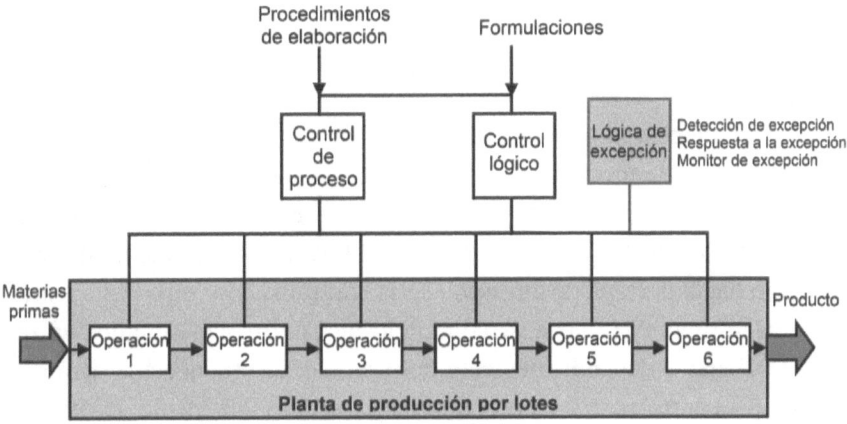

Figura 2.4 Control básico de un proceso por lote (Martin & Hale, 2010).

Si algo no va bien en el proceso de producción por lote, el software debe ser capaz de dar una respuesta adecuada. Si por ejemplo, el sistema de calentamiento de una de las etapas llega a fallar, el software debe identificar esta situación y corregirla en lo posible, por eso, se introduce lo que se conoce como una *lógica de excepción*. Así, el software de control por lotes se divide en control lógico normal y control lógico de excepción (Martin & Hale, 2010).

El control de un proceso por lote requiere la implementación de un control de proceso y de un control lógico así como la implementación de un nivel de coordinación entre esos controles en la forma de una administración de las formulaciones y de una programación de la fabricación de los diversos productos. Por eso se puede considerar que un control de procesos por lote es más un problema de análisis y desarrollo de sistemas que sólo un problema de control.

Como ejemplo, se muestra un proceso por lotes general en la Figura 2.5. En esta planta se requiere elaborar tres productos (P1, P2 y P3) mediante la combinación de un material común (1) y tres materiales diferentes (A, B, C). El control de la planta consiste en un Sistema de Control Distribuido formado por controladores de proceso y controladores lógicos programables. El software que maneja las formulaciones y que reside en el DCS, está conectado tanto con los controladores de proceso como con los PLCs. Este software administrador de las formulaciones puede operar en una PC o en un servidor anexo a los PLCs.

En este proceso se podrían controlar los tanques de materias primas con un controlador de procesos y el mezclador con otro controlador. Por otra parte, el arranque y paro de las bombas de alimentación y del mezclador se podrían controlar con un PLC. Finalmente, la descarga de cada producto hacia la etapa de envasado sería controlada por otro PLC. Nótese que este último PLC no está conectado al Control Distribuido, ya que puede trabajar independientemente del proceso de producción, siempre y cuando los controladores de proceso tengan acceso a la medición del nivel de estos tanques y lo puedan mantener en el rango de operación.

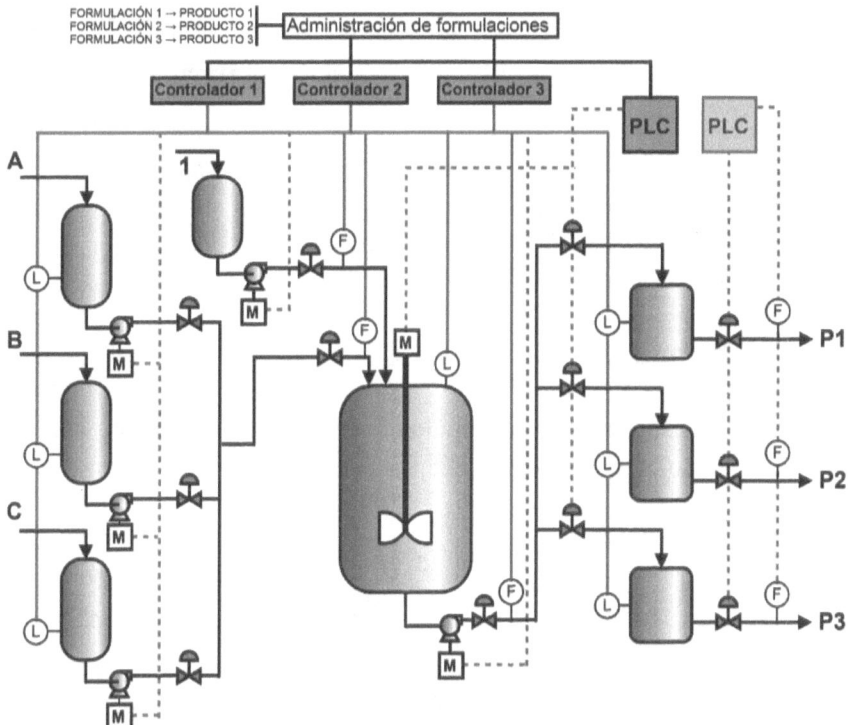

Figura 2.5 Ejemplo de un proceso por lote controlado con DCS y PLC (Martin & Hale, 2010).

3 Desarrollo de los sistemas de control en breve.

En este Capítulo se hará un resumen del magnífico Capítulo 4 Process Control Systems: A Theory of Evolution, del libro de Martin y Hale, *Automation Made Easy* (2010); con algunas modificaciones menores de muestra parte.

3.1 Sistemas de control mecánico.

Los primeros sistemas de control automáticos fueron sencillos y del tipo mecánico, como el mostrado en la Figura 3.1.

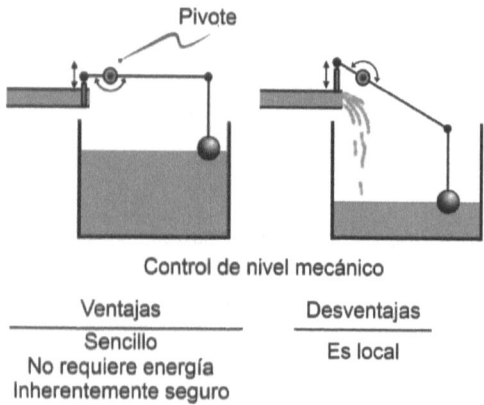

Figura 3.1 Control de nivel mecánico de un tanque.

Este dispositivo, aunque sencillo, permite un control suficientemente adecuado del nivel del tanque. No requiere de suministro de energía para funcionar y es inherentemente seguro porque no provoca chispas que puedan provocar incendios. La desventaja es que este sistema es que es un control local y no puede manejarse remotamente por un operador.

3.2 Sistemas de control neumático.

Posteriormente se produjeron los sistemas de control neumáticos (Figura 3.2). Estos fueron los primeros sistemas que requirieron un suministro de energía para su funcionamiento. Los sistemas neumáticos trabajan con aire a presión en un rango de 3 a 15 psi. Como este rango se estableció por un acuerdo de diversos industriales del ramo, fue uno de los primeros estándares que permitieron el uso de instrumentos de diversos fabricantes en el mismo circuito de control. En cierto sentido fue el primer fieldbus estándar (Martin y Hale, 2010). La idea de colocar el valor inferior de ese rango de presión en 3 psi y no 0 (cero) psi, permite al operador distinguir una condición baja de medición de una condición de falla en el suministro de aire a instrumentos.

Una de las grandes ventajas de estos nuevos sistemas neumáticos fue que la señal se podía transmitir a ciertas distancias; por lo que los controladores se podían ubicar lejos del proceso, permitiendo los paneles de control centralizados. Los operadores podían supervisar varios circuitos desde el panel de control. Así se reduce el número de operadores.

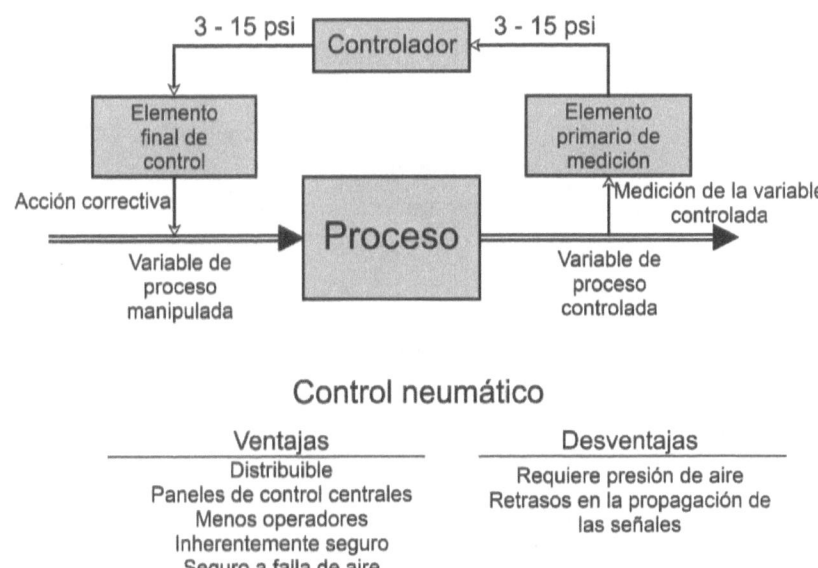

Figura 3.2 Sistema de control neumático (Martin & Hale, 2010).

Son sistemas intrínsecamente seguros porque el aire a presión no puede producir chispas, que originen una explosión. También como las válvulas de control tienen diseños que cierran o abren a falla de aire, los sistemas neumáticos se dirigen a condiciones seguras si falla el aire de instrumentos.

Las desventajas de los sistemas neumáticos de control es que requieren un suministro de aire a presión que puede resultar costoso; y que las señales neumáticas no se propagan instantáneamente por lo que llegan a su destino un tiempo después de ser generadas, por lo que introducen un tiempo de retraso en la acción correctiva del controlador. Este retraso es proporcional a la longitud de la línea de transmisión y produce dificultades en el control deseado.

Obsérvese que los controles neumáticos utilizan señales continuas entre las 3 y 15 psi, para representar las mediciones de la variable controlada así como la señal correctiva que indica la posición de la válvula (del obturador) de control. Debido a esto se reconoce a estas señales como análogas.

3.3 Sistemas de control electrónico análogo.

Para tratar de subsanar las limitaciones de los sistemas neumáticos analógicos, se desarrollaron los sistemas de control electrónico también del tipo analógico como se muestra en la Figura 3.3. Estos sistemas requieren de un suministro eléctrico y el rango de trabajo común (estándar) es el de 4 a 20 mA.

Los dispositivos electrónicos substituyeron bien los dispositivos neumáticos y permitieron que los ingenieros de control migraran eficientemente delos sistemas neumáticos análogos a los sistemas electrónicos análogos. La señal eléctrica puede viajar distancias más largas y su transmisión casi no tiene retraso por lo que los sistemas electrónicos pueden distribuirse más y mejor en la planta de proceso. Al mismo tiempo los sistemas análogos electrónicos permiten que un operador pueda manejar varios circuitos de control desde el mismo lugar (cuarto central de control).

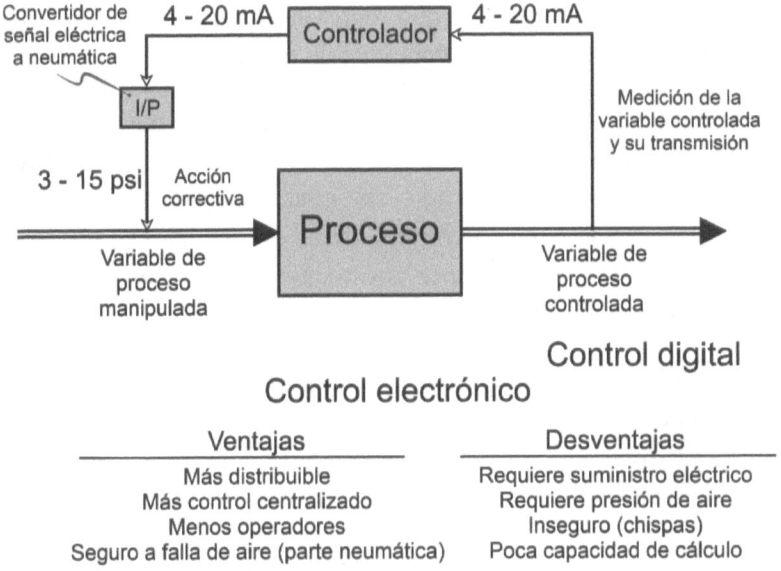

Control electrónico	Control digital
Ventajas	Desventajas
Más distribuible	Requiere suministro eléctrico
Más control centralizado	Requiere presión de aire
Menos operadores	Inseguro (chispas)
Seguro a falla de aire (parte neumática)	Poca capacidad de cálculo

Figura 3.3 Sistema de control electrónico análogo (Martin & Hale, 2010).

Por otro lado, los sistemas electrónicos introducen electricidad en áreas de la planta en las que las "chispas" pueden provocar una explosión o fuego. Debido a esto se desarrollaron dispositivos llamados barreras eléctricas, que reducen la probabilidad de formación de chispas.

También, debido a que la mayoría de las válvulas de control son neumáticas, si se tiene un sistema electrónico se debe tener un suministro tanto eléctrico como neumático lo que incrementa los costos de instalación y mantenimiento. Adicionalmente, la capacidad de cálculo y de almacenamiento de datos de los sistemas electrónicos era muy limitada, ya no se diga en el caso de los sistemas neumáticos.

3.4 Sistemas de control supervisor o control del punto de ajuste.

Así, conforme fueron bajando los precios y aumentando las capacidades de las computadoras digitales, estas fueron ganado terreno en los sistemas de control. A diferencia de los sistemas análogos los sistemas digitales usan circuitos eléctricos para simular los dígitos de un determinado número. En lugar de una señal que representa un rango, la señal digital representa un valor de un digito dentro de un rango.

El primer sistema digital confiable que se desarrolló fue para asegurar que los puntos de ajuste los controles análogos estuvieran bien optimizados; lo que originó un sistema híbrido de control. Este sistema hibrido digital/análogo se le conoció como Control del Set Point (SPC) o más comúnmente como Control Supervisor (control supervisorio, en la jerga normal de control), Figura 3.4.

Estos sistemas híbridos ofrecen un buen nivel de distribución del control en planta, con el control ejecutado por los controladores análogos, lo que significa que el control sigue realizándose si falla la computadora, lo que era frecuente en los inicios de estos sistemas. Con la determinación de los puntos de ajuste (SP) con ayuda de las computadoras, los operadores pudieron manejar un mayor número de secciones de la planta para su control.

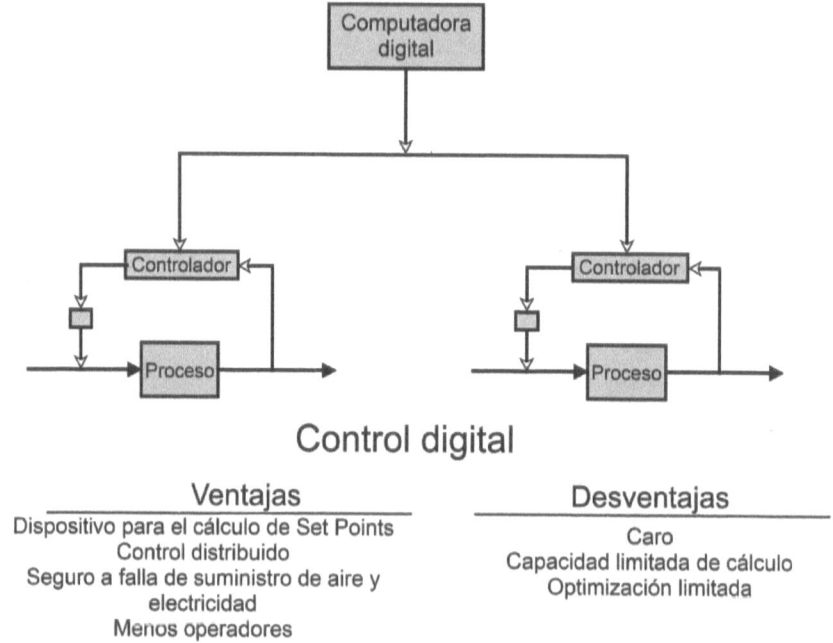

Control digital

Ventajas	Desventajas
Dispositivo para el cálculo de Set Points Control distribuido Seguro a falla de suministro de aire y electricidad Menos operadores	Caro Capacidad limitada de cálculo Optimización limitada

Figura 3.4 Control digital supervisor (Martin & Hale, 2010).

18

Al inicio los sistemas de control de SP o control supervisor, fueron caros debido a su característica híbrida. La computadora todavía tenía capacidad limitada y no intervenía claramente en la acción de control. Además, el software para optimización estaba en sus inicios lo que no garantizaba una optimización real.

3.5 Sistemas de control digital directo.

Para mejorar los sistemas supervisores, muchos fabricantes empezaron a implementar computadoras que pudieran realizar cálculos avanzados así como la acción de control. A estos sistemas se les conoció en un inicio como Sistemas de Control Digital Directo (DDC), Figura 3.5. En estos sistemas el software en la computadora sustituyó la función de control que antes hacían los controladores análogos. Debido a que la mayoría de las mediciones, las señales de transmisión, la acción correctiva de control y las válvulas de control son dispositivos o señales análogos, se tuvieron que introducir convertidores de señal de análoga a digital (A/D)y a la inversa (D/A) para que hubiera un comunicación fluida con la computadora digital (Figura 3.5). Estos sistemas resultaron menos caros que los sistemas supervisores al eliminar la necesidad de tener los controladores análogos y ofrecieron capacidad ilimitada de cálculo para una optimización real de los puntos de ajuste.

La desventaja más grande de los sistemas de control digital directo era la posibilidad de falla de la computadora. En el inicio de estos sistemas las computadoras eran caras y se tuvo la tendencia de poner tantos controles como fuera posible en una computadora con el riesgo subsecuente y, por otro lado, implementar un sistema de control análogo de respaldo resultaba también muy caro. Sin embargo, conforme los costos disminuyeron, y la confiabilidad y capacidad de las computadoras se incrementó, los sistemas de control digital directo se convirtieron en la norma para el diseño de sistemas de control.

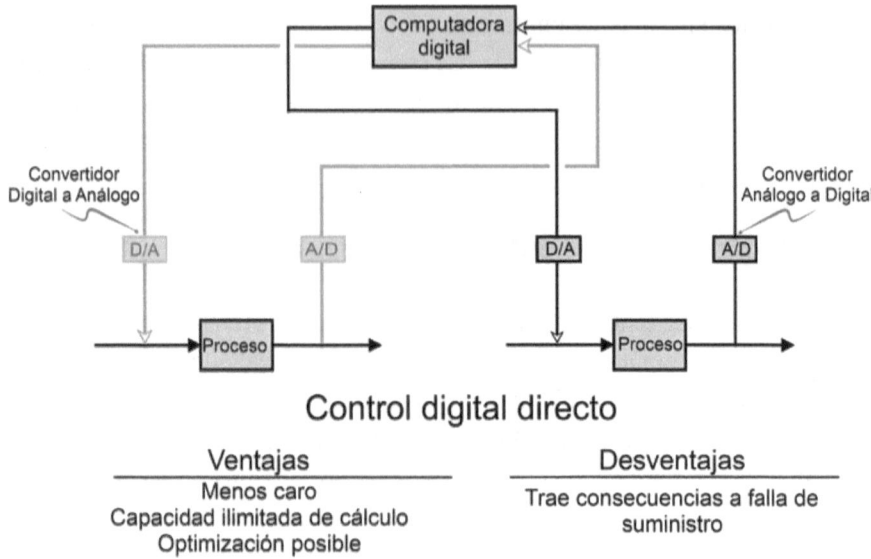

Figura 3.5 Sistemas de control digital directo (Martin & Hale, 2010).

Tal vez el mayor reto de migrar de los sistemas análogos a los sistemas digitales fue preservar y seguir aprovechando el conocimiento de alto valor que desarrollaron los ingenieros de control. Durante muchos años los ingenieros de control fueron entrenados para el desarrollo e implementación de estrategias de control con sistemas análogos de control. Estos sistemas fueron diseñados mediante la selección de los componentes (hardware) según la función que se requería de acuerdo a la estrategia de control. Así, para un circuito sencillo el ingeniero debía seleccionar cada uno de los componentes del circuito desde el sensor hasta la válvula de control, incluyendo convertidores de señal. Para sistemas de control más complejos se seleccionas los componentes (hardware) adicionales requeridos y se conectan en el orden apropiado. Los ingenieros de control desarrollaron mucha experiencia trabajando con estos sistemas análogos y su diseño mediante la selección del hardware.

Con las computadoras digitales la acción de control radica en el software y no en los componentes (hardware) de los sistemas análogos. Cuando las computadoras tomaron relevancia en los sistemas de control, pocos ingenieros estaban capacitados en lenguajes de programación. Para resolver esta situación, los ingenieros de desarrollo de software de la compañía Foxboro, idearon un lenguaje de programación que simulaba el diseño y desarrollo por hardware de sistemas de control, que usualmente habían utilizado los ingenieros de control.

La simulación de los componentes de un sistema análogo de control se logró usando en ese software de Foxboro el "Concepto de Bloque". En este software se desarrollaron elementos conceptuales conocidos como "Bloques" de software. Cada uno de esos bloques representa cada uno de los elementos funcionales requeridos e un sistema análogo de control (Figura 6.ff). De esta forma, los ingenieros de control podían construir esquemas de control usando prácticamente el mismo tipo de conocimiento con el que desarrollaron los sistemas análogos. Este lenguaje de bloques de software inventado para control de procesos realmente fue una de las primeras formas de programación orientada a objetos.

3.6 Sistemas de control distribuido.

Cuando bajaron más los costos de las computadoras digitales y aumentaron su capacidad, se llegó al punto donde la función de control en las computadoras digitales fue más económica que la misma función realizada por los sistemas análogos. Combinando esto con la aceptación de los lenguajes de programación por bloques y los sistemas de control digital directos, llevó al desarrollo de una nueva clase de sistemas de control ahora conocidos como Sistemas de Control Distribuido (DCS), Figura 3.6. El primero de estos sistemas fue introducido por Honeywell en 1970 (el TDC2000).

Los DCS tiene la ventaja de poder distribuirse más mejor dentro de las plantas, que los sistemas digitales previos. Son más distribuibles en dos sentidos: geográfica y funcionalmente. Los módulos del sistema pueden localizarse en más ubicaciones de la planta y dedicarse a una función en particular, por ejemplo, el control de proceso o la comunicación con el operador (interface). La distribución geográfica junto con la distribución funcional, dieron enorme flexibilidad a estos sistemas de tal manera que podían cumplir con las necesidades de una amplia variedad de industrias.

Los DCS facilitaron una vigilancia más centralizada permitiendo que con un solo cuarto de control se supervisaran incluso plantas muy grandes. Como la funcionalidad está distribuida en varios módulos computarizados, la falla de alguno es más puntual o mejor contenida. Además los fabricantes han diseñado sistemas redundantes en módulos críticos de tal manera que la falla de un componente no provoque una pérdida de la función.

Quizás la mayor desventaja de los DCS es que están orientados al control de procesos y enfocados a las plantas de producción y no permiten una comunicación fluida con los sistemas comerciales.

Por otro lado, independientemente del fabricante se pueden distinguir características comunes en la arquitectura del diseño de los DCS (Figura 3.6). Empezando por la capa o el nivel más bajo, tenemos a los instrumentos y válvulas que, tradicionalmente no se consideraban dentro del alcance de los DCS. Sin embargo ante la creciente disponibilidad de instrumentos de campo digitales inteligentes, se están empezando a considerar como parte del sistema de control. La red digital resultante en este primer nivel ha sido denominada como fielbus (bus de campo) y tiene la importancia de ser la infraestructura de comunicación digital con los DCS.

Con el fin de estandarizar los dispositivos de campo (inteligentes) de los diversos fabricantes y que estos pudieran trabajar con el DCS de cualquier otro vendedor, se creó la Fieldbus Foundation. Esta estandarización requirió de mucho más trabajo que los fieldbuses análogos porque los dispositivos inteligentes manejan mucha más información de interés para los DCS.

La capa siguiente en esta arquitectura es el nivel entrada/salida (input/output). Este es importante porque proporciona la interface de comunicación entre los DCS y los dispositivos de campo inteligentes y no inteligentes.

La capa de control es el nivel siguiente. Aquí se realizan las funciones de control básico del proceso y del control lógico. Sigue el nivel de

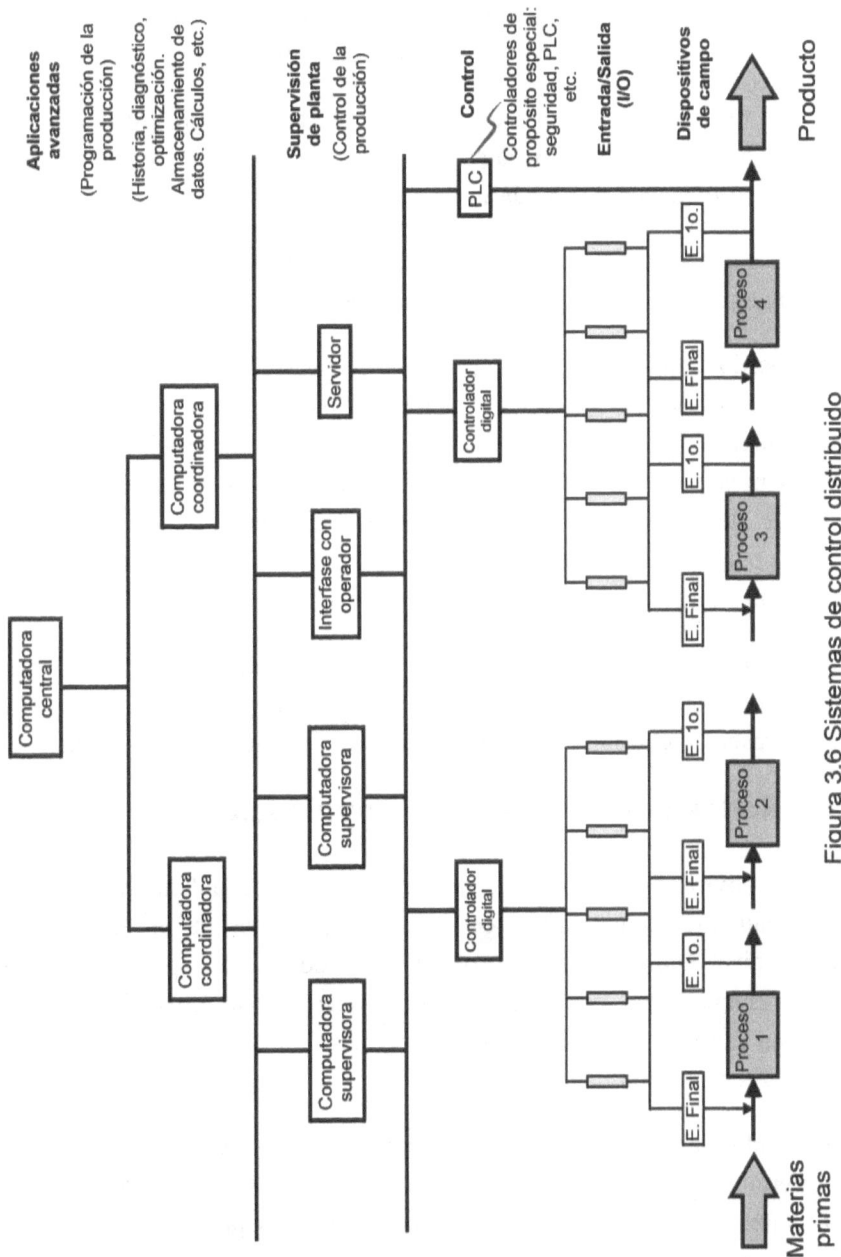

Figura 3.6 Sistemas de control distribuido

23

supervisión, en el que el operador interactúa con el sistema a través de las computadoras para supervisar la operación de la planta.

El nivel más alto es la capa de aplicación avanzada. En esta se tienen diversas aplicaciones como datos históricos del proceso, optimizadores, planes de producción y calendario de corridas.

Puede ser que físicamente los DCS no estén divididos de esta forma, pero funcionalmente todos los podemos dividir así.

De acuerdo con Martin & Hale (2010), los DCS, hasta hoy, son la culminación del proceso de evolución de los sistemas de control en el último siglo (Figura 3.6). Tener conocimiento de esta progresión con el tiempo puede ser útil para tratar de comprender los sistemas actuales. Algunos de los componentes de diseño, tales como la estructura en bloques para la configuración del sistema, provienen de los requerimientos de sistemas de generaciones previas.

Aun cuando ha habido avances en el diseño de los sistemas de control digital, algunos de los que se presentan en capítulos posteriores, los DCS aún representan el estado del arte en el diseño de sistemas de control.

3.7   Redes industriales de comunicación.

Resulta obvio, de la Figura 3.6, que surge un problema para tener adecuadamente comunicados todos los componentes de un sistema de control distribuido. Al inicio, con el cableado punto a punto se logró establecer una buena comunicación, sin embargo, esto requería el uso de una gran cantidad de cables de interconexión. Por eso se dio origen a las redes de comunicación industriales.

Como todos sabemos, una red es un grupo de dispositivos interconectados que permite compartir los recursos de la misma (Anderson, 2014). Esta definición incluye dispositivos de campo, cableado y protocolos que hacen posible que se comparta la información y los recursos. Una de las grandes ventajas de estas redes es que se eliminó la necesidad de una gran cantidad de cables y el paso siguiente es la eliminación total o parcial de estos mediante la comunicación inalámbrica.

Un protocolo de comunicación es un sistema de instrucciones, normas, reglas y códigos que permiten que dos o más entidades de un sistema de comunicación transfieran información entre ellas sin errores y sin problemas de "entendimiento". Un protocolo gestiona los "diálogos" entre los dispositivos de un sistema de comunicaciones.

Los protocolos gobiernan el formato, sincronización, secuencia y control de errores. Sin estas reglas, los dispositivos no podrían detectar la llegada de bits. Un protocolo realmente es un software que reside en la memoria de una computadora o en la memoria de un dispositivo de transmisión, como una tarjeta de red. Cuando los datos están listos para transmitirse, este software es ejecutado. EL software prepara los datos para la transmisión y configura la transmisión en movimiento. En la parte receptora, el software toma los datos y los prepara para la computadora, desechando toda la información agregada, y tomando sólo la información útil.

En términos simples, para llevar una información de un punto a otro se requiere un transmisor, un receptor y los convertidores encargados de la codificación y decodificación de la información. Para lograr todo esto se requiere de un software específico.

Como ejemplo de una red de comunicación, de todos conocida, es la Internet (basada en Ethernet), que utiliza el protocolo de comunicación TCP/IP. Por otro lado, seguramente el lector ha escuchado de las LAN (Local Area Netwok) y otras más.

Las redes industriales de comunicación son muy parecidas a las que conocemos en casa o en oficinas, la diferencia principal es que todos los componentes deben ser lo suficientemente robustos para soportar las condiciones que se encuentran en una planta industrial como ruido, vibración, polvo, etc. Así, se tienen las redes industriales de comunicación como HART, Profibus, Fieldbus, Foundation Fieldbus, ControlNet, SCADA, etc. Estas redes normalmente tienen la topología bus, por eso se les conoce como bus de campo, Figura 3.7.

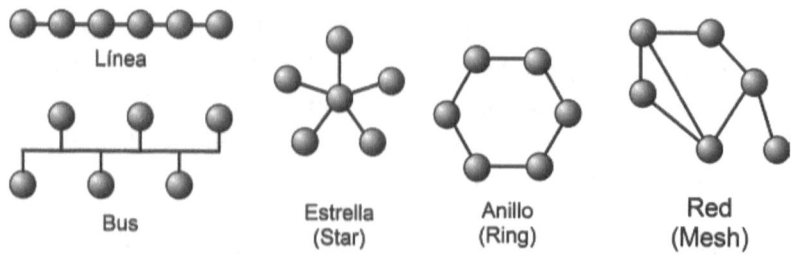

Figura 3.7 Topología de las redes de comunicación.

Adicionalmente, las redes de comunicación industrial se estructuran de acuerdo a la pirámide de niveles de automatización, Figura 3.8. Compare esta con la Figura 3.6.

Figura 3.8 Niveles de automatización.

No se darán más detalles sobre las redes industriales de comunicación pues están más allá del objetivo de esta obra.

4 Procesos continuos y circuitos de control.

Un proceso industrial se puede representar como se ve en la Figura 4.1.Entre otras cosas, un proceso también se puede ver como un sistema donde se transfiere energía. Donde sea que la distribución de energía sea modificada o perturbada, las variables del sistema cambiaran de valor. Usualmente es difícil medir la energía directamente, pero se pueden usar variables más accesibles como temperatura, presión y flujo.

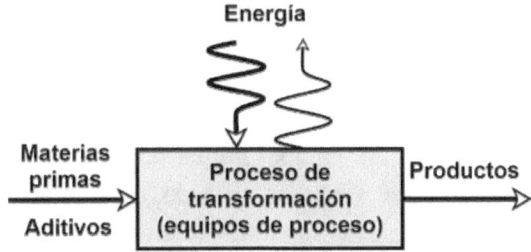

Figura 4.1 El proceso como un evento de transformación de energía (2007).

Cuando unas de estas variables medidas cambian en un proceso, se sabe que la distribución de energía ha cambiado en algún lugar. Consecuentemente, es un hecho que el producto cambiará y puede estar fuera de especificaciones.

El control automático se hace necesario cuando los cambios de energía que pueden esperarse son suficientemente grandes que llevan la variable medida fuera de la tolerancia aceptable.

En general el proceso consiste de tubería, recipientes, reactores, hornos, columnas de destilación, secadores, etc. en general, equipo de proceso donde se lleva a cabo transferencia de masa y energía.

Es importante remarcar que cada proceso es muy específico en cuanto al efecto que tiene sobre su propio control.

Cada proceso tiene dos efectos que deben tomarse en consideración cuando se va a seleccionar un equipo de control automático. Estos son:

- Cambios en la variable controlada debido a que se alteran algunas condiciones en el proceso, y generalmente se les conocen como *cambios de carga o perturbaciones*.
- El tiempo que tarda el proceso en reaccionar a un cambio en el balance de energía, llamado *retraso del proceso*.

Ambos efectos se verán con más detalle un poco más adelante.

4.1 El circuito de control básico.

Como se comentó en el capítulo anterior, el proceso que se analiza puede estar representado por un solo equipo o parte de él. Así, se podría tener el control de nivel dentro de un tanque, Figura 4.2. En este caso el nivel lo indica una regleta que se ubica a un lado del tanque. Si éste fuera transparente, simplemente se compararía la altura que alcanza el líquido con los valores de la regleta y se obtendría el valor actual de nivel.

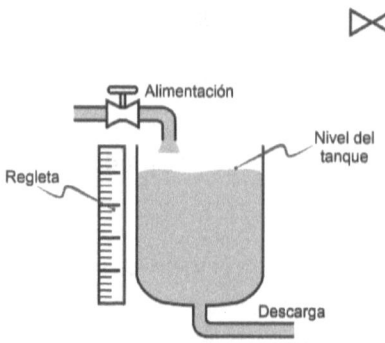

Figura 4.2 Medición de nivel con una regleta.

Suponga que se requiere un control del nivel de ese tanque. El esquema básico del sistema que se encargará de ese control se muestra en la Figura 4.3. En esta Figura se puede observar un circuito de control típico (circuito de control cerrado con retroalimentación negativa), y se pueden distinguir los elementos principales que forman ese circuito.

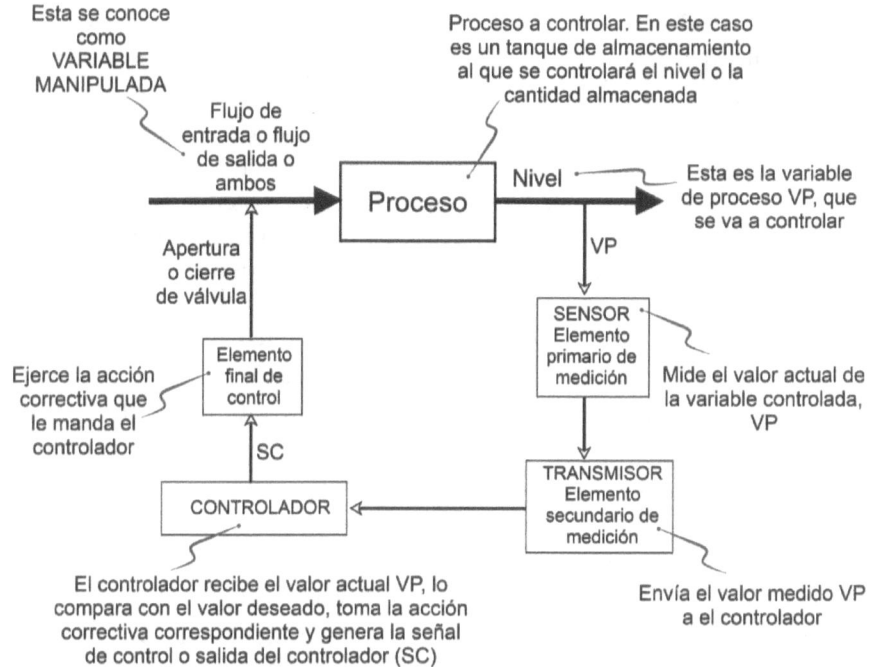

Figura 4.3 El circuito básico de control y sus componentes.

La función de cada uno de los componentes de un circuito de control se puede resumir así:

- Proceso: Método por el que se transforman ciertas corrientes de entrada para generar salidas con propiedades diferentes.
- Sensor o elemento primario de medición: Dispositivo que convierte la variable controlada o medida en una forma medible. Ejemplos: Termopar, placa de orificio, tubo Bourdon, etc
- Transmisor (opcional): Cambia el valor de la variable medida a una señal estándar para su transmisión a largas distancias.
- Indicador (opcional): Muestra al operador el valor de la variable controlada y del Set Point, o algunas veces, el SP y la desviación o error en una caratula o pantalla (display).
- Comparador o Generador de error: Es la diferencia entre el SP y la VC. Puede ser mecánico, neumático o eléctrico. La diferencia entre el SP y la VC se conoce como error o desviación.

29

Actualmente, en la mayoría de los casos, el comparador está incorporado como parte del controlador, y algunas veces como una unidad separada.

- Controlador: Dispositivo lógico que cambia su salida de acuerdo a la señal de error que recibe del generador de error. La forma en que este cambia su salida depende de un sistema lógico llamado Modos de Control. La información que el controlador necesita del generador de error es la polaridad (signo) del error, tamaño del error y la velocidad de cambio del error

- Elemento final de control: Este componente cambia directamente el valor de la variable manipulada de acuerdo a la señal correctiva que recibe del controlador. Ejemplos: Válvula de control neumática, válvula de control motorizada (eléctrica), contactor, rectificador controlado de silicio (SCR), reóstato, motor, etc

Suponga ahora que a usted le encargan controlar el nivel de ese tanque. Lo que va a hacer es monitorear el valor del nivel y compararlo con el valor deseado Figura 4.4-A. Si el nivel está por abajo del valor deseado usted toma la acción correctiva de abrir la válvula de alimentación (Figura 4.4-B). Y abrirá más la válvula de alimentación cuanto más abajo este el nivel del valor deseado, hasta que se alcance éste último. Si el nivel está por arriba del valor deseado, usted cierra la válvula de alimentación hasta que se alcance éste valor deseado. Justamente así, funciona un controlador de nivel.

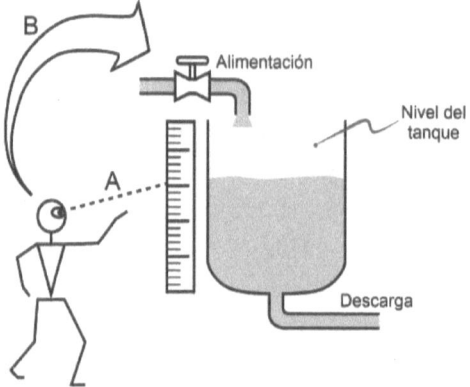

Figura 4.4 Control de nivel por un operador.

4.1.1 Acciones que toma un circuito de control.

En la Figura 4.5, se identifica claramente que la variable de proceso que interesa controlar es la temperatura (*VP*) del fluido de proceso a la salida del intercambiador de calor, y que esta temperatura se puede controlar mediante la cantidad de vapor que se alimenta al mismo intercambiador, por eso a ésta última se le llama *variable manipulada*. Es decir, mediante la modificación de la variable manipulada (flujo de vapor) se puede controlar la variable de proceso (temperatura de salida del fluido de proceso).

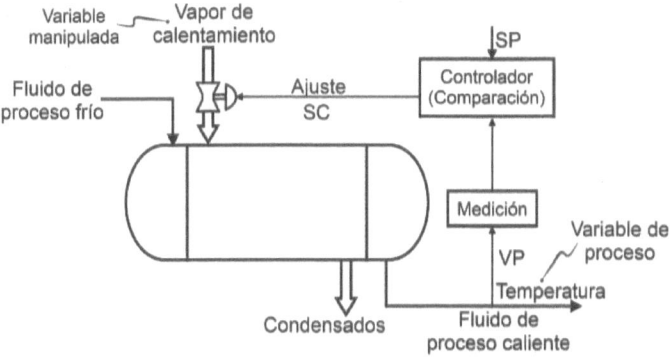

Figura 4.5 Variable controlada y variable manipulada en el control de un intercambiador de calor.

También, en la misma Figura 4.5, se observa que un circuito de control de un proceso industrial siempre realiza tres tareas fundamentales:

Mide la variable de proceso.

Compara la variable de proceso con el Set Point y genera una señal de error.

$$e = VP - SP \qquad\qquad (4.1)$$

Ajusta, si el error es diferente de cero y mediante el controlador, enviando una señal de control *SC* al elemento final de control.

Si recuerda, eso es lo que hizo cuando se le pidió el control de nivel de un tanque gravitacional (sección 4.1).

4.1.2 Error.

Como se comentó, el error es la diferencia entre las magnitudes de la *VP* y el *SP*, y tiene tres componentes importantes que se deben considerar, Figura 4.6:

- Magnitud.
- Duración.
- Velocidad de cambio.

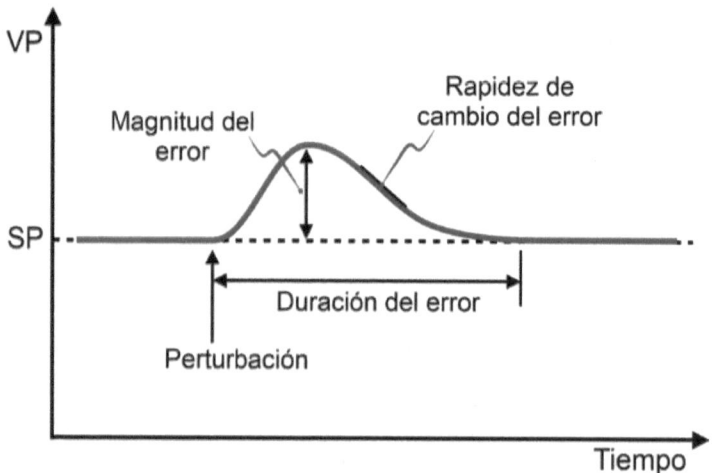

Figura 4.6 Componentes del error.

4.1.3 Criterios de diseño de circuitos de control basados en el error.

Se emplean muchos criterios para evaluar la respuesta de los circuitos de control de un proceso a una perturbación de entrada. Los más comunes de esos incluyen el tiempo de ajuste (settling), el error máximo, el error de corrimiento (offset) y el área de error (Figura 4.7).

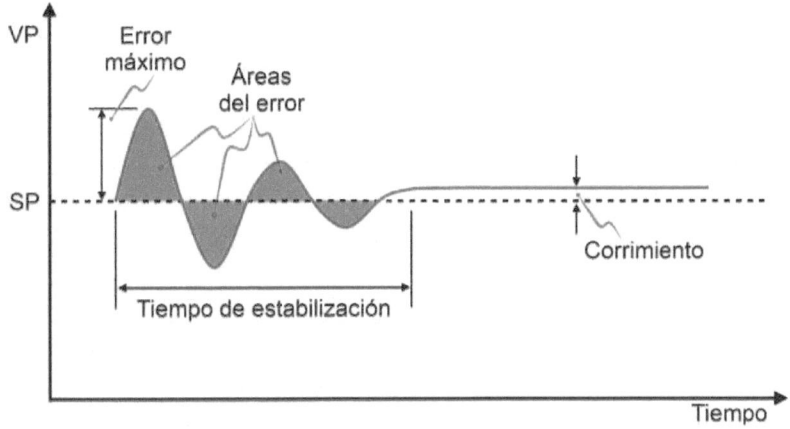

Figura 4.7 Criterios de diseño basados en el error.

Cuando hay una perturbación del proceso o un cambio en el SP, El *tiempo de ajuste* se define como el tiempo que necesita el circuito de control para regresar la variable de proceso dentro de un error permitido. El *máximo error* es simplemente la desviación máxima permitida de la variable dinámica. La mayoría de los circuitos de control tienen ciertas cualidades inherentes lineales y no lineales que impiden que el sistema regrese la variable de proceso al SP después de un cambio en el sistema. Esta condición se conoce generalmente como "error de corrimiento" (offset) y se discutirá más adelante en este capítulo. El área de error se define como el área que se forma entre la curva de respuesta y la línea de SP como se muestra con las áreas sombreadas en la Figura 4.7.

Estos cuatro criterios de evaluación son medidas generales del comportamiento del circuito de control que se usan para determinar la aptitud de la habilidad del circuito para llevar a cabo la función deseada. Sin embargo, quizás la mejor forma de tener un entendimiento del control de procesos es realizar una solución intuitiva.

4.2 Carga del Proceso y Perturbaciones.

En general se desea que la carga del proceso se mantenga constante. La carga del proceso es la cantidad total del agente de control (energía) que necesita un proceso en cualquier tiempo para mantener sus condiciones balanceadas.

En un intercambiador de calor, por ejemplo, en el que un fluido es calentado constantemente con vapor (el agente de control), se requiere una cierta cantidad de vapor para mantener la temperatura del fluido calentado a un valor predeterminado, cuando este fluye con un flujo específico. Esta es la *Carga del Proceso*.

La carga del proceso está directamente relacionada con el ajuste del elemento final de control. Cualquier cambio en la carga del proceso requiere un cambio en la posición del elemento final de control para que éste logre mantener la variable controlada en el valor deseado. Como se vio antes, el controlador es el que cambia la posición del elemento final de control.

Hay dos características importantes de los cambios de carga o perturbaciones que deben de considerarse con fines del control automático:

- La magnitud del cambio de carga o perturbación.
- La velocidad del cambio de carga o perturbación.

Los cambios de carga o perturbaciones en un proceso son cambios de energía o alteraciones que no siempre son fáciles de reconocer, sin embargo, se pueden mencionar las siguientes:

- *Cambio en el Set Point:* El Set Point es el valor deseado de la variable controlada. Su valor establece el nivel de los flujos de energía en condiciones de estado estable. Cualquier cambio en el valor deseado requiere un esquema de energía completamente nuevo. Por ejemplo, si se requiere una temperatura más alta del producto, será necesario que el sistema de control suministre más combustible. Esto significa un cambio en la cantidad de energía que se intercambia en el proceso.
- *Cambio en el suministro:* Esta es una variación en cualquiera de las entradas de energía al proceso. Una variación en la presión en

el suministro de combustible, o una variación en la temperatura de las materias primas, originará cambios en el suministro.

- *Cambio en la demanda*: Es una perturbación en la salida de energía. Lo más común es un cambio en la velocidad de producción. Si de las oficinas se solicita mayor producción, deberá incrementarse la energía requerida.

- *Cambios ambientales*: La temperatura y la presión atmosférica también afectan el balance de energía. Si el equipo está expuesto al medio ambiente, la velocidad y dirección del viento pueden jugar un papel importante alterando los requerimientos de energía. Son especialmente importantes en instalaciones externas donde las pérdidas de calor por radiación pueden ser grandes.

- *Mayor o menor demanda del agente de control que pide el medio controlado:* En un intercambiador de calor, un cambio en el flujo del fluido de proceso, o un cambio en su temperatura de entrada, provoca un cambio de carga porque requiere un cambio en la cantidad de vapor alimentada en ambos casos. Del mismo modo cuando se añade un nuevo cargamento de ladrillos a un horno, o cuando un material nuevo se añade a un recipiente de cocción, hay un cambio de carga.

- *Un cambio en la calidad del agente de control*: Cuando la energía que produce por unidad de masa de un combustible cambia, se necesitará más o menos combustible para mantener la misma temperatura en el proceso, aun cuando ninguna otra cosa cambie. Los cambios en la presión del vapor de calentamiento también provocan cambios de carga

- *Cuando se presentan reacciones endotérmicas o exotérmicas:* Este cambio de energía dentro de un reactor también es un cambio de carga porque la posición del elemento final de control debe ajustarse para ajustar esta generación o absorción de energía.

4.3 Retrasos del proceso.

En un caso ideal, cualquier cambio de carga o perturbaciones que se presenten, obtendrán una repuesta instantánea del sistema de control y del proceso, que llevarán de inmediato y completamente, a este último, a la nueva condición de equilibrio.

Esto, sin embargo, es prácticamente imposible de lograr en cualquier sistema físico. Puede que la respuesta inicie inmediatamente, pero se requerirá cierto tiempo para completar su efecto. Este retraso se conoce como *retraso del sistema.*

Por ejemplo, retomando el caso del tanque de nivel, suponga que quiere cambiar el nivel a un mayor valor; para eso abre la válvula de alimentación. Pero el nivel no alcanzará el nuevo valor de inmediato, el tanque ira llenándose con el tiempo hasta alcanzar el nuevo valor.

La repuesta puede ser inmediata, es decir, puede abrirse la válvula de inmediato, pero llevará un tiempo llegar al nuevo valor de nivel. Este tiempo dependerá, entre otras cosas, del flujo de alimentación que se logre, así como al tamaño y forma del tanque.

Los retrasos del proceso deben principalmente a tres características del proceso:

- Capacitancia.
- Resistencia.
- Tiempo muerto.

4.4 Capacitancia.

La capacitancia de un proceso es una medida de su habilidad para "retener, contener o almacenar" energía con respecto a la unidad de una variable de referencia.

Seguramente usted recordará que en electricidad el término capacitancia se refiere a la habilidad que tiene un dispositivo llamado capacitor de almacenar carga eléctrica por unidad de voltaje aplicado (Figura 4.8)

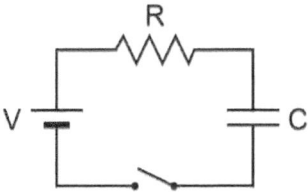

Figura 4.8 Capacitancia eléctrica.

Esta misma idea puede aplicarse a sistemas hidráulicos, neumáticos y térmicos. Para ello recuérdese las siguientes expresiones matemáticas (ecuación 4.2 y ecuación 4.3). La ecuación 4.2 se refiere a la velocidad de transferencia de una propiedad (momento, entalpía o masa) a través del sistema, donde su magnitud depende de la fuerza impulsora y la resistencia al paso de esa propiedad. Por otro lado, en la ecuación 4.3 se presenta la forma matemática de la definición de capacitancia.

$$\text{Flujo de propiedad} = \frac{\text{Fuerza impulsora}}{\text{Resistencia}} \qquad (4.2)$$

$$\text{Capacitancia} = \frac{\text{Capacidad de almacenar propiedad}}{\text{Potencial o fuerza impulsora}} \qquad (4.3)$$

Para ilustrar la aplicación de estos términos se verán a continuación los sistemas hidráulicos y térmicos:

4.4.1 Sistema hidráulico.

Considere los dos tanques de almacenamiento de la Figura 4.9. Ambos son gravitacionales y ambos tienen la capacidad de 12 m^3, pero uno tiene una altura de 6m (A) y el otro una altura de 3m (B). De esta forma se encuentra que el primer tanque tiene una capacitancia (de volumen líquido) de 2 m^3/m (12/6), mientras el segundo tiene una capacitancia de 4 m^3/m (12/3). Por tanto, la capacitancia de un tanque es la cantidad en volumen que puede almacenar por unidad de altura del mismo.

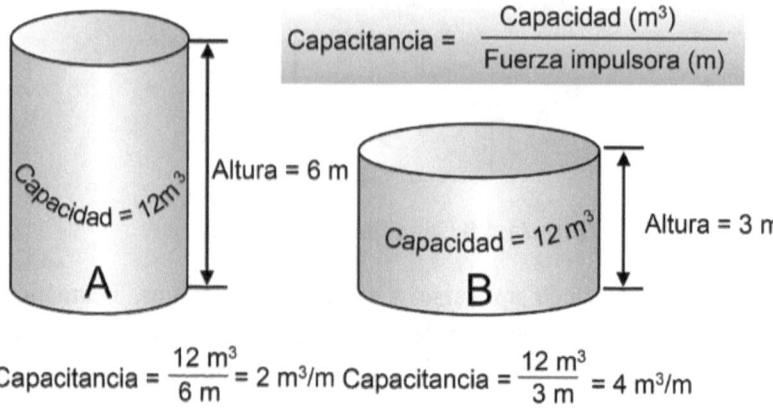

Figura 4.9 Capacitancia de dos tanques del mismo volumen.

Esta característica tiene implicaciones importantes en el control de procesos porque usted deducirá, sin problemas, que es más fácil el control de nivel de tanque B que del A para una misma perturbación. En otras palabras, cuanto más grande es la capacitancia más sencillo será mantener el nivel en un valor estable.

Por otro lado, suponga que el tanque A esta lleno con un líquido cuya c_p es de 4 kJ/°C y el tanque B esta lleno de un líquido con una c_p de 2 kJ/°C. Usted se dará cuenta que es más fácil mantener una temperatura estable en el tanque A que tiene una capacitancia térmica mayor, lo que significa que se necesita más energía para elevar un grado centígrado su temperatura.

De este modo, se puede decir que la Capacitancia está relacionada con la inercia, es decir, actúa como un volante de inercia (flywheel). Así, dos principios emergen relacionando la capacitancia con el control, de cara a las perturbaciones:

- Capacitancias grandes tienden a mantener constante la variable controlada a pesar de las perturbaciones.
- Capacitancias grandes tienden a hacer difícil el cambio de la variable a un nuevo valor.

El efecto global de la capacitancia en el control generalmente es favorable, pero introduce un retraso de tiempo entre la acción de control y el resultado final. Así, al calentar un líquido contenido en un recipiente, lleva algún tiempo para que el líquido alcance la nueva temperatura, después de haber incrementado el suministro de energía. Cuánto tiempo se llevará, depende principalmente de la capacidad térmica del líquido relativa al suministro de calor.

La capacitancia no tiene influencia en la acción correctiva requerida de un controlador automático, pero si es un factor relevante en el análisis de cualquier proceso y circuito de control.

4.4.2 Sistema térmico.

Observe los dos intercambiadores de calor de la Figura 4.10. Ambos se utilizan para aumentar la temperatura del mismo líquido a un mismo valor predeterminado. Si es el mismo líquido, el calor específico es el mismo, pero la capacitancia (o capacidad calorífica en cada caso, kJ/°C) no lo es. El calentador A es un recipiente enchaquetado que contiene una cantidad grande de líquido. Esta gran masa ejerce una influencia estabilizante y resiste los cambios de temperatura que pueden presentarse por un cambio en el flujo, algunas variaciones en el suministro de calor, o cambios repentinos de la temperatura ambiental.

El calentador B es un ejemplo de un intercambiador rápido de calor. El flujo de líquido de proceso puede ser el mismo que en A, pero la cantidad contenida por el intercambiador B, en un instante dado, es pequeña en comparación con el flujo, el área de transferencia de calor y el suministro de calor. En este caso, pequeños cambios en el flujo de entrada o de suministro de vapor afectaran casi inmediatamente la temperatura de salida del líquido.

Por otro lado, si se quisiera un cambio en la temperatura de salida del líquido (Set Point), en el calentador B se realizaría más rápido que en el calentador A.

En la Tabla 4.1 se presenta un resumen de la capacitancia y la resistencia para diferentes sistemas físicos

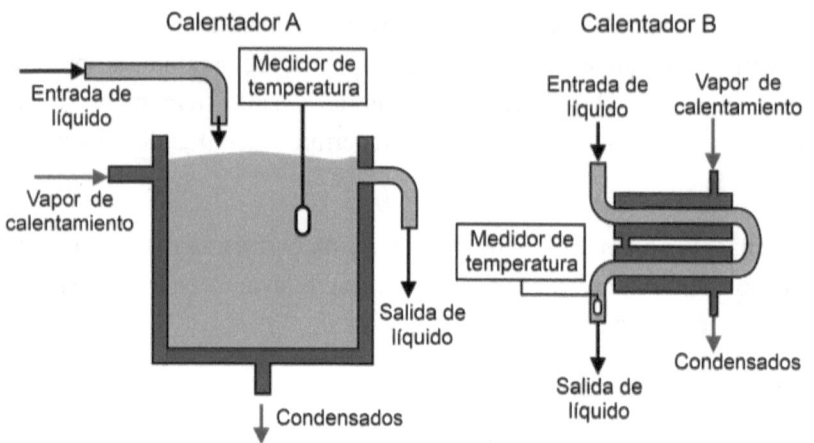

Figura 4.10 Intercambiadores de calor con dos capacitancias térmicas distintas.

4.5 Resistencia.

La resistencia se puede interpretar como la oposición que presenta un sistema a la transferencia de propiedad. Apoyándose en la Ecuación 4.2, la resistencia se puede definir como la magnitud de la fuerza impulsora o potencial que se requiere para producir un cambio unitario en el flujo de propiedad (ecuación 4.4).

$$\text{Resistencia} = \frac{\text{Fuerza impulsora}}{\text{Flujo de propiedad}}; \quad \text{Flujo de propiedad} = 1. \quad (4.4)$$

Como ejemplos se pueden mencionar la diferencia de presiones necesaria para producir cierto flujo, o los kJ/s necesarios para provocar un cambio de la temperatura a través de la pared de un intercambiador de calor.

La resistencia entra en juego siempre que se transfiere energía de una capacidad a otra. En el caso del calentador, la energía se transfiere del vapor al líquido, pero esta no es instantánea, ya que se presentará cierta resistencia a la transferencia de calor, de los componentes del sistema como son las paredes del intercambiador y las resistencias propias de los dos fluidos.

Si el material que se está calentando presenta una resistencia térmica alta, se necesitará una gran cantidad de agente de control (energía) para cambiar la temperatura del material. Por eso, la resistencia de un proceso ejerce una influencia importante en la selección del controlador.

4.6 Tiempo muerto.

El tiempo muerto se presenta cuando el medidor de la variable controlada se encuentra lejos de donde sucede el evento principal del proceso. Por ejemplo, suponga que se tiene que controlar el pH del efluente de una planta que se envía a un lago cercano. Dependiendo del valor de pH se adiciona ácido o base al efluente, pero se requiere un tiempo de mezclado para que se tome una buena lectura del pH de salida. Como consecuencia (Figura 4.11), se presenta un lapso de tiempo (en que el efluente recorre la distancia desde el neutralizador hasta el medidor de pH) en el que no se puede tomar una acción de control. Durante este tiempo el controlador es poco útil.

El tiempo muerto introduce más dificultades en el control automático que cualquier otro retraso, por eso es que debe procurarse mantenerlo en un mínimo. Algunas veces esto se logra colocando el medidor más cerca del evento principal del proceso. Por ejemplo, un medidor colocado en la tubería de salida de un intercambiador a 5m de la conexión de salida, podría colocarse más cerca del intercambiador.

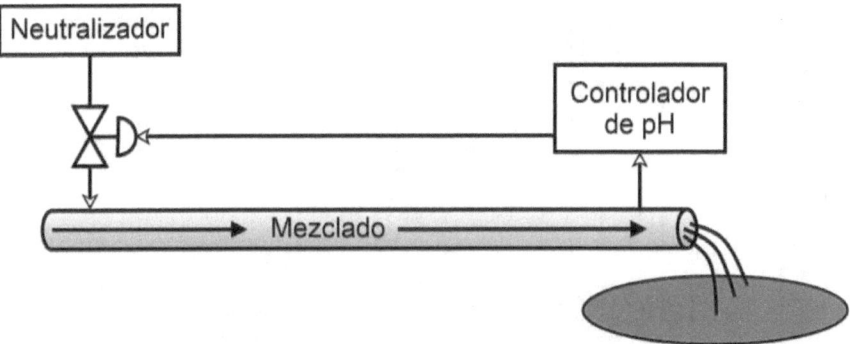

Figura 4.11 Tiempo muerto en un proceso de mezclado en línea.

Tabla 4.1. Comparación de unidades físicas de un sistema eléctrico, un hidráulico y uno térmico.

Variable	Tipo de sistema		
	Eléctrico	Líquido	Térmico
Cantidad	Coulomb (C)	Metro cúbico (m³)	Cal
Potencial	Volt (V)	Metro (m)	°C
Flujo	Ampere (A)	m³/s	Cal/s
Resistencia	Ohm (Ω)	m/m³/s	°C/cal/s
Capacitancia	Farad (F)	m/m³	Cal/°C
Tiempo	Segundo (s)	Segundo (s)	Segundo (s)
Ecuación de flujo	Corriente Eléctrica $= \dfrac{\text{Voltaje}}{\text{Resist.Elec.}}$ $I = \dfrac{V}{R_{elec}}$ (4.a)	Flujo Vol $= \dfrac{\text{Nivel}}{\text{Resist. al flujo}}$ $\mathscr{V} = \dfrac{h}{R_{hidr}}$ (4.b)	Flujo Calor $= \dfrac{\text{Dif. de Temp.}}{\text{Resist. Term.}}$ $\mathscr{R} = \dfrac{\Delta T}{R_{term}}$ (4.c)
Resistencia	$R_{elec} = \dfrac{V}{I}$ (4.d)	$R_{hidr} = \dfrac{h}{\mathscr{V}}$ (4.e)	$R_{term} = \dfrac{\Delta T}{Q}$ (4.f)
Capacitancia	Capacitancia E $= \dfrac{\text{Carga elec.}}{\text{Voltaje}}$ $C_{elec} = \dfrac{q}{V}$ (4.g)	Capacitancia H $= \dfrac{\text{Volumen}}{\text{Nivel}}$ $C_{hidr} = \dfrac{\mathscr{V}}{h}$ (4.h)	Capacitancia T $= \dfrac{\text{Entalpia}}{\Delta T}$ $C_{term} = \dfrac{H}{\Delta T}$ (4.i)

En el caso anterior del efluente, podría colocarse un mezclador en línea, o determinar cuál es el factor principal que causa los cambios en el pH del efluente y considerar un control de lazos múltiples (Capitulo 13).

4.7 Curvas de reacción del proceso.

Considerando las características del proceso estudiadas antes, ¿cómo responde el proceso a las perturbaciones para mantener las variables de proceso en el valor deseado? Esta es una consideración importante en la aplicación de un sistema de control para resultados óptimos. Aunque los procesos a ser controlados varían considerablemente, hay un número limitado de formas en las respuestas que los procesos presentan ante las perturbaciones.

Para saber cómo responde un proceso se construyen lo que se conoce como *curvas de reacción del proceso*. Estas se obtienen sometiendo al proceso a una perturbación instantánea y constante (cambio escalón) y registrando como responde a ese cambio la variable controlada.

4.7.1 Curvas de reacción con retraso de primer orden.

Tomando de nuevo el caso del tanque gravitacional, suponga que una vez que el nivel está estable en cierto valor, después de cierto tiempo usted abre una segunda vía de alimentación (Figura 4.12) lo que constituye una perturbación. Esta perturbación está representada en la gráfica como un cambio escalón y consiste en una variación instantánea del flujo de alimentación. La respuesta del proceso o sistema, curva superior de la Figura 4.12, es la curva de reacción del proceso. En este caso se observa un incremento paulatino del nivel, hasta que se alcanza el nuevo valor. Este tipo de respuesta se conoce como curva de reacción con retraso de primer orden. El retraso es el tiempo en que tarda el sistema en alcanzar el nuevo valor de nivel, respecto al punto de inicio de la perturbación.

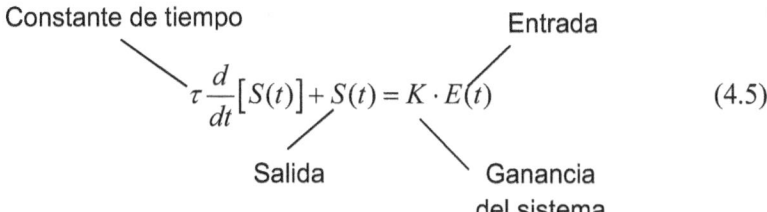

Constante de tiempo

Entrada

$$\tau \frac{d}{dt}[S(t)] + S(t) = K \cdot E(t) \qquad (4.5)$$

Salida

Ganancia del sistema

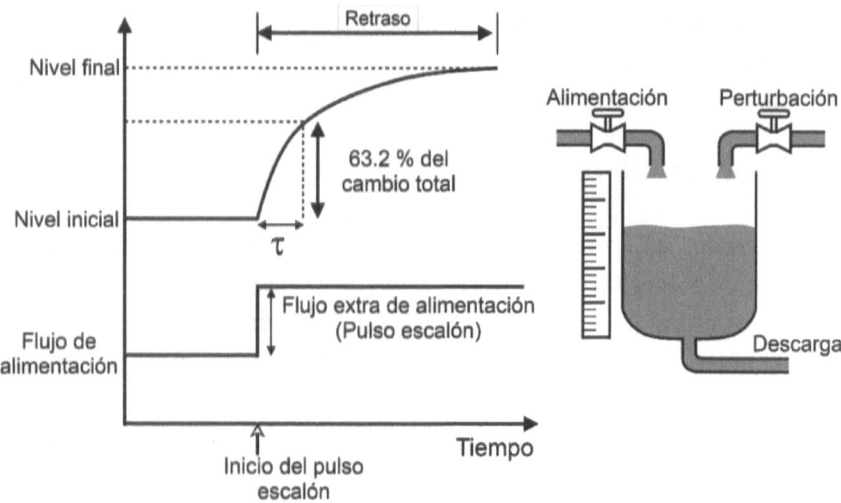

Figura 4.12 Curvas de reacción con retraso de primer orden.

Otro sistema de primer orden lo forma el termopar sólo, sin termopozo.

Un sistema de primer orden se caracteriza por almacenar energía en un solo lugar (una capacitancia). Todos los sistemas de primer orden responden de una forma similar, cambiando en la magnitud de la salida así como en el tiempo de retraso.

La *ganancia* del sistema es el cociente del valor de la salida entre el valor de la entrada, ecuación 4.6.

$$\text{Ganancia} = \frac{\text{Magnitud de la salida}}{\text{Magnitud de la entrada}} \qquad (4.6)$$

La magnitud del retraso está representado por la *constante de tiempo*, que es el tiempo necesario para alcanzar el 63.2% del valor final de la variable medida, simbolizado por τ en la Figura 4.12.

4.7.2 Curvas de reacción con retraso de segundo orden.

En este caso el sistema tiene dos lugares (dos capacitancias) para el almacenamiento de energía. El ejemplo clásico es un termopar en un termopozo.

Las respuestas de segundo orden se muestran en la Figura 4.13. La forma de la curva depende ahora de dos constantes de tiempo y de otro factor conocido como *amortiguación*.

Factor de amortiguación

$$\tau^2 \frac{d^2}{dt^2} S(t) + 2\xi\tau \frac{d}{dt} S(t) + S(t) = K \cdot E(t) \qquad (4.7)$$

Los sistemas de segundo orden pueden presentar el fenómeno de oscilación. La habilidad de oscilar está definida por dos términos que caracterizan a los sistemas de segundo orden:

- *Frecuencia natural* – la frecuencia con que oscila el sistema.
- *El factor de amortiguación*. Que describe que tan rápido termina la oscilación.

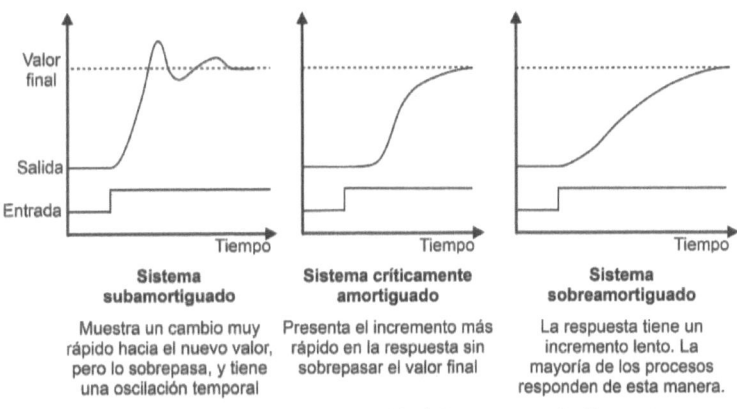

Sistema subamortiguado	Sistema críticamente amortiguado	Sistema sobreamortiguado
Muestra un cambio muy rápido hacia el nuevo valor, pero lo sobrepasa, y tiene una oscilación temporal	Presenta el incremento más rápido en la respuesta sin sobrepasar el valor final	La respuesta tiene un incremento lento. La mayoría de los procesos responden de esta manera.

En todos los casos el inicio de la curva es gradual

Figura 4.13 Curvas de reacción con retraso de segundo orden.

Cuando existe tiempo muerto en el sistema, hay una respuesta nula a la perturbación en ese periodo, por lo que el tiempo muerto se representa como una línea recta horizontal en la curva de respuesta del proceso, Figura 4.14.

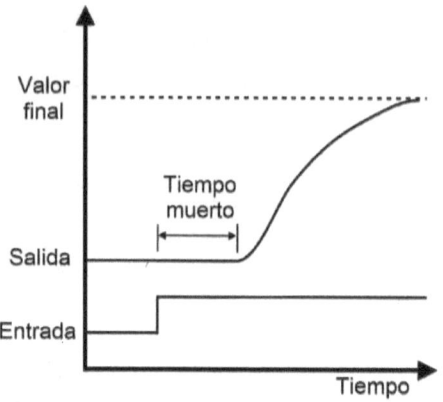

Figura 4.14. Curva de reacción con tiempo muerto.

5 Diagramas de Ingeniería.

5.1 Diagramas para entender procesos químicos.

De acuerdo con Turton, *et. al.*(2003):

> *La forma más efectiva de comunicar la información acerca de un proceso es a través del uso de diagramas de flujo.*

5.2 Diagrama de flujo de bloques de proceso (DFB).

Este diagrama es una serie de bloques conectados con flujos de entrada y salida, Figura 5.1. Se incluye información importante como las condiciones de operación (temperatura y presión) y flujos, composiciones y conversiones o rendimientos. El objetivo es tener un esquema sencillo que represente el proceso, sin proporcionar detalles sobre lo que hay en cada bloque, pero concentrando la atención en las corrientes principales de a través del proceso.

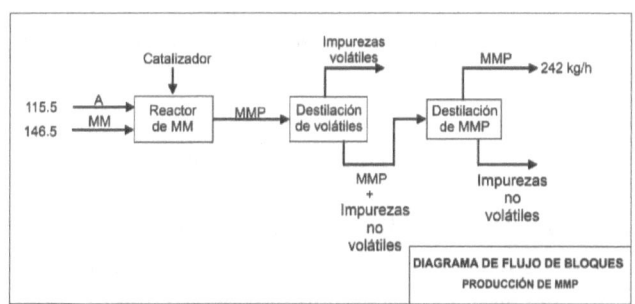

Figura 5.1 Diagrama de bloques de producción de MMP.

5.3 Diagramas de flujo de proceso.

Según Masters (2006), un DFP es una representación gráfica que utiliza ciertos símbolos para representar el proceso, para describir los flujos primarios a través del mismo y proporciona un vistazo rápido de cada unidad operativa, Figura 5.2. Un DFP incluye los equipos y flujos principales del proceso. Este diagrama se usa para proporcionar cierta información a algunos visitantes, pero es más frecuente su uso en el entrenamiento de personal.

El objetivo de un DFP es presentar la mayor cantidad de información, de tal forma que el lector realice la menor cantidad de esfuerzo para la comprensión del proceso.

5.4 Diagrama de tubería e instrumentación.

Un DTI es una representación gráfica de una planta que describe todos los aspectos de diseño de proceso; por eso, muestra todo el equipo, incluyendo las piezas de relevo instaladas, más la tubería asociada, válvulas, aislamiento e instrumentación, Figura 5.3. Normalmente es una vista de elevación (de lado). Hay DTIs separados para diferentes sistemas, y la planta puede estar dividida en varias secciones, ya que un dibujo sencillo normalmente no puede describir una planta entera. Los diseños cambian con el avance del proyecto, así que los DTIs pasan por varias revisiones antes que la planta se construya.

El diagrama de tubería e instrumentación (DTI o P&ID), proporciona la información que necesitan los ingenieros para empezar a planear la construcción de la planta. A veces también se les conoce como Diagramas de Tubería y alambrado (P&WD, Piping and wiring diagrams). diagrama mecánico de flujo (MFD) ,o dibujo de flujo de ingeniería (EFD).

Aun cuando solo haya un DTI, es imperativa una hoja de símbolos. Esta permite al lector conocer lo que no es evidente desde el punto de vista del sentido común, por ejemplo, si un símbolo de válvula de bloqueo interno significa una válvula de globo o de aguja.

Un DTI muestra toda la tubería incluyendo la secuencia física de ramas, reductores, válvulas. Equipo, instrumentación y circuitos de control.

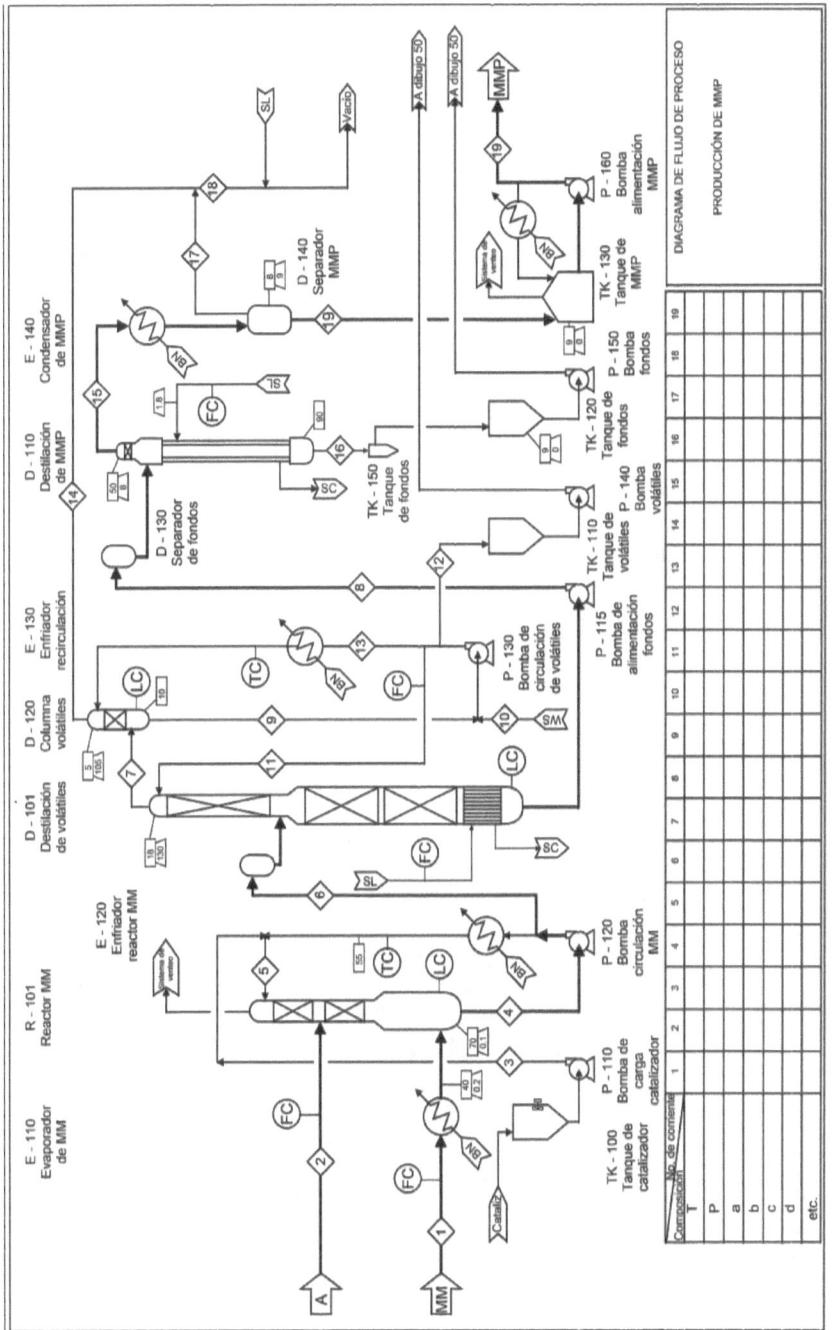

Figura 5.2 Diagrama de Flujo de Proceso de la fabricación de MMP.

5.5 Normas ISA.

Las normas ISA son las guías más aceptadas para la identificación de los instrumentos que están incluidos en un DTI. En la Figura 5.3 se puede ver en forma resumida la identificación de los instrumentos. Para empezar, los instrumentos se simbolizan con un círculo; en la parte superior se incluye la identificación funcional y en la parte inferior la identificación del circuito de control.

La identificación funcional consiste de varias letras cuyo significado se puede encontrar en la Tabla 5.1 de la norma ANSI/ISA-5.1-1984 (R 1992). En el caso del ejemplo de la Figura w.w la primera letra "F" es la variable medida, en este caso Flujo; y las letras siguientes "I" de indicación y "C" de control. De esta manera este instrumento es un Controlador, Indicador de Flujo, pertenece al circuito de control número "216 A, y está ubicado enfrente del tablero de control (señalado por la línea continua a la mitad del símbolo).

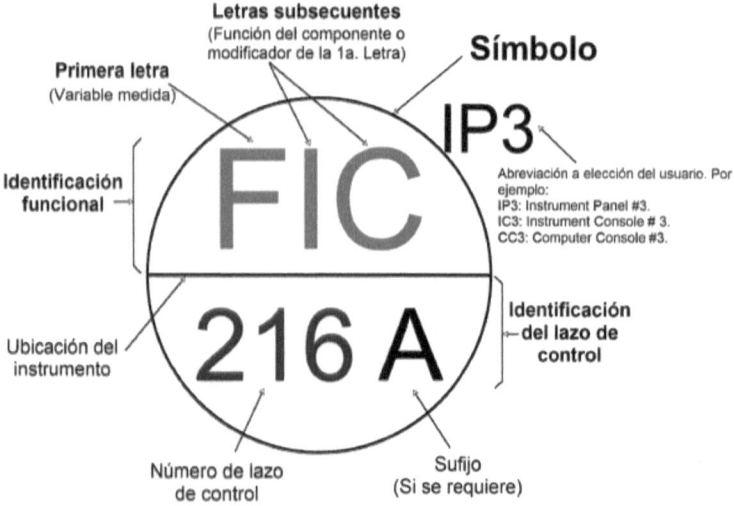

Figura 5.3 Resumen de la simbología básica de ISA.

La identificación de cada una de las letras utilizadas en el símbolo del instrumento, se hace de acuerdo a la Tabla 5.1, que es la traducción y simplificación de la Tabla 1 de la norma ANSI/ISA-5.1-1984 (R 1992).

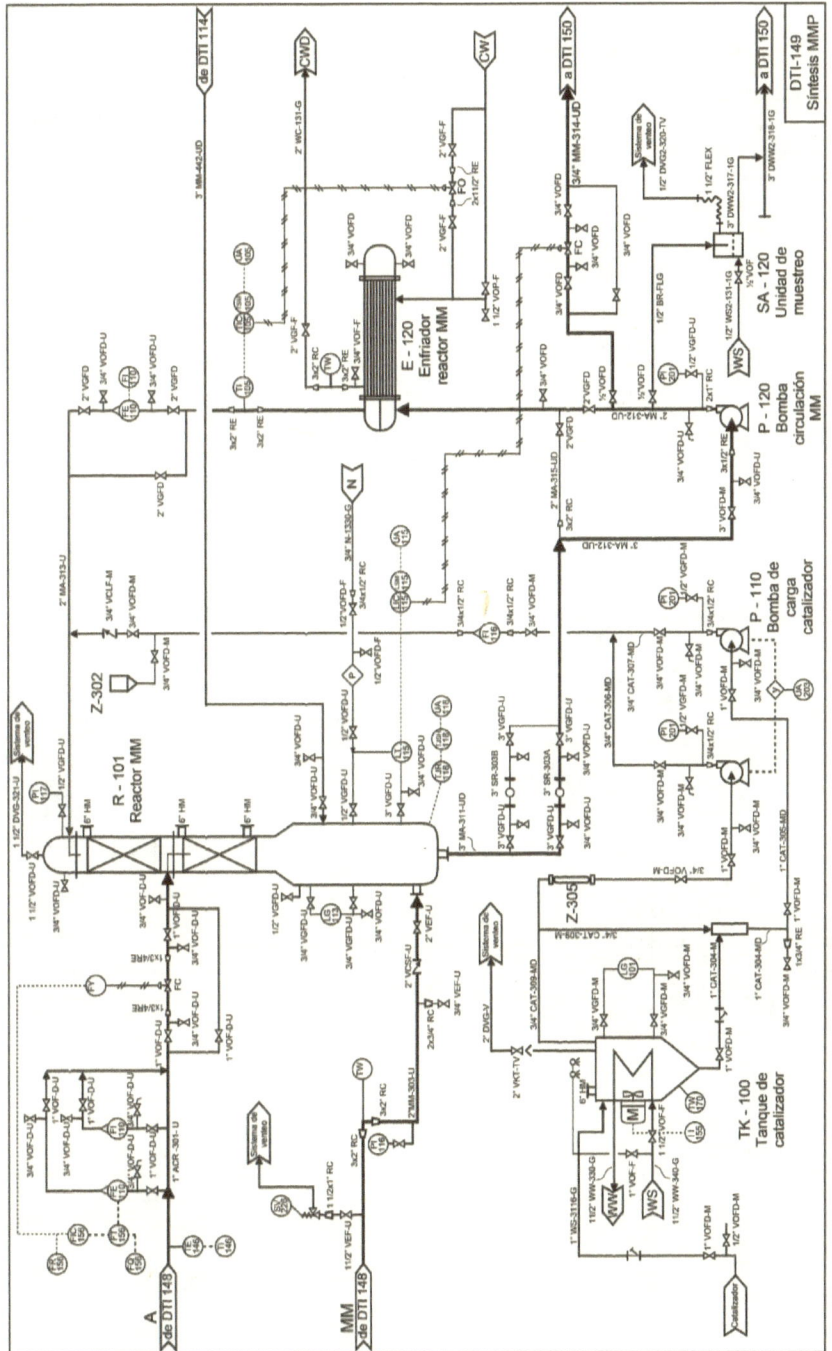

Figura 5.4 Diagrama de Tubería e Instrumentación de la sección de síntesis en la fabricación de MMP.

51

	Tabla 4.1. Letras para identificación de instrumentos. ANSI/ISA-5.1-1984 (R 1992)				
	1ª. Letra		**2ª. Letra**		
	Variable medida o iniciadora	**Modificador**	**Función pasiva o para lectura**	**Función de salida**	**Modificador**
A	Analysis (Análisis)		Alarma		
B	Quemador, combustión (burner, combustión)		Elección del usuario	Elección de usuario	Elección de usuario
C	Elección del usuario			Control	
D	Elección del usuario	Diferencial			
E	Voltaje		Sensor, (elemento primario)		
F	Flujo	Relación (fracción)			
G	Elección de usuario		Dispositivo de cristal para visualizar		
H	Manual				Alto
I	Corriente (eléctrica)		Indicar		
J	Potencia	Escanear		Estación de control	
K	Tiempo, Tiempo programado	Velocidad de cambio con el tiempo			
L	Nivel		Luz		Bajo
M	Elección de usuario	Momentáneo			De en medio, intermedio
N	Elección de usuario		Elección de usuario	Elección de usuario	Elección de usuario
O	Elección de usuario		Orifico, restricción		
P	Presión, vacío		Punto o conexión de prueba		
Q	Cantidad	Integrar, totalizar			
R	Radiación		Registrar		
S	Velocidad, frecuencia	Seguridad		Interruptor	
T	Temperatura			Transmitir	
U	Multivariable		Multifunción	Multifunción	Multifunción
V	Vibración, análisis mecánico			Válvula, amortiguador, persiana	
W	Peso, fuerza		Termopozo		
X	No clasificado	Eje X	No clasificado	No clasificado	No clasificado
Y	Evento, estado o presencia	Eje Y		Relevar, calcular, convertir	
Z	Posición, dimensión	Eje Z		Elemento final de control sin clasificar, accionador, actuador	

Adicionalmente a la identificación funcional del instrumento y del lazo de control al que pertenece, el símbolo también indica la ubicación del instrumento (local o en el tablero) y algunas otras funciones como la de PLC, Figura 5.5.

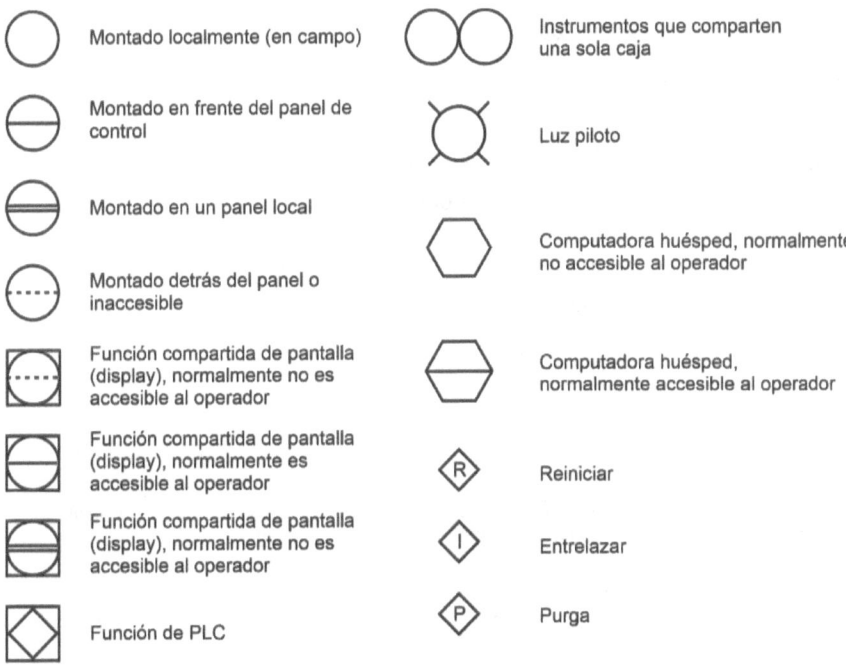

Figura 5.5 Simbología de localización y otras funciones de los instrumentos.

Por otro lado, según el tipo de señal que se utilice en el circuito de control, para la comunicación entre sus componentes, se usa también una simbología, como se muestra en la Figura 5.6.

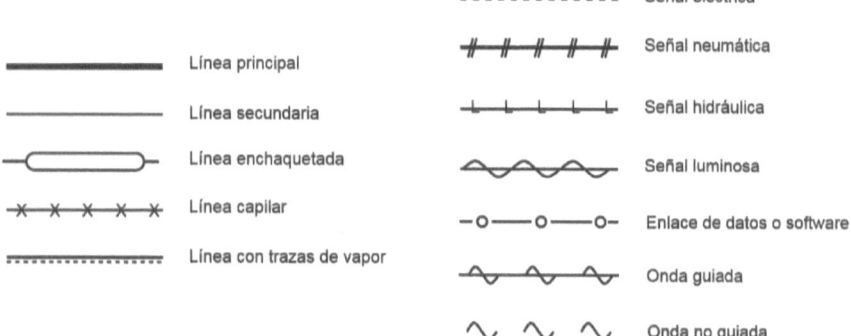

▬▬▬▬▬▬ Línea principal	- - - - - - - - - - - - Señal eléctrica
—————— Línea secundaria	⫫⫫⫫⫫⫫ Señal neumática
—◁▭▭▷— Línea enchaquetada	⊥⊥⊥⊥⊥ Señal hidráulica
✕✕✕✕✕✕ Línea capilar	∿∿∿ Señal luminosa
▪▪▪▪▪▪▪▪▪▪▪ Línea con trazas de vapor	—o——o——o— Enlace de datos o software
	∿∿∿ Onda guiada
	∿ ∿ ∿ Onda no guiada

Figura 5.6 Simbología de señales o medios de comunicación en circuitos de control.

Algunos ejemplos de cómo se utiliza la Tabla 4.1 y las simbologías de la Figuras 5.5 y 5.6, se muestran en la Figura 5.7.

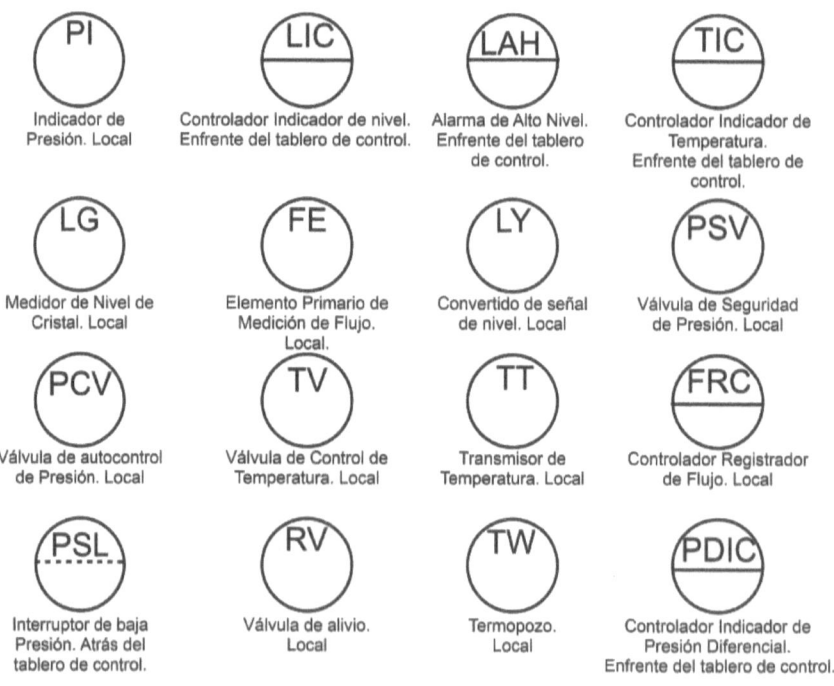

Figura 5.7 Ejemplos de símbolos de instrumentos.

5.6 Diagrama de lazos.

Aunque muchos discuten su utilidad, a través de los años éstos han probado su valor. La verdad sobre su creación proviene esencialmente de la gente de mantenimiento que necesita una descripción gráfica exacta, conveniente y rápida, de lo que contiene un circuito de control.

1.1.1 Propósito de un diagrama de lazos.

El propósito de un diagrama de lazos es mostrar todos los detalles de un circuito de instrumentos que el técnico instrumentista de campo requiere para verificar y resolver problemas del circuito y operaciones de mantenimiento.

De nuevo, los símbolos deben estar relacionados son los estándares ISA (ANSI/ISA-S5.1 y ANSI/ISA-S5.4, por ejemplo), Figuras 3.8 y 3.9.

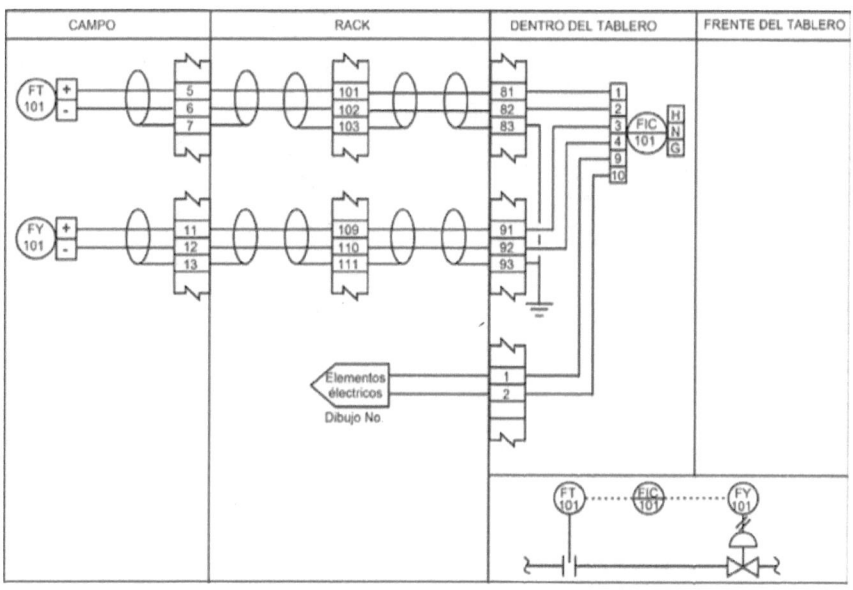

Figura 5.8 Ejemplo de un diagrama de Lazos (Mulley,1994).

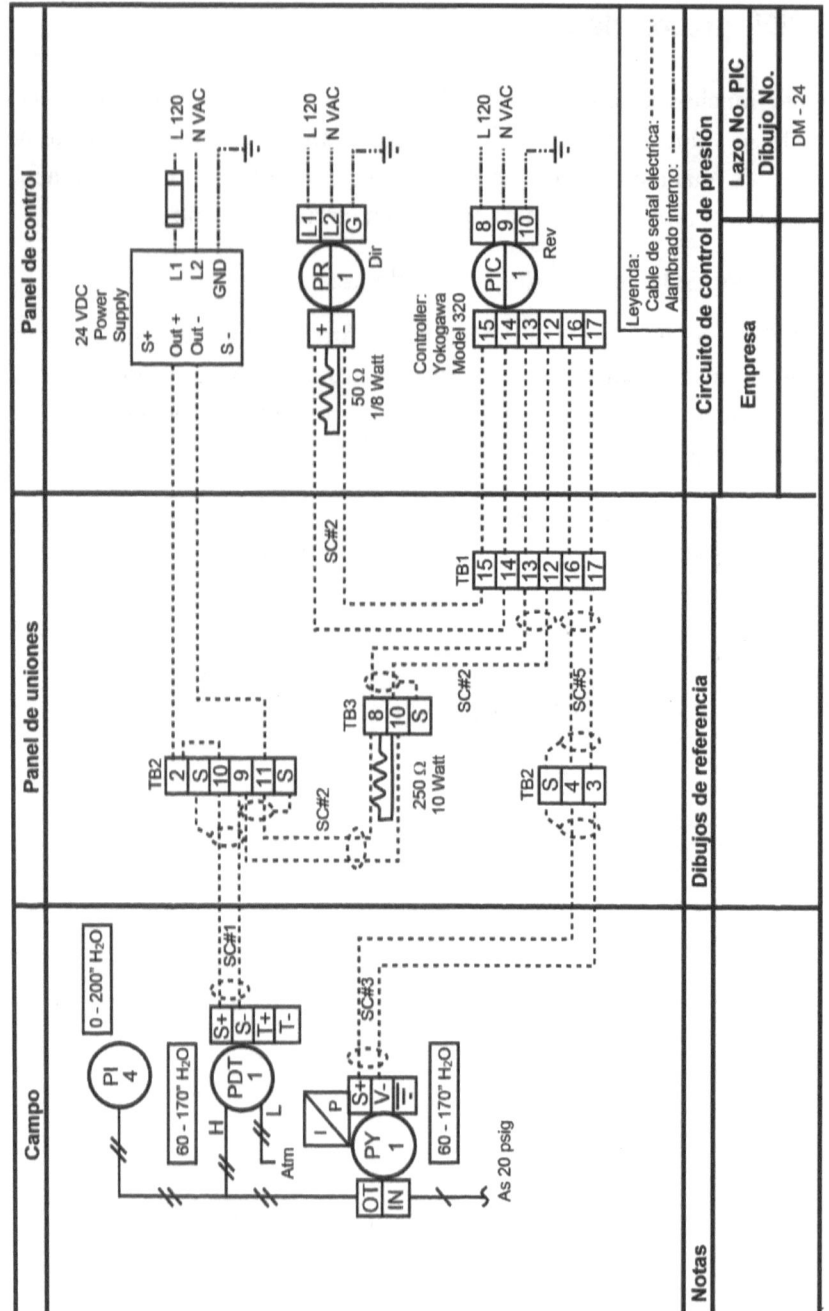

Figura 5.9 Ejemplo de un diagrama de lazos de un circuito de control de presión. NTT (2007)

6 Terminología de instrumentos.

Conocer adecuadamente las características de un sensor y de los instrumentos en general, sin dar lugar a confusiones, es importante pues de esta manera podemos evaluar su funcionamiento con fines de operación o especificación y compra. Para lograr esto los ingenieros de control deben utilizar un lenguaje o terminología común. Es por ello que en ese Capítulo se revisan brevemente los términos más comúnmente usados. Sin embargo debe aclararse que aun ahora hay términos cuya definición difiere entre compañías, por lo que se recomienda estar seguros de que se está hablando de lo mismo en cualquier comunicación que se tenga.

6.1 Instrumento.

En general, cualquier instrumento, es decir, cualquier dispositivo que se use para medir o controlar un proceso (que forme parte de un circuito de control), recibe una señal de entrada y genera una señal de salida (Figura 6.1).

Figura 6.1 Un instrumento tiene una señal entrada y genera una señal de salida.

6.1.1 Tipos de Acción de un instrumento.

Si la magnitud de la salida del instrumento aumenta al incrementar el valor de la entrada, (o la magnitud de la salida del instrumento baja al reducirse el valor de la entrada), se dice que el instrumento tiene una acción directa. Si por el contrario, la magnitud de la salida baja al aumentar el valor de la entrada (o la magnitud de la salida del instrumento aumenta al bajar el valor de la entrada), el instrumento tiene una acción inversa (Figura 6.2).

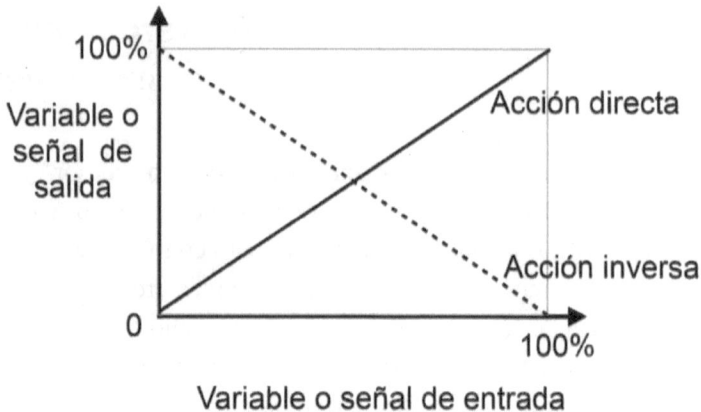

Figura 6.2 Tipos de acción de un instrumento.

6.2 Transductores y sensores.

Un transductor es un dispositivo que recibe información en la forma de una cantidad física y produce una salida en la forma de la misma u otra cantidad física. Por ejemplo, un sensor de presión recibe una señal de fuerza (por unidad de área) y la convierte en una señal eléctrica de salida (mV o mA) que normalmente es de bajo nivel (Figura 6.3).

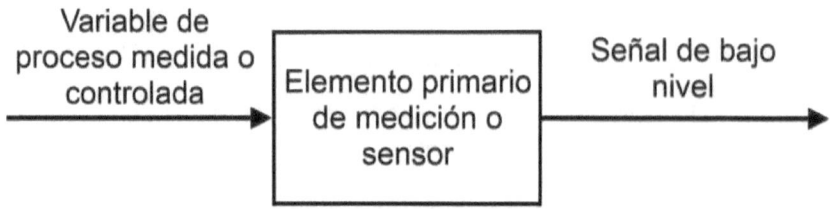

Figura 6.3 El sensor detecta la variable controlada y genera una señal de bajo nivel.

6.3   Características comunes de transductores.

Todos los transductores, independientemente de sus requerimientos de funcionamiento, tiene características comunes como exactitud, rango, span, etc.

6.3.1   El error.

Es la diferencia algebraica entre el valor medido por el instrumento y el valor tomado como exacto o real, puede ser positivo o negativo y tiene las mismas unidades que las de la variable medida.

En toda aplicación se desearía que el error fuese 0 (cero); sin embargo, todos los instrumentos modifican su comportamiento a lo largo de su vida y es común calibrarlos de cuando en cuando.

El error normalmente se indica como un porcentaje, conocido como error relativo y está dado por la siguiente relación:

$$\% \text{ error} = \frac{\text{Valor medido - Valor real}}{\text{Valor real}} \tag{6.1}$$

La cantidad de error que es permitida variará dependiendo del propósito para el cual el instrumento será utilizado y las demandas del proceso.

6.3.2   Exactitud.

La exactitud de un instrumento es una medida de que tan cerca está la lectura del instrumento del valor correcto o real (Figura 6.4 y 6.5). Indica la capacidad del instrumento de proporcionar el valor correcto. La exactitud compuesta de un instrumento de medición incluye los efectos combinados de repetibilidad y exactitud. Sin repetibilidad no se puede obtener una buena exactitud.

Exactitud estática. Cuando la magnitud verdadera de la variable es constante.

Exactitud dinámica. Cuando la magnitud verdadera de la variable está cambiando con el tiempo.

6.3.3 Precisión:

Es el grado de conformidad o de aproximación de un valor indicado respecto de un valor estándar aceptado y reconocido. La precisión se expresa como la desviación máxima posible, negativa o positiva, del estándar en condiciones específicas (Figura 5.5). Usualmente se expresa como la imprecisión del instrumento indicada como un porcentaje del rango del instrumento, o del valor de la escala total. Por ejemplo, un termómetro cuya lectura máxima fuera de 100°C y de precisión 0.5% significa que si el instrumento mide 50.0 °C, la temperatura realmente estará entre 49.5 y 50.5 °C. En otras palabras, todas las lecturas de temperatura con este instrumento tendrán una imprecisión de 0.5°C.

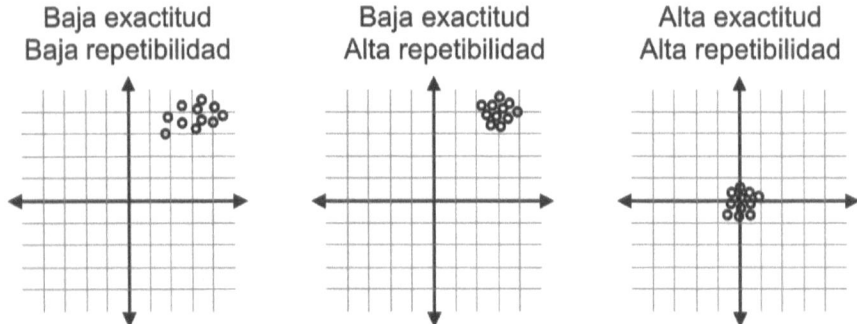

Figura 6.4 Interpretación gráfica de exactitud, precisión y repetibilidad

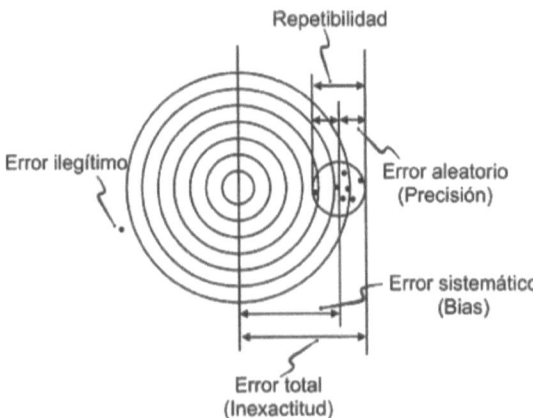

Figura 6.5 Otra interpretación gráfica de exactitud, precisión y repetibilidad.

6.3.4   La repetibilidad.

Es la precisión de resultados de medición expresados como la concordancia entre determinaciones o mediciones independientes realizada bajo las mismas condiciones (operador, tiempo, aparato, lugar, método, etc.). (Figura 6.4 y 6.5).

Es una indicación de la habilidad del instrumento de medición de dar el mismo valor cada vez que se use, o de reproducir la misma medición cada vez que se tiene cierto conjunto de condiciones.

Es posible tener buena repetibilidad sin buena exactitud.

6.3.5   La reproducibilidad.

Es la precisión de resultados de medición expresados como la concordancia entre determinaciones independientes realizadas bajo diferentes condiciones (operador, tiempo, aparato, lugar, método, etc.).

6.3.6   Sensibilidad:

La proporción de cambio en la magnitud de salida respecto al cambio en la entrada que la provoca después de que se ha alcanzado el estado estable. Se expresa como el cociente de la salida entre la entrada. Por ejemplo: Los termistores tienen una sensibilidad de $5\%/^0C$ y los termopares una sensibilidad de $5\mu V/^0C$. Esta relación es constante en todo el rango para un dispositivo lineal. Para dispositivos no lineales debe indicarse el valor de la entrada.

La sensibilidad también se define como el menor cambio en la entrada que producirá un cambio en la salida.

La ganancia es un caso especial de sensibilidad donde la entrada y la salida tienen las mismas unidades por lo que la ganancia es adimensional.

Es común (pero erróneo) asociar la sensibilidad a la escala de lectura; p.e. si una escala de temperatura tiene divisiones cada un grado centígrado, se podría pensar que la sensibilidad fuese de ½ grado porque no sería posible "estimar" valores como ¼ de grado. En realidad, es posible que el sistema termómetro en uso necesite un cambió de un grado antes de modificar su aguja indicadora.

6.3.7 Resolución:

Es el mínimo intervalo entre dos eventos discretos adyacentes que puede distinguirse uno del otro.

Es el mínimo valor confiable que puede ser medido en un instrumento.

Expresa la posibilidad de discriminar entre valores, debido a las graduaciones del instrumento. Se suele hablar de número de dígitos para indicadores numéricos digitales y de porcentaje de escala para instrumentos de aguja (Morales, 2013).

La resolución está en directa relación a la escala del instrumento.

6.3.8 Rango:

Es el intervalo o región donde un instrumento puede medir, recibir o transmitir y se expresa con los valores superior e inferior de esa región. Por ejemplo un termómetro puede tener un rango de 100 a 500 °C.

6.3.9 Rango de operación o de trabajo.

Define los límites superior e inferior de operación en los que el dispositivo funcionará correctamente, y en el que se garantizan las otras especificaciones. Operando fuera de este rango puede producir errores excesivos, malfuncionamiento del equipo e incluso, daño o falla permanente.

Muchos instrumentos, sobre todo los industriales, permiten definir sub rangos de su rango. Es típico de medidores de pH, tener subrangos de 0 a 1,4; de 1 a 2,4; de 2 a 3,4; etc. El rango de trabajo mejora la resolución pero no necesariamente la sensibilidad (Morales, 2013).

6.3.10 Span:

Es la diferencia entre los límites superior e inferior del rango del instrumento. En el caso del ejemplo anterior, el span de ese termómetro sería $500 - 100 = 400$ °C.

6.3.11 Banda muerta.

El rango en el cual se puede variar la entrada sin provocar ningún efecto en la señal de salida. Figura 6.6.

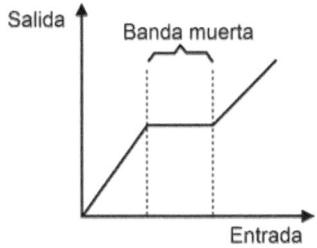

Figura 6.6 Banda muerta de un instrumento.

6.3.12 Histéresis:

La propiedad en que la salida depende de la historia de la entrada y de la dirección actual del cambio. Figura 6.7.

Figura 6.7 Fenómeno de histéresis que puede presentar un instrumento.

6.3.13 Drift (Desvío):

Es un cambio indeseado en la salida del instrumento, en un determinado periodo de tiempo, que no está relacionado con la entrada, ni las condiciones de operación, ni con el medio ambiente ni con la carga.

6.3.14 Tiempo de respuesta.

El tiempo requerido para que una salida alcance un porcentaje especificado de su valor final como resultado de un cambio escalón en la entrada. Como se vio en el capítulo 4, normalmente se toma el 63.2% del valor final para determinar la constante de tiempo del instrumento que es un indicador de la velocidad de su respuesta, Figura 6.8.

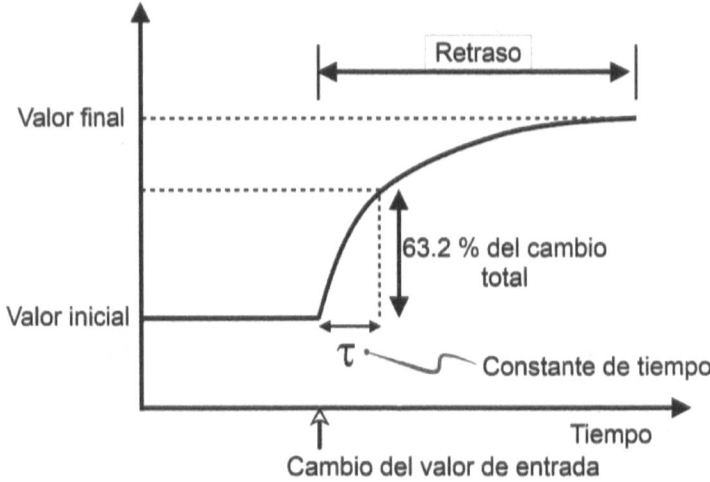

Figura 6.8 Tiempo de respuesta de un instrumento.

6.3.15 Linealidad:

La concordancia de una curva de calibración con una línea recta. Esta expresada como la desviación máxima de la curva de calibración y la línea recta característica especificada (Figura 6.9).

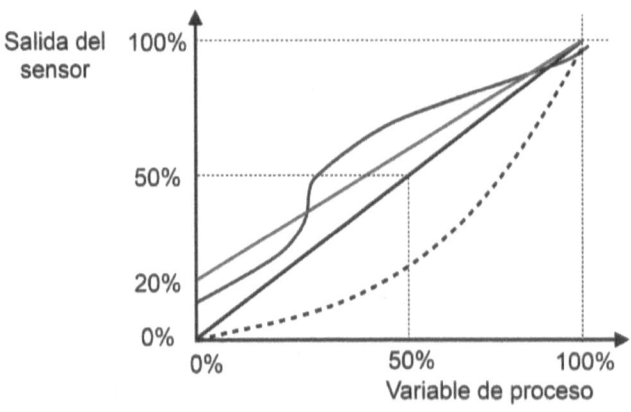

Figura 6.9 Linealidad de un instrumento.

6.4 Corrimiento del cero

La lectura en cero suele cambiar por razones asociadas al uso de un instrumento o porque las etapas amplificadoras sufren de deriva en el tiempo (como, por ejemplo, la línea base de un cromatograma). Los instrumentos deben especificar su tolerancia al corrimiento del cero y, además, los procedimientos y periodicidad de recalibraciones. Un caso muy típico es el cero de la escala de pH (la concentración molar de H+ es igual a la de OH- a pH 7,00) que se debe recalibrar frecuentemente.

6.5 Tipos de error.

Existen diferentes tipos de error en la medición y los tipos principales son los siguientes:

6.5.1 • Error de cero.

Un instrumento tiene un error de cero cuando todas las indicaciones del instrumento son consistentemente altas o consistentemente bajas a través del rango completo del instrumento cuando es comparado con la salida deseada (Figura 6.9).

6.5.2 Error de span.

En el error de span, la desviación del valor ideal varía en diferentes puntos a lo largo del rango del instrumento. Normalmente se incrementa, cuando la señal de entrada se incrementa (Figura 6.10).

Normalmente los errores de span y cero se presentan combinados. La figura se muestra a continuación, donde para corregirlo, primero se ajusta el cero y posteriormente se ajusta el span.

6.5.3 Error de linealización.

Este error se presenta cuando el resultado de la salida no representa una línea recta con respecto al valor de entrada. El error de no linealidad puede ser corregido durante la calibración si el instrumento tiene un ajuste de no linealidad (Figura 6.10). Cuando se efectúa este ajuste se recomienda tomar 5 puntos.

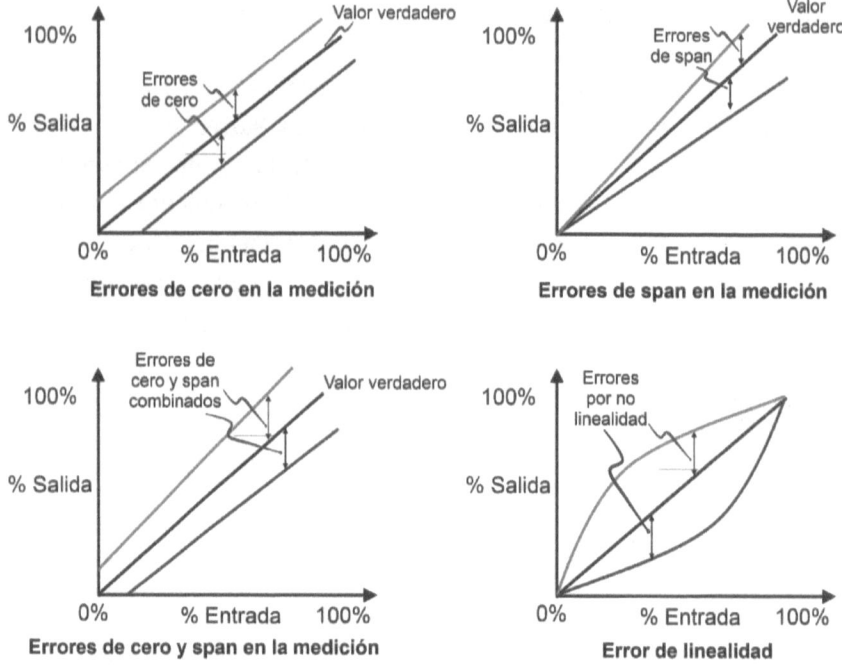

Figura 6.10 Varios tipos de errores que se pueden encontrar en las mediciones.

6.6 Tipos de señales.

En control de procesos se utilizan fundamental mente dos tipos de señales, la analógica y la digital. La señal analógica o análoga es una señal que se genera de manera continua con el tiempo, Figura 5.11. En su contraparte encontramos a la señal digital que es una señal discreta o en "porciones".

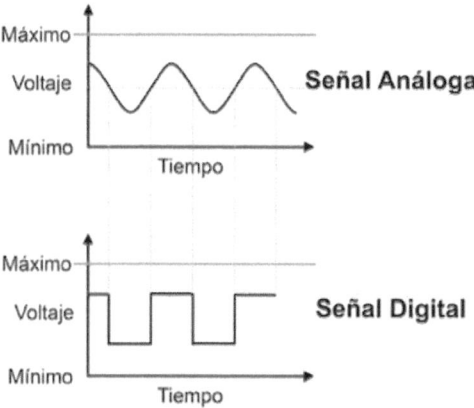

Figura 6.11 Tipos de señales principales que se usan en control de procesos.

6.7 Convertidores de señal.

Convierten una señal de entrada a una señal de salida proporcional lineal (Figura 6.12). Por ejemplo, una señal de 4-20 mA DC en un convertidor I/P produce una señal de salida proporcional de 3-15 psig que puede usarse para manejar una válvula.

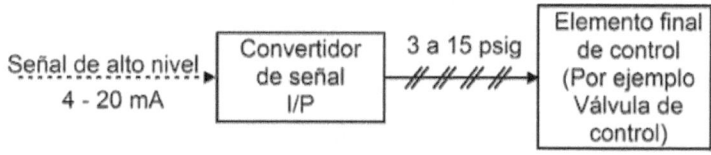

Figura 6.12 Convertidor de señales.

6.8 Trasmisor:

Es un transductor que responde a una variable medida por medio de un elemento sensor, y lo convierte a una señal estandarizada de transmisión que es función únicamente de la variable medida.

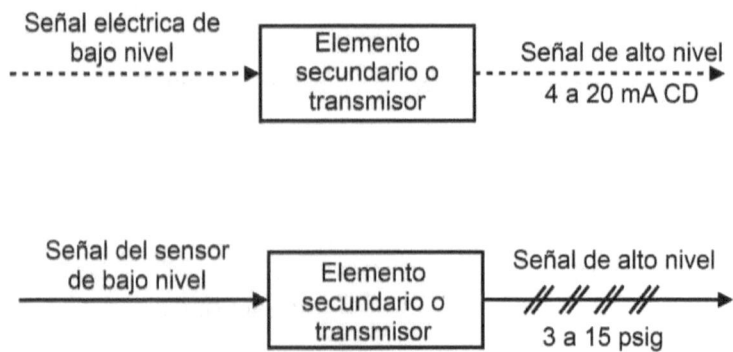

Figura 6.13 Transmisor de señales.

6.9 Dinámica del sensor.

La dinámica de procesos se discutió en el capítulo anterior (sección 4.7), y esos mismos factores aplican a sensores, siendo importante conocer la dinámica de los sensores. La velocidad de respuesta del elemento primario de medición es a menudo uno de los factores más importantes en la operación de un controlador con retroalimentación. Como el control de proceso es continuo y dinámico, es crítica la rapidez con la que un controlador detecta cambios en el proceso y su efecto en la operación del sistema.

Sensores rápidos permiten al controlador funcionar a tiempo, mientras que sensores con grandes constantes de tiempo son lentos y degradan la operación global del circuito de control. Debido a su influencia en la respuesta del circuito, deben considerarse las características dinámicas del sensor en su selección e instalación.

6.10 Selección de sensores.

Fundamentalmente la selección de medidores en general depende de las condiciones de proceso, de la importancia de la medición en el proceso y en el aspecto económico. Por eso es importante conocer el principio de medición de los diversos tipos de medidores y sus aplicaciones básicas

68

para obtener el máximo rendimiento costo-beneficio de ellos y así disminuir el error en la medición.

Deben considerarse varios factores antes de seleccionar un sensor para la variable de proceso de interés en un particular circuito de control. Los criterios de selección de instrumentos de medición y consideraciones básicas son:

6.10.1 Aplicación: Propósito de medidor.

- Monitorear.
- Controlar.
- Indicar.
- Medición de punto fijo o continuo.
- Alarma.

6.10.2 Propiedades de los materiales procesados:

- Sólidos, líquidos, gases o vapor.
- Conductividad.
- Multifase, relación líquido/gas.
- Viscosidad.
- Presión.
- Temperatura.

6.10.3 Funcionalidad:

- Rango de operación.
- Exactitud.
- Linealidad (la exactitud puede incluir efectos de linealidad).
- Repetibilidad (la exactitud puede incluir efectos de repetibilidad).
- Tiempo de respuesta.
- Confiabilidad.
- Facilidad de uso.
- Grado de "inteligencia".
- Grado de intrusión en el proceso.
- La dinámica requerida del sensor.
- Requerimientos especiales.

6.10.4 Instalación:

- Facilidad de montaje.
- Tamaño de línea.
- Sensibilidad a la vibración.
- Facilidad de acceso.
- Posibilidad de inmersión.

6.10.5 Economía:

- Costo de adquisición.
- Costo de instalación.
- Costo de mantenimiento.
- Costo de fiabilidad/reemplazo.

6.10.6 Medio ambiente y seguridad:

- Emisiones de proceso.
- Disposición de material peligroso.
- Potencial de fuga.
- Disparo de sistemas de apagado.

6.10.7 Dispositivos de medición y tecnología:

- Tipos de medidores en el mercado. Ejemplo para Temperatura: mecánicos, termopares, RTDs, termistores, pirómetros.

.Algunas recomendaciones adicionales generales para seleccionar un instrumento son:

- Medidor más familiar.- El más fácilmente entendible, basado sobre gran cantidad de mediciones y períodos de tiempo.
- Medidor que se ha utilizado en aplicaciones previas similares.- simple aproximación, no necesariamente malo pero no siempre la mejor solución.
- Puede ser muy malo si la selección es siempre la misma.
- Considerar todos los factores que puedan influir en la selección.- consume en algunos casos demasiadas horas-hombre y es justificada en aplicaciones críticas de flujo.

7 Elementos primarios de medición de presión.

Los sensores de presión se clasifican como se indica en la Figura 7.1.

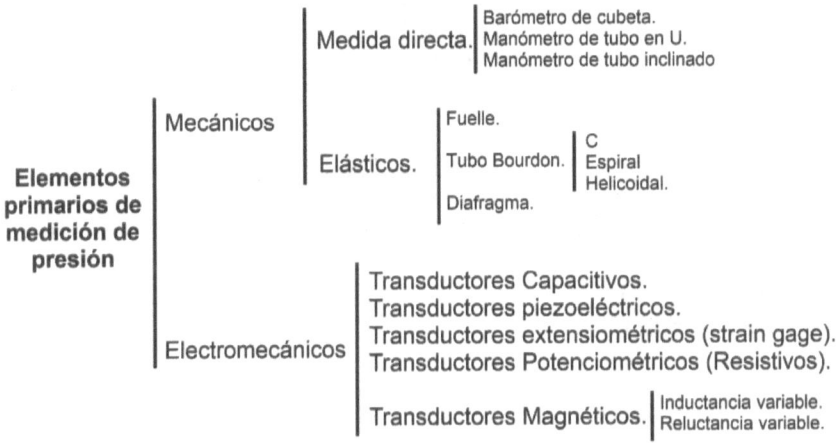

Figura 7.1 Clasificación de los sensores de presión.

7.1 Sensores mecánicos de presión.

Los sensores mecánicos de presión detectan un cambio en una propiedad física del sensor que puede traducirse, posteriormente, a unidades de presión.

7.1.1 De medida directa.

Cuando el cambio de propiedad, debido a un cambio de presión, puede verse directamente en una escala del mismo sensor, entonces se tiene lo que se conoce como sensores de presión de medida directa. En esta calificación tenemos a los barómetros de cubeta, manómetros en U, manómetros inclinados, los tubos Bourdon, los fuelles y diafragmas.

7.1.1.1 Barómetros de cubeta.

Es un dispositivo muy sencillo con el que se puede medir la presión atmosférica, como se muestra en la Figura 7.2.

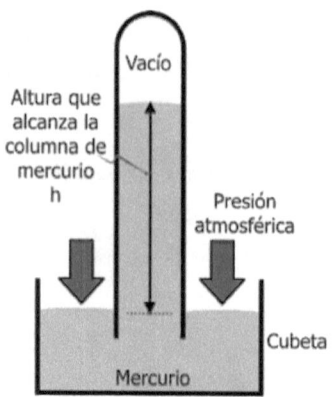

Figura 7.2 Barómetro de cubeta.

Teniendo la altura de la columna de mercurio, se calcula la presión con la conocida expresión

$$P_{atm} = \rho g h \tag{7.1}$$

7.1.1.2   Manómetro de tubo en U.

El manómetro en U se muestra en la Figura 7.3. Está compuesto de dos ramas y cada una de ellas se conecta a diferentes puntos de medición. La diferencia de alturas del líquido manométrico entre las columnas es una medida de la diferencia de presiones entre los dos puntos de medición.

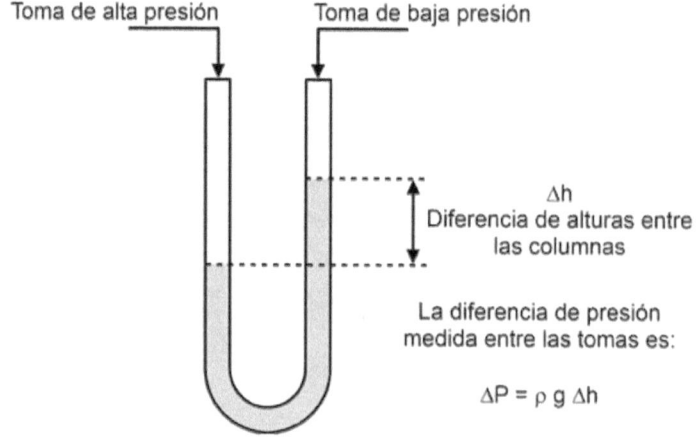

Figura 7.3 Manómetro en U.

7.1.1.3   Manómetro de tubo inclinado.

Cuando una de las ramas se inclina como se muestra en la Figura 7.4, la precisión en la lectura se amplifica. Este manómetro se calibra teniendo en cuenta el ángulo de inclinación y el seno (cateto opuesto entre hipotenusa) para encontrar la Δh vertical, que es la que interesa.

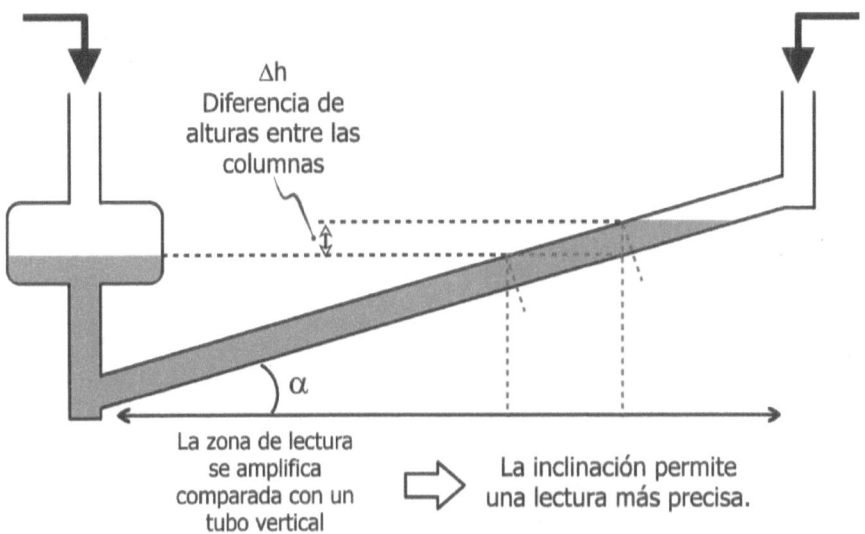

Figura 7.4 Manómetro inclinado.

7.1.2   Elásticos.

Los sensores de presión elásticos contienen un elemento que sufre una deformación debido a la presión. De este tipo se tienen al tubo Bourdon (en C, en espiral o en helicoidal), los fuelles y los diafragmas.

Los sensores elásticos de presión tienen un esquema básico de funcionamiento, como el que muestra en la Figura 7.5. Aquí se observa un elemento sensor que es el que sufre el efecto de la presión y como consecuencia se deforma. Esta deformación se puede convertir a un movimiento circular de un puntero o aguja, de tal forma que se obtiene una lectura en una caratula; se puede convertir a voltaje para su indicación digital, o se puede convertir a corriente para su trasmisión a un cuarto de control.

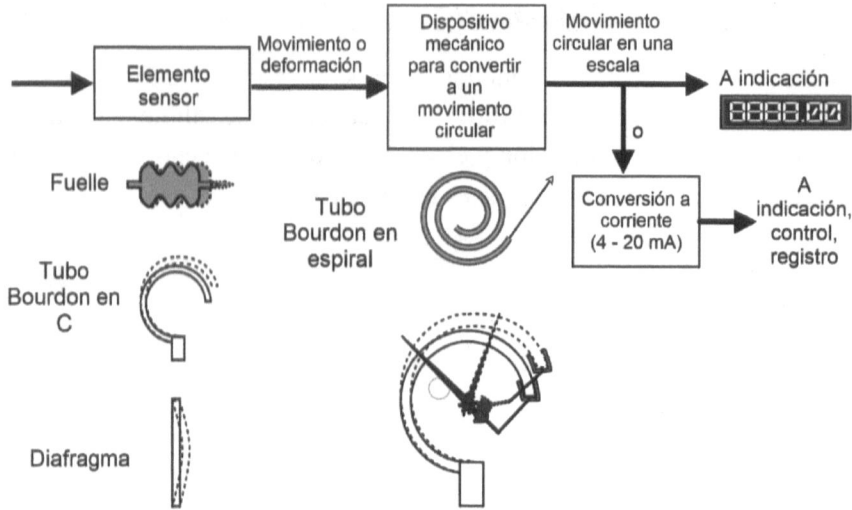

Figura 7.5 Esquema del funcionamiento general de los sensores elásticos de presión.

El principio de funcionamiento es el mismo para todos los sensores elásticos, como también se ve en la Figura 7.5.

7.1.2.1   Tubo Bourdon.

El manómetro de Bourdon es, probablemente, el más usado en plantas de procesos. Básicamente está formado por un tubo metálico "aplanado" y doblado en forma de "C", y abierto sólo en un extremo que es el que se conecta a proceso. También hay tubos Bourdon en forma de espiral o helicoidal (Figura 7.6). En estos últimos la fuerza que se ejerce en la pared externa es mayor provocando un movimiento más grande que en un tubo Bourdon en C.

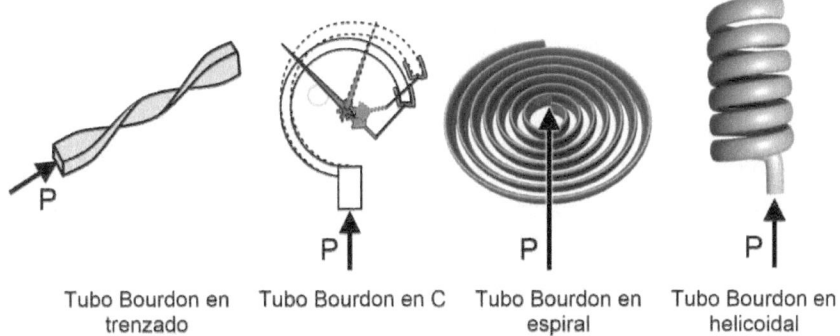

| Tubo Bourdon en trenzado | Tubo Bourdon en C | Tubo Bourdon en espiral | Tubo Bourdon en helicoidal |

Figura 7.6 Tipos de tubos Bourdon.

Los manómetros de tubo de Bourdon se utilizan para presiones de medición de 0,6 bar a 4000 bar y nunca se debe aplicar más presión para la cual el manómetro está especificado. La temperatura puede provocar un error entre 0,3% y 0,4%. Los materiales del tubo se seleccionan de acuerdo a su compatibilidad con el proceso. Se usan mucho en instrumentación neumática puesto que la deformación que produce la presión se puede usar para girar un indicador, registrador o controlador.

En la especificación y selección de manómetros se deben de cuidar los siguientes aspectos:

- Rangos de indicación.
- La presión de operación deberá estar ubicada en el tercio central del rango de indicación del manómetro (en un reloj entre las 11 y 13 h).
- La carga de presión máxima no debería superar el 75% del valor final de escala con carga en reposo o el 65% del valor final de escala con carga dinámica, véase EN 837-2.

Los materiales de construcción de los tubos Bourdon son: bronce, bronce fosforado, cobre-berilio, monel, aceros inoxidables, Ni-Span C. Ni-Span-C Aleación 902 (Alloy 902) (Ni-Fe-Cr).

7.1.2.2   Diafragma.

Los diafragmas son discos metálicos elásticos y pueden ser planos u ondulados (Figura 7.7). El grado de deformación es proporcional a la presión (Figura 7.7). Se usan en presiones de 10 mbar a 25 bar. Para su uso en medios corrosivos se recubren de plástico. Se pueden utilizar para medir presión absoluta, manométrica o diferencia de presiones (Figura 7.8).

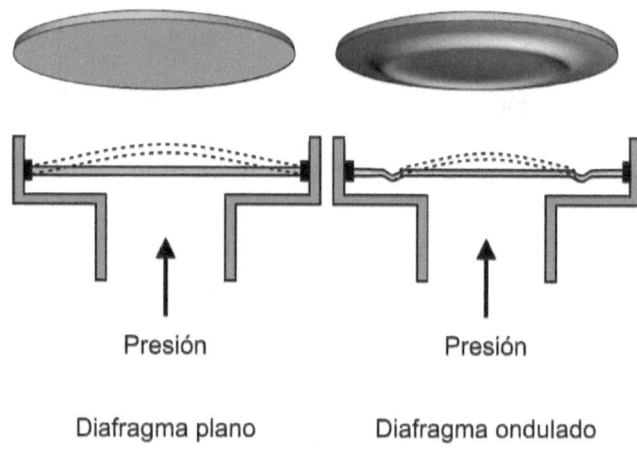

Diafragma plano   Diafragma ondulado

Figura 7.7 Diafragmas comunes en medidores de presión.

Los materiales de construcción comunes de los diafragmas son Bronce trumpet, bronce fosforado, conre-berilio, aceros inoxidables, Ni Span C, monel, hastelloy, titanio, tantalum.

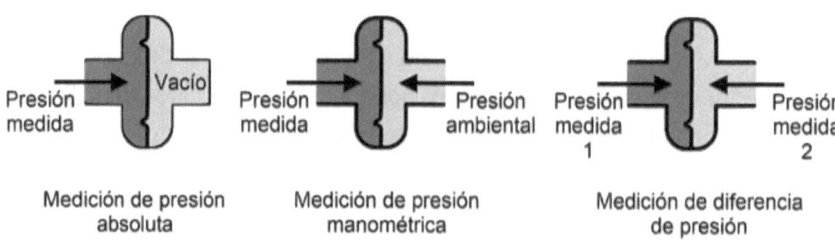

Medición de presión   Medición de presión   Medición de diferencia
    absoluta   manométrica   de presión

Figura 7.8 Presiones que se pueden medir con un sensor de diafragma.

7.1.2.3   Fuelle.

El fuelle funciona como un acordeón, expandiéndose con un aumento de la presión, y contrayéndose en caso contrario, o al inverso según el arreglo como se ve en la Figura 7.9.

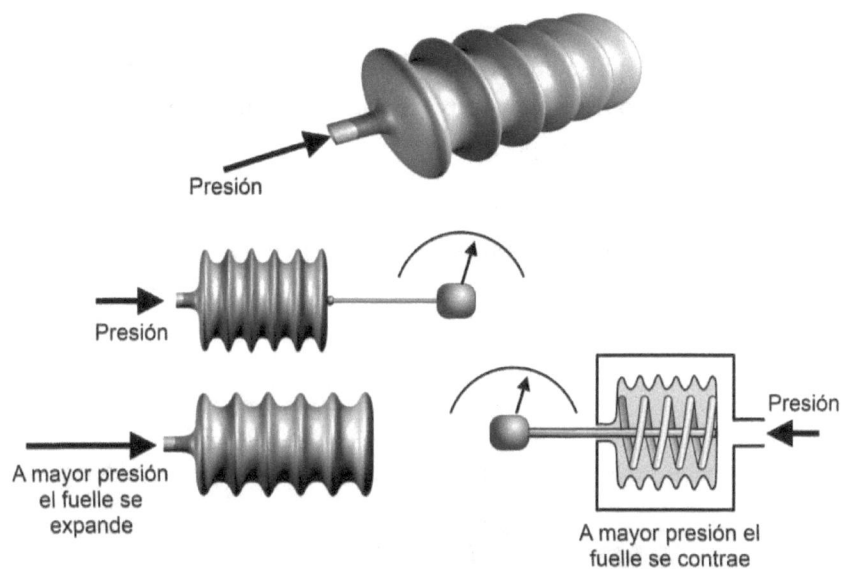

Figura 7.9 Fuelle como elemento primario de medición de presión.

Los materiales de construcción comunes son: Bronce, bronce fosforado, cobre-berilio, monel, acero inoxidable, inconel.

Muchas veces el fuelle está acompañado por un resorte bien calibrado (Figura 7.9). Este resorte regula el movimiento del fuelle y le dota de mejor exactitud y duración.

Los fuelles se pueden utilizar para medir presiones muy bajas, y su rango depende del tamaño y material del fuelle. Son delicados porque están construidos con un material muy delgado y requiere de topes de sobrerangos y subrangos para evitar su deformación.

7.1.3 Accesorios.

Para que los tubos Bourdon funcionen bien y no sean afectados ni por vibraciones ni por fluidos muy calientes, se utilizan comúnmente dos accesorios: el amortiguador de pulsaciones y la cola de cochino o tubo sifón.

El amortiguador de pulsaciones evita el movimiento excesivo del Bourdon y su desgaste. Las pulsaciones se presentan comúnmente en sistemas con bombas de desplazamiento positivo.

La cola de cochino o tubo sifón funciona como un aislante térmico (Figura 7.10). El mejor ejemplo es su uso en las líneas de vapor. Parte del vapor condensa y se sitúa en la parte inferior del sifón, y funciona como aislante térmico, de tal manera que el tubo unido al manómetro y éste mismo se mantienen fríos. La cola de cochino no debe aislarse térmicamente.

Adicionalmente este sello de agua funciona como amortiguador debido al gas (compresible) que se halla entre el manómetro y el agua condensada.

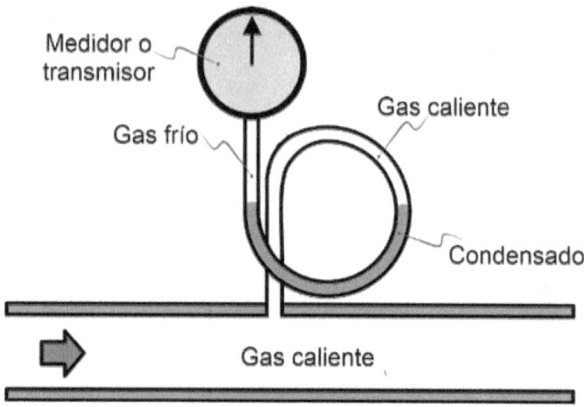

Figura 7.10 Cola de cochino o tubo sifón.

7.2 Sensores electromecánicos de presión.

7.2.1 Transductores capacitivos.

Como su nombre los dice estos sensores basan su medición en la variación de su capacitancia, Figura 7.11. Consisten en un capacitor formado por una placa fija y una placa elástica (diafragma o placa móvil). A mayor presión mayor deformación de la placa móvil, y consecuentemente se reduce la separación entre las placas, lo que modifica su capacitancia (Ecuación 7.2). La deformación del diafragma elástico es de solo unas milésimas.

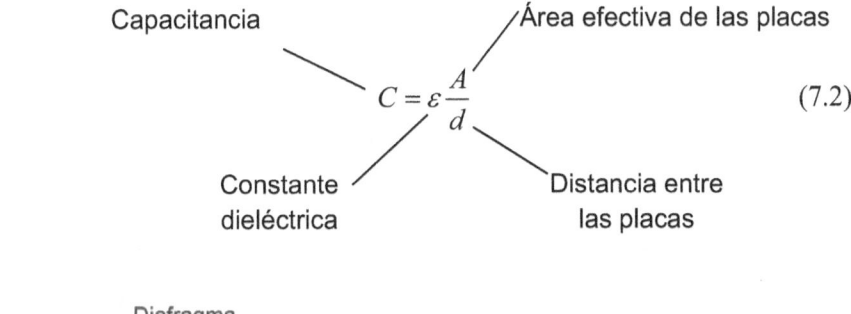

$$C = \varepsilon \frac{A}{d} \qquad (7.2)$$

Capacitancia / Área efectiva de las placas / Constante dieléctrica / Distancia entre las placas

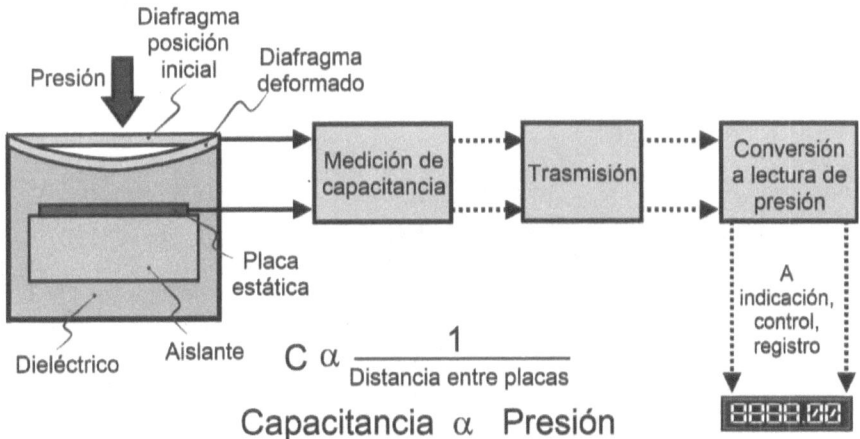

$$C \, \alpha \, \frac{1}{\text{Distancia entre placas}}$$

$$\text{Capacitancia } \alpha \text{ Presión}$$

Figura 7.11 Transductor de presión tipo capacitivo.

Los materiales de construcción de los diafragmas son: de silicio y acero inoxidable. Para ambientes corrosivos se usan aleaciones de aceros de alto Ni, Inconel , Hastelloy; se sugiere Tantalio para presiones y temperaturas altas; Plata para medir presión de cloruros o fluoruros y otros halógenos en su estado elemental. Cerámicos: Fabricados de óxido de aluminio (Al_2O_3) del 96 al 100 % de pureza. (El de 96 % de pureza el resto es SiO_2. El de 100 % de pureza es el zafiro). También se fabrican de cuarzo.

Es común que este tipo de sensor se use para la medición de una presión diferencial, es decir, la diferencia de presión entre dos puntos. En estos casos, la posición del diafragma sensor dependerá del valor de la presión diferencial.

Estos sensores se usan para medir columna hidrostática, mediante la medida de la presión (inHg, cmHg , etc).

7.2.2   Transductores piezoeléctricos.

Estos transductores se basan en la propiedad que poseen ciertos materiales de generar electricidad al ser sometidos a compresión (Figura 7.12). Este fenómeno se conoce como efecto piezoeléctrico. La electricidad generada se tiene que enviar a un amplificador, integrado al sensor, para que la señal se pueda utilizar, Figura 7.13. Debido a este efecto estos sensores no requieren fuente de poder, son resistentes pero sensibles a la vibración e impacto.

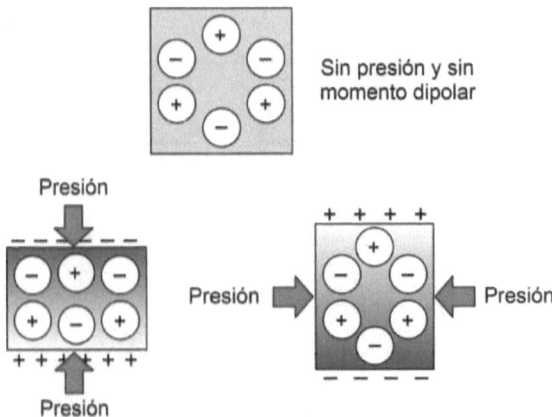

Figura 7.12 Formación del momento dipolar producto de la presión (Blog instrumentación, 2016).

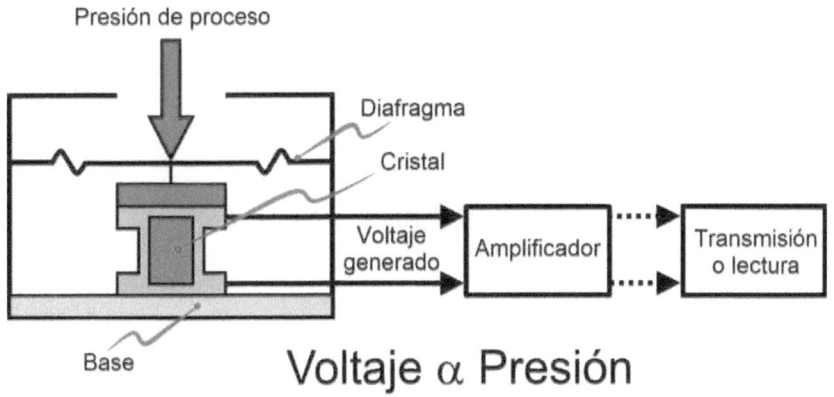

Figura 7.13 Sensores de presión piezoeléctricos.

Los materiales piezoeléctricos más comunes son: cuarzo, turmalina, materiales sintéticos de cerámica policristalina como Titanato de bario ($BaTiO_3$), Zirconato Titanato de Plomo (PZT): $Pb[Zr_xTi_{1-x}]O_3$ ejemplo $Pb[Zr_{0.52}Ti_{0.48}]O_3$. También se pueden fabricar de cuarzo artificial.

7.2.3   Transductores extensiométricos (strain gage).

Estos sensores se basan en el cambio de resistencia eléctrica que presentan al ser sometidos a cierta deformación (presión), como se puede apreciar en la Figura 7.14. Dependiendo de si el sensor de estira o se encoge, la resistencia del mismo aumenta o disminuye, respectivamente.

Es conveniente aclarar que, como se puede ver en la Figura 7.14, se considera que la resistividad (ρ) no cambia con la deformación. Sin embargo, algunos autores los consideran sensores piezoresistivos, es decir, sensores que cambian su resistividad con la deformación.

Se pueden encontrar diseños variados como de hilo o lámina de metal depositado (constantano, advance, karma e isoelastic) o de semiconductores (Silicio y Germanio), y en la práctica se colocan en diafragmas o fuelles y, a veces, directamente en el proceso. Se pueden usar también en la medición de presión diferencial. Figura 7.8.

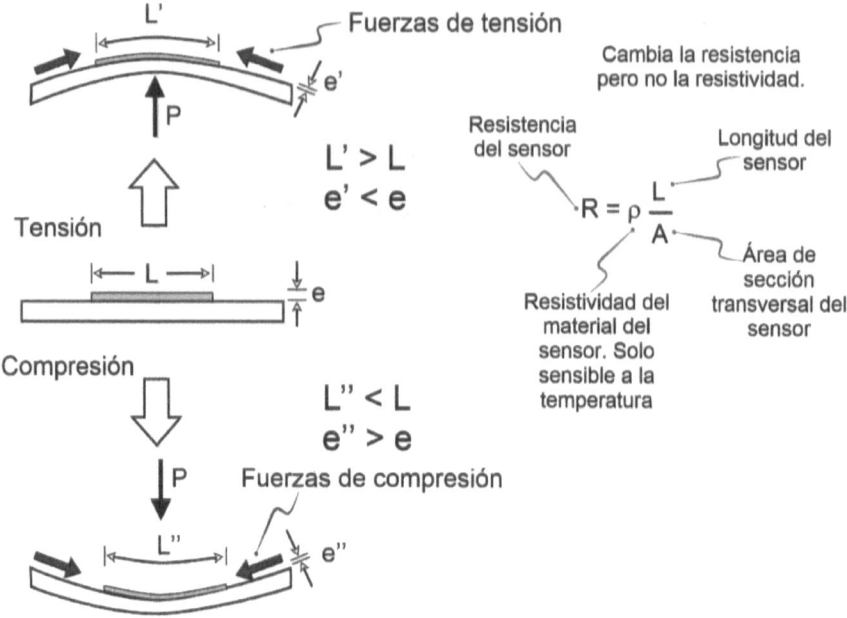

Figura 7.14 Funcionamiento de un sensor resistivo, de deformación, de esfuerzo, extensiométrico o strain gage.

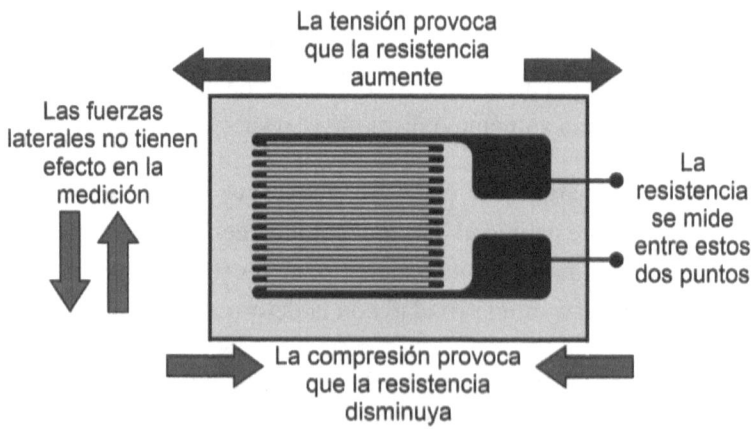

Figura 7.15 Galgas extensiométricas.

Los cambios de resistencia se miden con un puente de Wheatstone, como se muestra en la Figura 7.16 y 7.17.

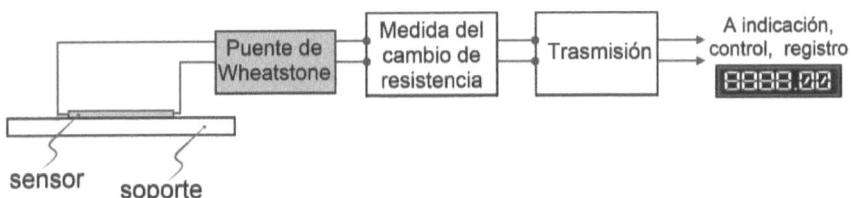

sensor soporte

Figura 7.16 Medición del cambio de resistencia de una galga mediante un puente de Wheatstone.

Cuando el puente está equilibrado (Figura 7.18), se cumple que:

$$V = 0 \; ; V_A = V_B \quad e \quad I_V = 0 \tag{7.3}$$

por tanto,

$$I_1 = I_2 \; ; \; I_3 = I_X \tag{7.4}$$

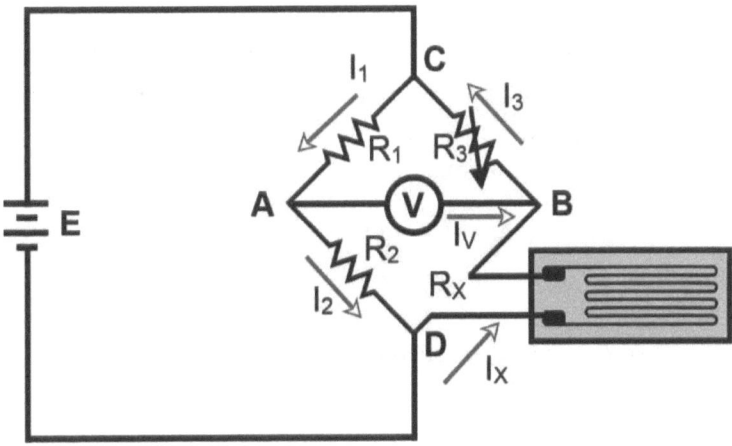

Figura 7.17 Circuito de un puente cuaternario para la medición de la resistencia del medidor de tensión.

De la ley de Ohm:

$$V = RI \tag{7.5}$$

83

$$\frac{V_{CA}}{V_{AD}} = \frac{I_1 R_1}{I_2 R_2} = \frac{R_1}{R_2} \qquad (7.6)$$

$$\frac{V_{CB}}{V_{BD}} = \frac{I_3 R_3}{I_X R_X} = \frac{R_3}{R_X}$$
$$(7.7)$$

Como

$$V_A = V_B \;\; \therefore \frac{V_{CA}}{V_{AD}} = \frac{V_{CB}}{V_{BD}} = \frac{R_1}{R_2} = \frac{R_3}{R_X} \qquad (7.8)$$

Y por tanto,

$$R_X = R_3 \frac{R_2}{R_1} \qquad (7.9)$$

También se puede demostrar que para un puente de Wheatstone equilibrado ($I_V = 0$) donde $R_1 = R_2 = R_3 = R_X = R_0$ y donde R_X varía sólo una pequeña cantidad ΔR_X, la intensidad I_G que circula por el galvanómetro V, es proporcional a

$$\frac{\Delta R_X}{4 R_0} \qquad (7.10)$$

Por tanto, si se conoce R_0, se puede obtener el valor de ΔR_X a partir de I_G o,

$$V \cong \frac{\Delta R_X}{4 R_0} E \qquad (7.11)$$

Los materiales más comunes usados en la fabricación de galgas son:

- Metálicos: Contantan (Cu-Ni), Karma (Ni-Cr), Nicromo V (Ni-Cr), Isoelastic (Ni-Fe), 479PT (Pt-tungsteno).
- Semiconductores: Silicio tipo p, Silicio tipo n. y germanio.

Si tipo p: El Silicio se "dopa" con impurezas de Boro (3+).

Si tipo n: El Silicio se "dopa" con impurezas de Fósforo (5-)

Las aleaciones metálicas tienen la ventaja de tener bajo coeficiente de temperatura.

7.3 Medidor de presión potenciométrico o de resistencia.

Estos transductores utilizan un potenciómetro para la medición de presión. Se recordará que el potenciómetro es una resistencia variable que puede ser lineal (Figura 7.18) o circular. Al cambiar la presión la varilla conectora, unida a un fuelle, cambia la resistencia del potenciómetro (entre A y B), la que se cuantifica con un puente de Wheatstone.

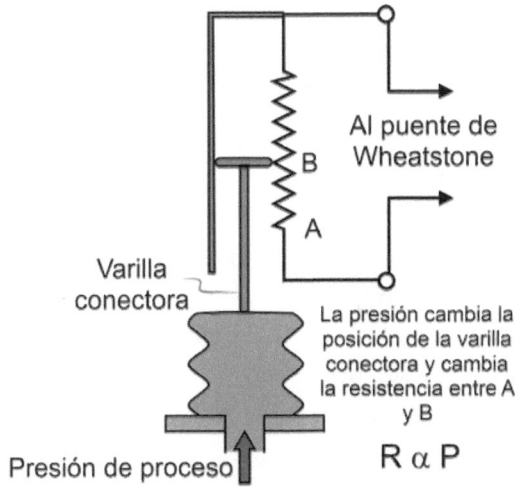

Figura 7.18 Medidor potenciométrico de presión

7.4 Medidor de presión magnético de inductancia variable

Este transductor consiste en un elemento sensor como puede ser un fuelle (Figura 3.19) que está unido a un imán, que dependiendo de la presión se mueve más adentro o más afuera de una bobina fija. Al moverse el imán, dependiendo de las vueltas de la bobina que intersecta, será la cantidad de fuerza electromotriz que pueda inducir. Además, cuanta f.e.m. se pueda inducir depende de la Inductancia del sistema

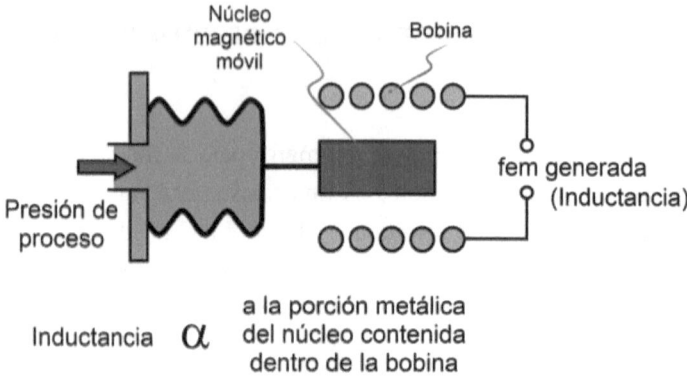

Figura 7.19 Medidor de presión magnético de inductancia variable.

Brevemente se recordará que la Ley de Inducción de Faraday dice que la magnitud de la fuerza electromotriz (fem) inducida en un circuito es proporcional al cambio de magnitud del flujo magnético con el tiempo, a través del circuito. Cualquier cambio en el campo magnético de una bobina produce un voltaje que es "inducido" en el enrollado (solenoide). Sin importar cómo se produzca el cambio se generará un voltaje. Puede cambiar la fuerza del campo magnético (B), mover el imán más cerca o más lejos del solenoide, o mover la bobina respecto al imán, girar el solenoide o el imán, etc.

Para una bobina de área trasversal fija y una corriente eléctrica que cambia, la Ley de Faraday se puede expresar así,

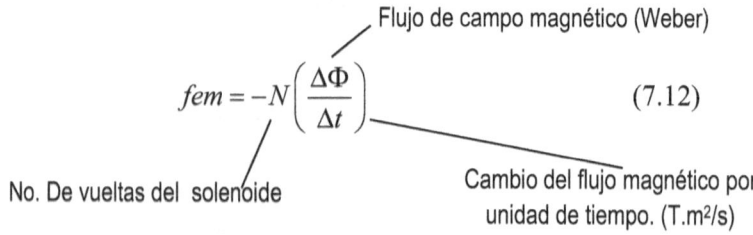

$$fem = -N\left(\frac{\Delta\Phi}{\Delta t}\right) \qquad (7.12)$$

Un Weber (Wb) = $\dfrac{kg \cdot m^2}{s^2 \cdot Amp}$ y una Tesla (T) = $\dfrac{kg}{s^2 \cdot Amp}$

Que puede reescribirse así,

$$fem = -NA\left(\frac{\Delta B}{\Delta t}\right) \qquad (7.13)$$

Área de la sección transversal del solenoide (m²)

Como el campo magnético de un solenoide es

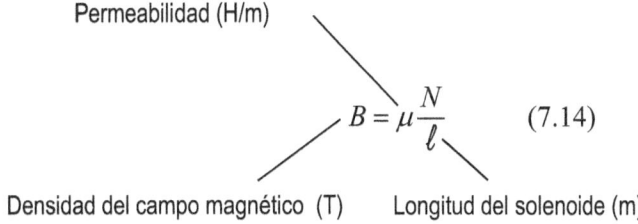

Permeabilidad (H/m)

$$B = \mu\frac{N}{\ell} \qquad (7.14)$$

Densidad del campo magnético (T)   Longitud del solenoide (m)

La permeabilidad (μ) es la propiedad del solenoide que indica la facilidad con que el material acepta el flujo magnético; en otras palabras, es la capacidad de una sustancia o medio para atraer y hacer pasar a través de ella campos magnéticos. Es análogo al inverso de la resistividad de un material conductor ($1/\rho$). Sus unidad son Henrys (H) que son equivalentes a

$$H = \frac{Joule}{(Amper)^2} = \frac{Tesla \times m^2}{Amper} = \frac{Weber}{Amper} = \frac{Volt \times segundo}{Amper} = Ohm \times segundo$$

Por otro lado, la susceptibilidad magnética es el grado de magnetización de un material en respuesta a un campo magnético.

La susceptibilidad magnética y la permeabilidad magnética están relacionadas por la ecuación 7.15,

$$\mu = \mu_0\left(1 + X_m\right) \qquad (7.15)$$

Si la susceptibidad (X_m) es positiva (material ferromagnético o paramagnético) entonces $(1+X_m)>1$, en tal caso, el campo magnético se fortalece por la presencia del material. Si la susceptibilidad es negativa (material diamagnético), entonces $(1+X_m)<1$. Consecuentemente, el campo magnético se debilita en presencia del material. La diferencia entre los materiales ferromagnéticos y paramagnéticos es que los ferromagnéticos tienen una susceptibilidad mucho más grande y por eso se usan en las aplicaciones prácticas.

Para un solenoide largo,

$$fem = -\frac{\mu N^2 A}{\ell}\frac{\Delta I}{\Delta t} \qquad (7.16)$$

Por otro lado, la inductancia cuantifica el comportamiento de una bobina, al resistir el cambio de magnitud de la corriente eléctrica que fluye a través del alambre que la forma. Si se incrementa la corriente se genera o induce un voltaje que se opone a ese cambio, y es creado por el campo magnético del solenoide. La inductancia es el número de Volts que se inducen con un cambio de corriente de un Ampere por segundo y se da en Henrys.

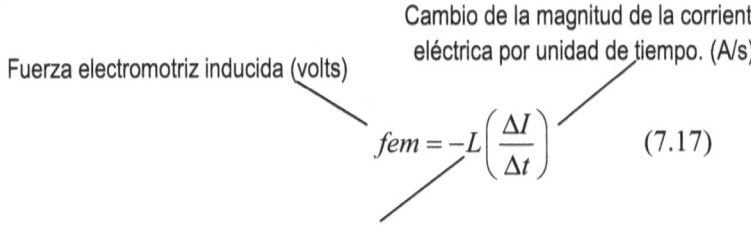

Fuerza electromotriz inducida (volts)

Cambio de la magnitud de la corriente eléctrica por unidad de tiempo. (A/s)

$$fem = -L\left(\frac{\Delta I}{\Delta t}\right) \qquad (7.17)$$

Inductancia (volt.segundo/ampere = Henry)

Por tanto,

$$L = \frac{\mu N^2 A}{\ell} \qquad (7.18)$$

En otras palabras, dependiendo de la presión, el campo magnético del imán "cortara" más o menos vueltas del solenoide (N) y el sistema cambiará su inductancia (L), si se mantienen los demás parámetros constantes.

Hay algunos medidores de este tipo que se suelen llamar medidores de presión de reluctancia variable. La reluctancia es equivalente a la resistencia eléctrica de un circuito, es decir es la oposición que presenta el sistema al flujo magnético a través de un volumen dado de espacio o de material (Tabla 7.2).

Tabla 7.1. Comparación de un circuito eléctrico con uno magnético.	
Circuito eléctrico	Circuito magnético
$V = I \times R$ o $fem = I \times R$ (*)	$fmm = \Phi \times R$ (**)
$R = \rho \dfrac{\ell}{A}$	$R = \dfrac{1}{\mu} \dfrac{\ell}{A}$
(*) fem = fuerza electromotriz (**) fmm = fuerza magnetomotriz	

Un ejemplo de este tipo de medidores se muestra en la Figura 7.20. Consiste en un diafragma plano, magnéticamente permeable, colocado entre dos sensores formados por solenoides con núcleo de fierro. Al aplicar CA a los sensores (proporcionada por el componente electrónico), se establece un campo magnético entre el diafragma y los solenoides. El valor de la reluctancia está ampliamente determinado por el tamaño del espacio de aire (separación) que hay entre el diafragma y el sensor. La salida de voltaje es proporcional a la deflexión del diafragma. (Tavis Corporation. Technical Bulletin #101, october 12, 2005)

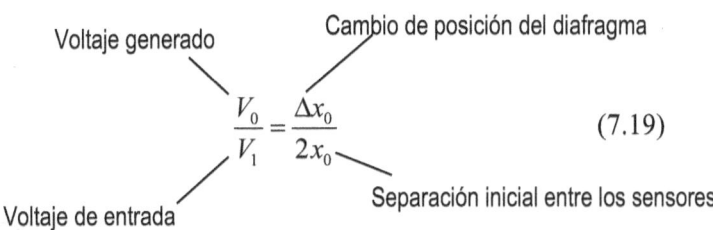

$$\frac{V_0}{V_1} = \frac{\Delta x_0}{2x_0} \qquad (7.19)$$

Voltaje generado — Voltaje de entrada — Cambio de posición del diafragma — Separación inicial entre los sensores

De acuerdo con Omega (2016) cuando ocurre un cambio de presión, cambia la separación entre los flujos magnéticos de los dos núcleos, entonces la relación de inductancias L1/L2 se puede relacionar con el cambio de la presión del proceso. Los transductores de reluctancia tienen señales de salida muy altas (alrededor de 40 mV por volt de alimentación) pero tienen que alimentarse con voltaje AC. Son susceptibles a campos magnéticos extraviados y a efectos de temperatura de alrededor de 2% por 1000oF. Debido a su señal de salida muy alta, a menudo se usan en aplicaciones donde se desea una resolución alta en un rango relativamente pequeño. Pueden cubrir rangos de presión desde 1 in de agua a 10 000 psig (250 Pa a 70 MPa). Su precisión típica es de 0.5% de la escala total.

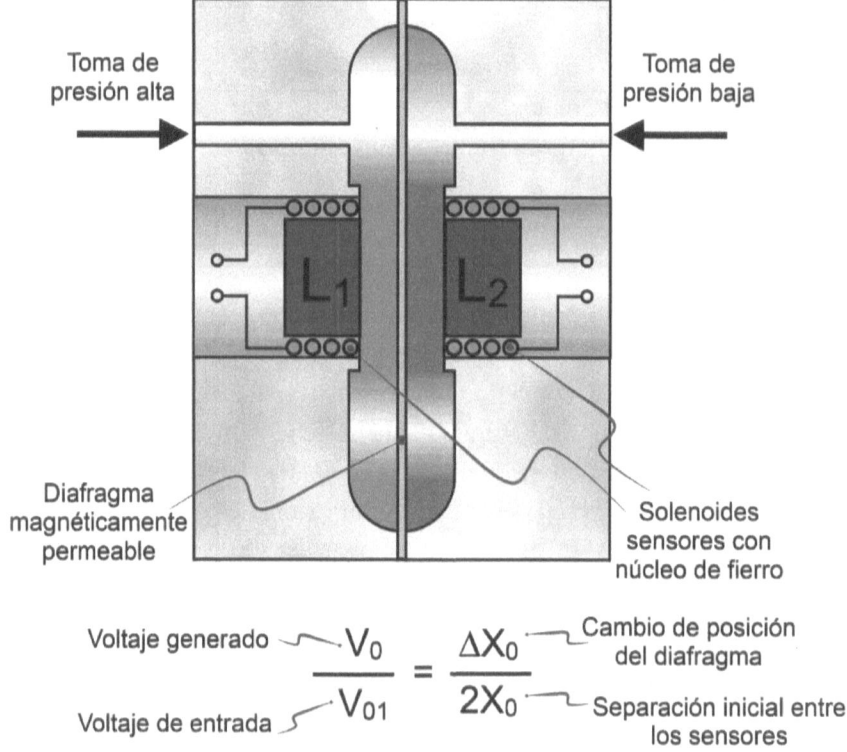

Figura 7.20 Medidor de presión magnético de reluctancia variable.

Tabla 7.2 Características generales de los medidores de presión

	DIAFRAGMA	FUELLES	BOURDONES	STRAIN GAGE	CAPACITIVO	PIEZOELÉCTRICO
Exactitud	0.1 a 1% del span	0.5% del span	0.5% del span	0.25% E.T.	0.15% E.T.	0.5% del span
Rango recomendable	0 a 12 kg/cm²	0 a 35 kg/cm²	1 a 1500 kg/cm²	0.3 a 13 000 kg/cm²	0 a 300 kg/cm²	
Span mínimo	7.5" H$_2$O	0.3 kg/cm²	1 kg/cm²	0.3 kg/cm²	cm H$_2$O	
Sensitividad	0.25% del span	0.25% del span	0.01% del span	0.01% E.T.	0.02% E.T.	
Temperatura máxima	300 °C	120 °C	300 °C	300 °C	120 °C	
Servicio en presión	Absoluta, diferencia y vacio	Absoluta, diferencia y vacio	Absoluta, diferencia y vacio	Absoluta, diferencia y vacio	Absoluta, diferencia y vacio	
Elemento secundario	Requerido					
Suministro de energía	Al transmisor	Al transmisor	Al transmisor	Al transmisor y sensor	Al transmisor y sensor	
Respuesta	Lineal	Lineal	Lineal, excepto tipo "C"	Lineal	Lineal	
Salida	Analógica	Analógica	Analógica	Analógica y digital	Analógica y digital	
Límites de aplicación	Hasta 60 kPa			Hasta 100 MPa	Hasta 30 kPa	
Dinámica				Rápidos		Muy rápido

instrumentationtoolbox.com (2016)
pc-education.mcmaster.ca (2016
Morales (2013).

91

8 Elementos primarios de medición de nivel.

Los sensores para medir nivel se pueden clasificar de acuerdo a como se muestra en la Figura 8.1.

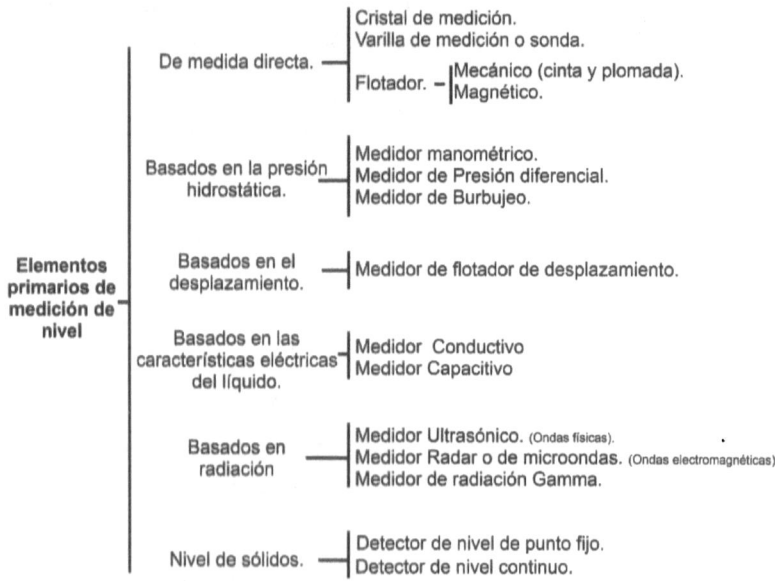

Figura 8.1 Clasificación de los sensores de nivel.

8.1 Sensores de nivel de medida directa.

8.1.1 Medidor de cristal (mirilla).

Es el conocido vidrio de nivel y es el indicador local de nivel más utilizado (Figura 8.2). Es un tubo de vidrio que se une al tanque en sus partes superior e inferior. En esas uniones tiene válvulas de seguridad en el caso de que el cristal se rompa. La lectura se toma directamente del tubo que tiene una graduación según convenga. Las mirillas más sencillas consisten en el tubo sólo y se pueden usar hasta 7 bar. A presiones más grandes se usa un cristal más grueso de sección rectangular y cubierto con un armazón metálico.

Con líquidos no translúcidos o limpios la lectura puede dificultarse y el tubo se puede tapar. Con vidrios muy largos, estos pueden pesar demasiado. Su ventaja es que cuando se instala y opera adecuadamente, es una indicación visual directa y real del nivel y bastante exacta.

8.1.2 Medidor de sonda o regla.

Consiste en una varilla de medición o regla que se introduce en el depósito donde se desea conocer el nivel. La medición se hace directamente con la marca que deja el líquido en la varilla, Figura 4.2.

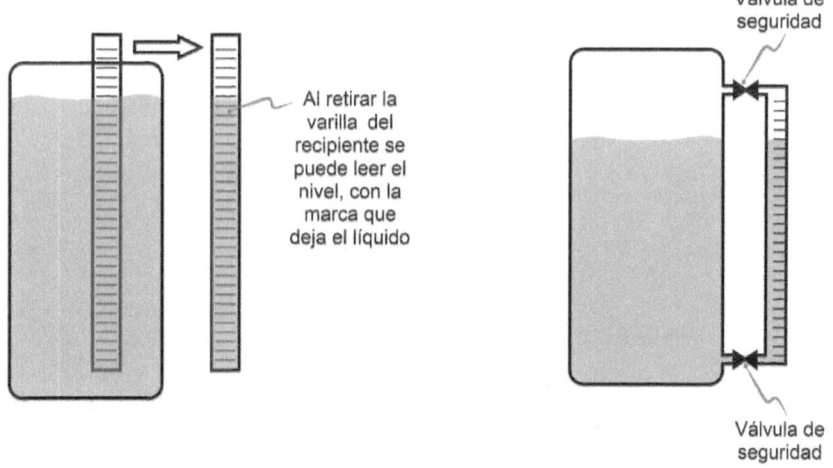

Figura 8.2 A la izquierda se muestra el medidor de sonda o regla. A la derecha el cristal de medición.

8.2 Medidores de nivel de flotador.

8.2.1 Medidor de nivel de cinta y plomada.

Está formado por un flotador que se une a una plomada mediante una cinta, como se observa en la Figura 8.3. Conforme el nivel sube la plomada baja, por lo que la regla tiene los valores de nivel invertidos.

Su aplicación principal es en las industrias donde se requiere la medición de grandes volúmenes de líquidos, como la petrolera para el almacenamiento de combustibles y en la industria alimenticia que requiere de grandes volúmenes de agua (Morales, 2013).

Por la electrónica asociada, su exactitud es alta y para niveles de líquidos son hasta de +/-0.7 mm, y en interfases de +/-2.7 mm (Morales, 2013).

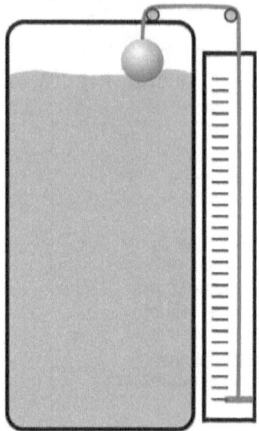

Figura 8.3 Medidor de nivel de flotador de cinta y plomada.

Estos medidores son de construcción sencilla, de bajo costo, tiene buena resistencia a la corrosión y se adaptan fácilmente para transmisión. Por el contrario, trabajan sólo a bajas presiones. La presión de operación normalmente está limitada pos unas cuantas pulgadas de agua manométricas.

8.2.2 Medidor de flotador magnético.

En éstos medidores se utiliza un flotador magnético que es capaz de mover una plomada, también magnética, que se mueve a la misma altura del flotador, indicando así el nivel, Figura 4.4. Existen algunos modelos donde en la parte externa se colocan cintas magnéticas con lados de dos colores y el flotador las hace girar hacia un color al subir y así se indica el nivel (Figura 8.4).

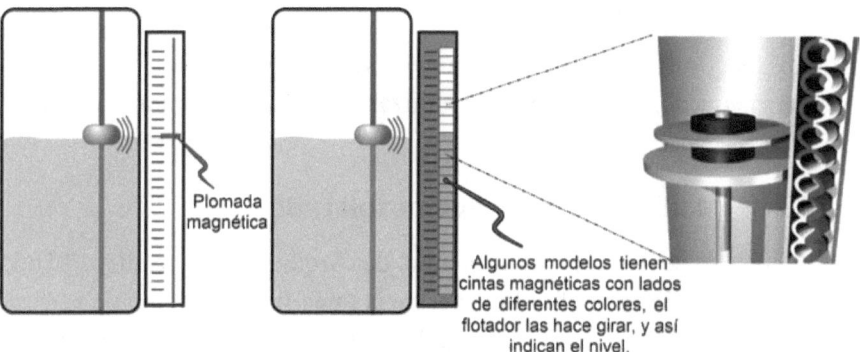

Figura 8.4 Medidores magnéticos de nivel. A la izquierda se usa una plomada magnética. A la derecha una variación con cintas magnéticas de colores.

8.2.3 Medidor de nivel de flotador mecánico.

Consiste en un flotador formado por una esfera de metal hueca, que flota en la superficie del líquido, se conecta a una flecha rotatoria cuyo movimiento se lleva a un mecanismo transmisor de balance de movimientos. Para tener máxima sensitividad es necesario que el flotador se sumerja hasta su sección más ancha (Figura 8.5).

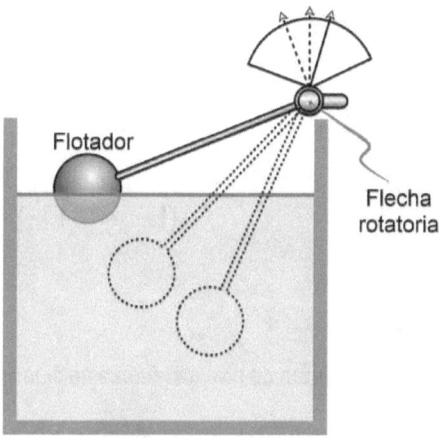

Figura 8.5 Medidor de nivel de flotador.

Este medidor de nivel es el más antiguo y se ha usado mucho en la medición de niveles en tanques abiertos y cerrados a presión o a vacío, ya que son independientes del peso específico del líquido (Morales, 2013).

Las partes móviles pueden entrar en contacto con el fluido y pueden deteriorarse, y el flotador debe mantenerse limpio. Los flotadores tienen una precisión de 0,5 % y pueden utilizarse como interruptores de nivel, como los de casa.

8.2.4 Medidor de nivel tipo desplazador.

Su operación se basa en el principio de Arquímedes que dice: "Todo cuerpo sumergido en un fluido experimenta una fuerza de empuje vertical ascendente igual al peso del fluido desalojado". Este medidor está formado por un cuerpo (el desplazador) que se sumerge en el líquido (Figura 8.6), que está conectado a un tubo de torsión. Esta torsión, se convierte en un movimiento giratorio para dar una lectura de nivel, o se convierte en una señal para transmisión.

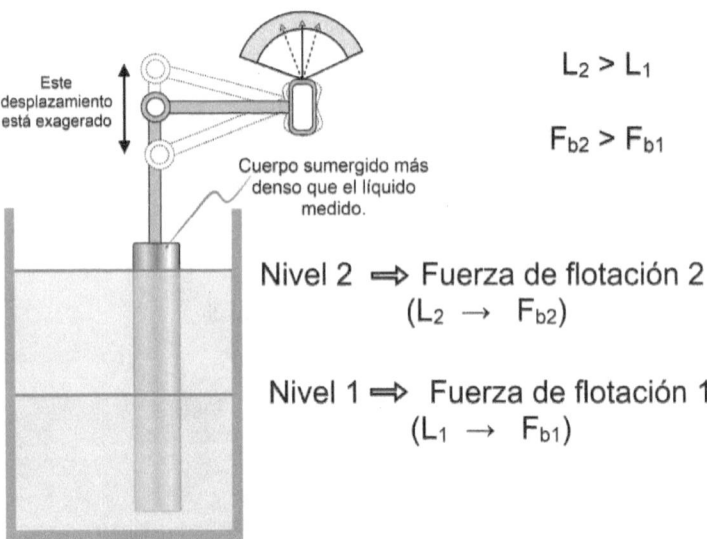

Figura 8.6 Medición de nivel por fuerza de flotación.

Al aumentar el nivel, el líquido ejerce una fuerza de empuje mayor sobre el desplazador proporcional al volumen de la parte sumergida en el líquido, y el esfuerzo medido por el tubo de torsión será pequeño. Por el contrario, al bajar el nivel, menor parte del desplazador queda sumergida, y la fuerza de empuje hacia arriba disminuye, resultando una mayor torsión (Morales, 2013).

La precisión de este medidor es del orden de $\pm 0,5$ % a ± 1 %, y puede usarse en tanques abiertos y cerrados a presión o a vacío. Tiene buena sensitividad, pero pueden presentarse depósitos de sólidos o de crecimiento de cristales en el flotador que afectan a la precisión de la medida y es apto sólo para la medida de pequeñas diferencias de nivel (2000 mm máximo como estándar) (Morales, 2013). La caja del desplazador se puede construir de diferentes materiales como hierro o acero al carbón. La barra de torsión de K-monel como estándar. El desplazador se construye de acero inoxidable 316. La presión de trabajo es hasta 40 Kg/cm2 y 450 °C de temperatura. Sus conexiones pueden ser de 1 ½" roscadas o de 2" bridadas. Se considera a este dispositivo simple, confiable y adaptable a un rango amplio de variación de nivel (Morales, 2013).

8.3 Medidores de nivel por presión hidrostática.

Estos medidores se basan en la medición de la presión que ejerce una columna de líquido.

Recordemos que la presión hidrostática está dada por:

$$P_{hi} = \rho g h \frac{1}{g_c} = \frac{kg}{m^3} \left| \frac{m}{s^2} \right| m \left| 1N \right| \frac{s^2}{1kg \cdot m} = \frac{N}{m^2} \qquad (8.1)$$

Así que la presión hidrostática es proporcional a la altura del líquido y a su gravedad específica (densidad relativa), es decir:

Presión hidrostática = Gravedad especifica x Área x Altura /Área = Gravedad especifica x Altura

Se usa mucho la expresión usando la gravedad específica:

$$P_{hi} = \rho g h \frac{1}{g_c} = \frac{kg}{m^3} \left| \frac{m}{s^2} \right| m \left| 1N \right| \frac{s^2}{1kg \cdot m} = \frac{N}{m^2} \qquad (8.2)$$

La gravedad específica o densidad relativa en líquidos es adimensional ya que está referida a la densidad del agua a 1 atm y 4 °C. En el momento que se utiliza la gravedad específica, las unidades son convertidas a unidades de presión hidrostática referidas a la altura de un líquido que normalmente es agua.

Si la densidad es constante, como requisito indispensable, la presión hidrostática depende únicamente de la altura h de la columna de líquido, por lo que midiendo la presión y conociendo la densidad, se puede determinar el nivel de la columna hidrostática.

8.3.1 Medidor de nivel manométrico.

Consiste en un manómetro conectado directamente a la parte inferior del tanque. El manómetro mide la presión de la columna del líquido que hay entre el nivel del tanque y la toma del instrumento (Figura 8.7).

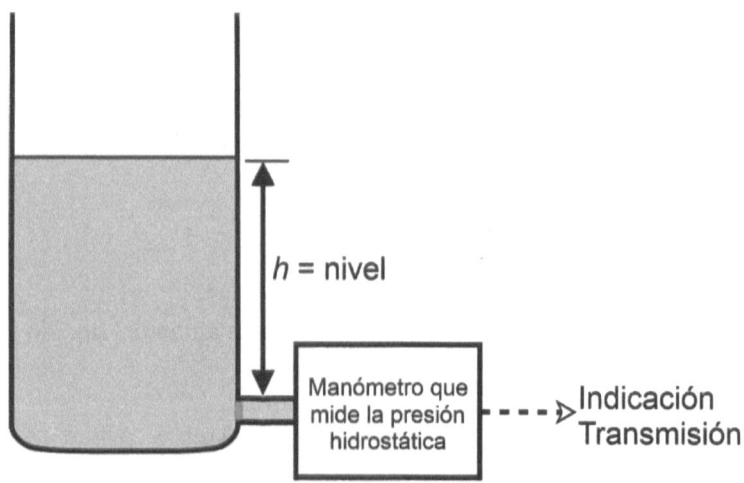

Figura 8.7 Medidor de nivel manométrico.

8.3.2 Medidor de nivel de presión diferencial.

Este medidor es un transmisor de presión diferencial que determina los niveles en tanques atmosféricos o sujetos a presión, midiendo la presión hidrostática, Figura 8.8. Como utiliza un transmisor, este instrumento es el que mejor satisface los requerimientos de transmisión remota, donde la salida es una señal normalizada de 3-15 psig o 4- 20 mA.

Actualmente estos transmisores presentan compensación de temperatura, al insertar dos sensores de temperatura entre el diafragma de proceso y el elemento de medición midiendo la distribución de temperaturas en el diafragma. A partir de estos valores de temperatura, la electrónica puede compensar cualquier error de medición resultante de las variaciones de temperatura.

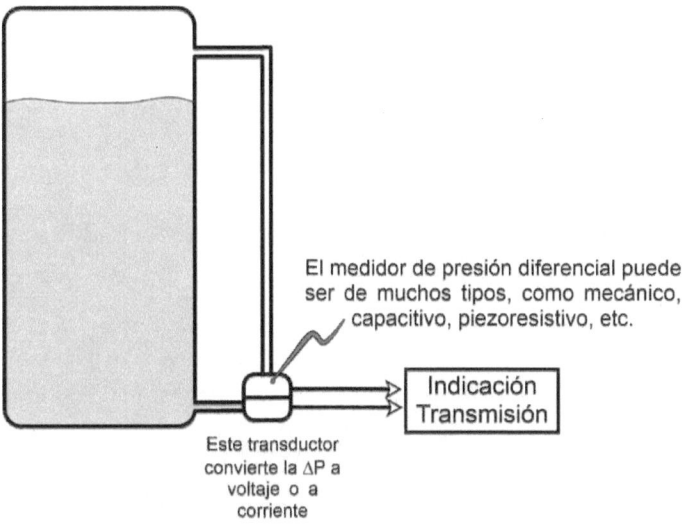

Figura 8.8 Medidor de nivel de ΔP con tubos capilares.

La precisión de los transmisores de presión diferencial es de ± 0,5 % en los neumáticos, ± 0,2 % a ± 0,3 % en los electrónicos, y de ± 0,15 % en los "inteligentes" con señales de salida de 4-20 mA C.D.

Un punto importante es el material del diafragma y debe ser adecuado para resistir la corrosión del fluido (existen materiales de acero inoxidable 316, monel, tantalio, hastelloy B, inoxidable recubierto de teflón), o utilizar técnicas alternas, como purga, sellos de diafragma o algún otro método.

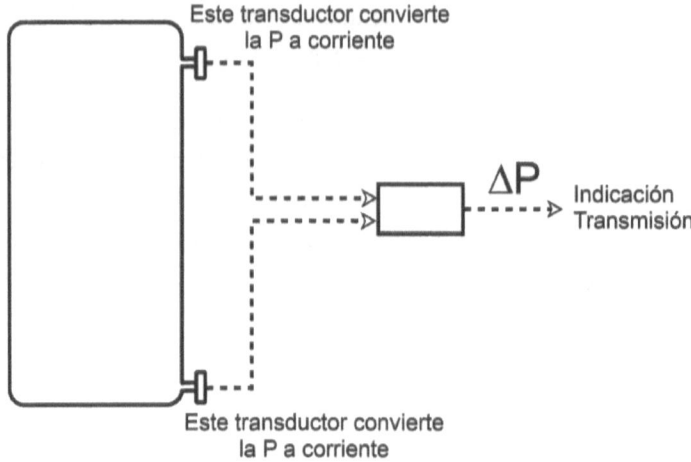

Este transductor convierte
la P a corriente

ΔP

Indicación
Transmisión

Este transductor convierte
la P a corriente

Figura 8.9 Medidor de nivel de ΔP sin tubos capilares

Para la determinación de nivel en tanques abiertos y cerrados se usan los arreglos que se muestran en la Figura 8.11.

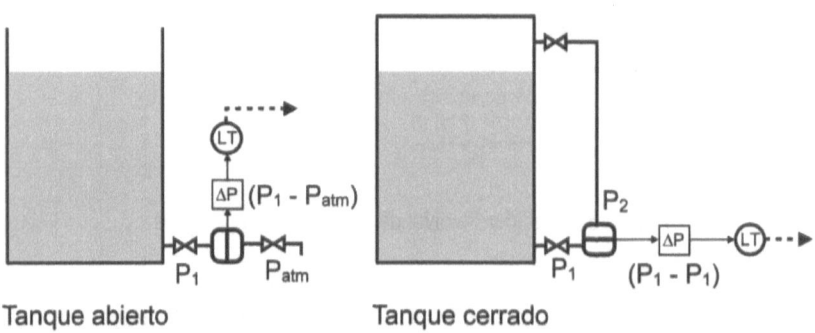

Tanque abierto

Tanque cerrado

Figura 8.10 Medidor de nivel de ΔP para tanques abiertos y cerrados.

En la medición de nivel, es común utilizar rangos de cero suprimido y de cero elevado. El rango de cero suprimido es el rango en el cual el valor cero de la variable medida es menor que el valor de rango mínimo y el rango de cero elevado es el rango en el cual el valor cero de la variable medida es mayor que el valor de rango mínimo. La tabla siguiente ilustra lo anterior:

La supresión y la elevación de cero son consideraciones importantes cuando se calibra un transmisor neumático o electrónico convencional normalizado. Muchas aplicaciones de nivel requerirán elevación o supresión. Aunque el cero elevado o suprimido está generalmente asociado con las mediciones de nivel, se puede aplicar igualmente a las variables de temperatura, presión u otras. A continuación se analizan algunas de las principales características de este instrumento:

8.3.3 Medidor de nivel de burbujeo.

Consiste en un tubo que se sumerge hasta casi el fondo o al nivel mínimo requerido, Figura 8.11. Este tubo se conecta a una fuente de gas para obtener una corriente continua de burbujas. La presión necesaria para producir ese flujo continuo de burbujas es igual la presión hidrostática del líquido y conociendo la densidad del líquido se puede determinar su nivel.

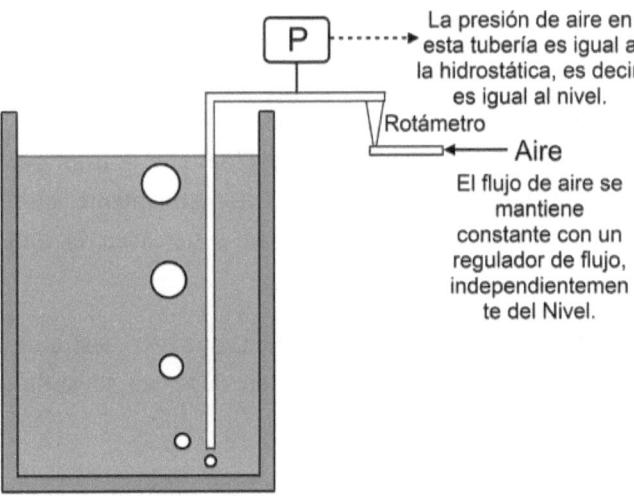

Figura 8.11 Medidor de nivel de burbujeo.

Sus aplicación son cuando se utilizan líquidos corrosivos o con materiales en suspensión (el fluido no penetra en el medidor, ni en la tubería de conexión). La instalación es económica, particularmente para indicaciones locales o servicios limpios (Morales, 2013).

Los gases utilizados son generalmente aire e hidrógeno, lo que representa su máxima desventaja y por esa razón son poco utilizados.

La exactitud depende del medidor de presión utilizado y de la uniformidad de la densidad del líquido a medir.

8.4 Medidores de nivel basados en características eléctricas.

Los instrumentos de nivel que utilizan características eléctricas del líquido se clasifican en:

- Medidor conductivo.
- Medidor capacitivo.

8.4.1 El medidor de nivel conductivo o resistivo.

Normalmente se utilizan como interruptores de nivel, para indicar, controlar o dar alarma de bajo o alto nivel. Consisten en uno o varios electrodos y un relevador eléctrico o electrónico (Figura 8.12). En la misma figura se pueden observar los arreglos que se usan para tanques metálicos y no metálicos o recubiertos. Alternativamente, en el caso de estos últimos, se puede hacer la conexión a tierra en la tubería de la bomba.

Para que se establezca la conexión eléctrica, que se muestra en la misma Figura 8.12 para varios niveles, el líquido debe ser lo suficientemente conductivo para poder cerrar el circuito.

La impedancia mínima es del orden de los 20 MΩ/cm, y la corriente de alimentación debe ser alterna para evitar electrólisis (Morales 2013). Cuando el líquido moja los electrodos se cierra el circuito electrónico y circula una corriente segura del orden de los 2 mA.

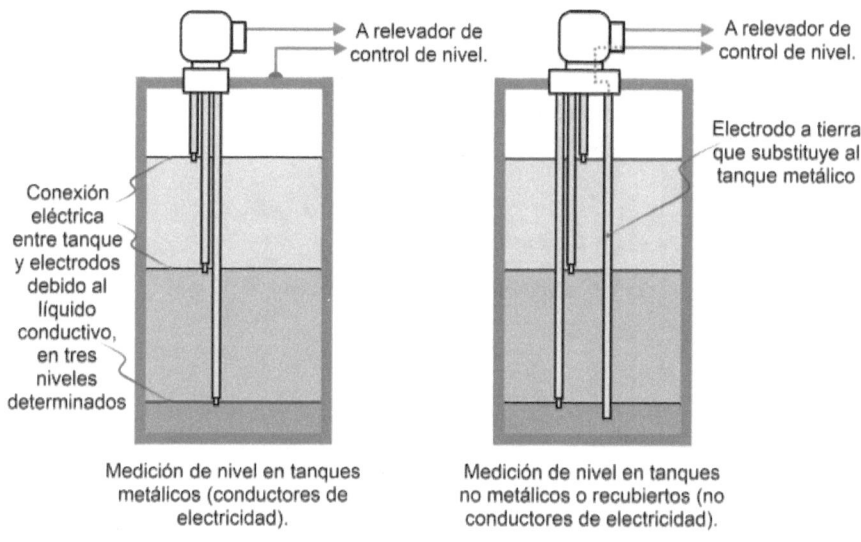

Figura 8.12 Medidor de nivel conductivo para tanques conductores y no conductores de electricidad.

En el medidor de nivel tipo resistivo para señales continuas se mide la reactancia del sistema (suma de reactancia inductiva, que es despreciable, y la reactancia capacitiva), la cual es función del nivel, las características eléctricas del líquido y las dimensiones y material del recipiente.

8.4.2 Medidor de nivel tipo capacitivo.

Como se indica en la Figura 8.13, este medidor de nivel se basa en la medición de la capacitancia del capacitor que forma la pared del tanque, un electrodo y el líquido que funciona como dieléctrico.

Los arreglos para medición de nivel de materiales conductores y no conductores de electricidad se muestran en la Figura 8.14. Este método resiste los cambios de atmosfera arriba de la superficie medida (vacío, presión, vapores, polvo) y parcialmente afectada pos espuma en la superficie. Si la conductividad del medio cambia, (por ejemplo agua para beber por condensado) y si el sensor tiene un electrodo aislado, no hay cambio en la señal de salida (PVL.co.uk).

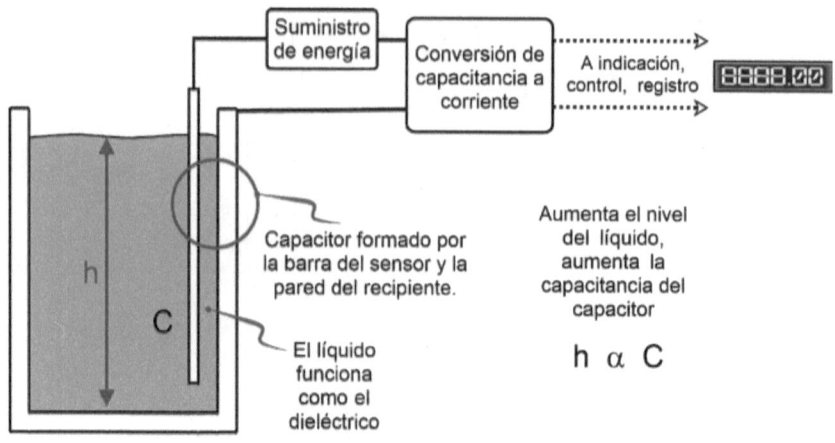

Figura 8.13 Medidores de nivel capacitivos.

Para el cálculo de la capacitancia en microfaradios, se toma el valor de la constante dieléctrica K y las dimensiones físicas del capacitor A, B y L.

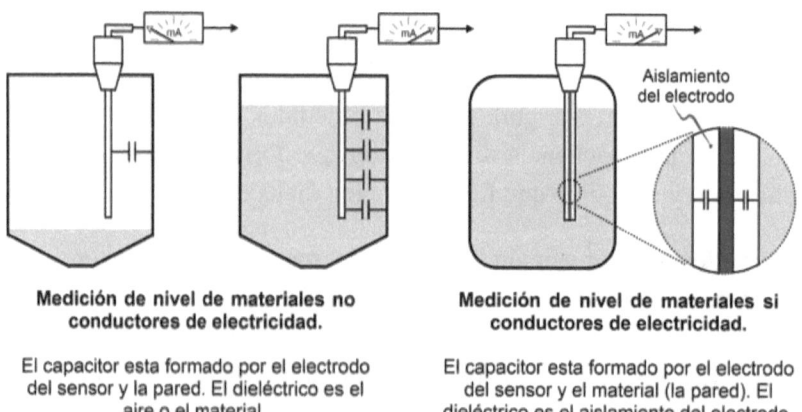

Medición de nivel de materiales no conductores de electricidad.

El capacitor esta formado por el electrodo del sensor y la pared. El dieléctrico es el aire o el material.

Medición de nivel de materiales si conductores de electricidad.

El capacitor esta formado por el electrodo del sensor y el material (la pared). El dieléctrico es el aislamiento del electrodo.

Figura 8.14 Medición capacitiva de nivel para materiales conductores y no conductores de electricidad.

En fluidos no conductores se emplea un electrodo normal y la capacidad total del sistema se compone de la del líquido, la del gas superior y la de las conexiones superiores.

Los materiales de sello y aislamiento permiten usar presiones de vacío y hasta 100 bar con temperaturas de -80°C a 200°C.

La medición es independiente de la constante dieléctrica y de la conductividad, con lo que se pueden medir diferentes líquidos sin necesidad de recalibraciones.

La precisión de estos medidores es de ± 1 %. Se caracterizan por no tener partes móviles, son ligeros, presentan una buena resistencia a la corrosión y son de fácil limpieza. Su campo de medición es prácticamente ilimitado.

Esta medición presenta el inconveniente de que la temperatura puede afectar las constantes dieléctricas (0,1 % de aumento de la constante dieléctrica/°C) y de que los posibles contaminantes contenidos en el líquido puedan adherirse al electrodo variando su capacidad con lecturas erróneas, en particular en el caso de líquidos conductores. Se recomienda para medición de interfases.

8.5 Medidores de nivel basados en el uso de ondas.

8.5.1 Medidor de nivel ultrasónico.

En este medidor se transmiten una serie de pulsos ultrasónicos que se propagan hasta la superficie del material, donde son reflejadas (eco) y enviadas de regreso al sensor y procesadas por la electrónica integrada al mismo.

Como se ve en la Figura 8.15, se mide el tiempo de retorno de los pulsos (TOF: time of flight). A mayor nivel el tiempo de retorno es menor.

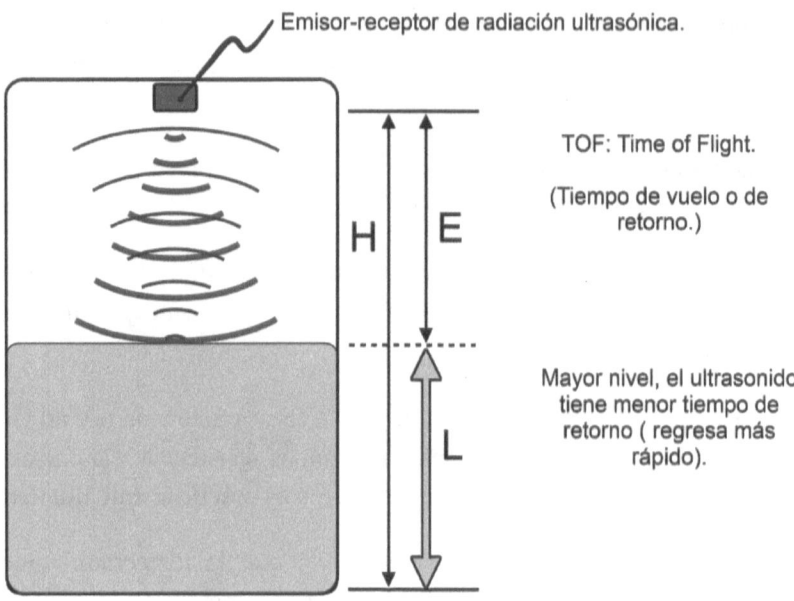

Emisor-receptor de radiación ultrasónica.

TOF: Time of Flight.

(Tiempo de vuelo o de retorno.)

Mayor nivel, el ultrasonido tiene menor tiempo de retorno (regresa más rápido).

Figura 8.15 Medidor de nivel ultrasónico.

Este método no es afectado por las propiedades del medio (constante dieléctrica, conductividad). En el caso de tener condiciones difíciles como espuma, turbulencia excesiva, flujo muy rápido de aire o evaporación muy fuerte, este método se puede usar sólo después de pruebas precisas. No se puede aplicar en vacío.

8.5.2 Medición de nivel tipo radar de onda guiada.

La electrónica del sensor transmite pulsos eléctricos muy cortos (0.5ns), que están asociados a una línea de transmisión de un cable (electrodo de medición) que puede estar formado por una varilla (alambre) o un cable. Entonces los pulsos se propagan a lo largo del electrodo en la forma de ondas electromagnéticas hasta la superficie del material, se reflejan parcialmente y regresan al receptor. La electrónica mide el tiempo de retorno de las ondas electromagnéticas y produce la señal de salida.

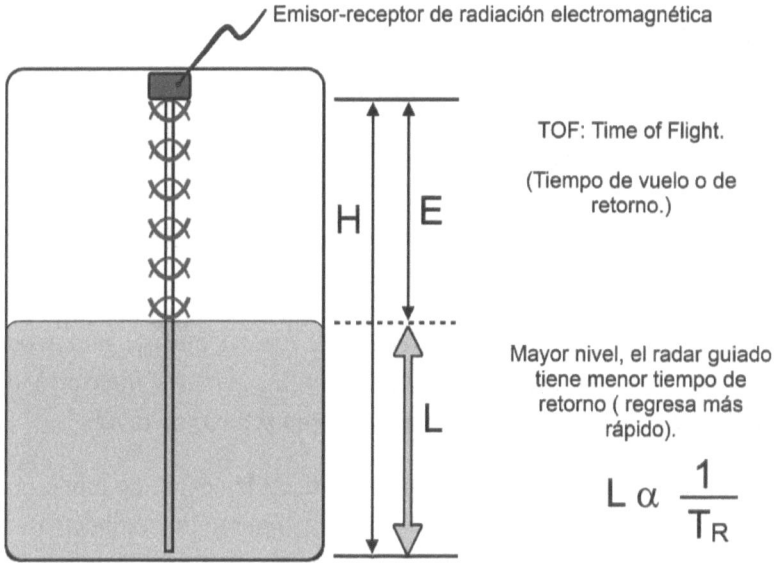

Figura 8.16 Medidor de nivel de radar guiado.

La medición de nivel tipo radar con onda guiada es un sistema "eco reflejado" que funciona midiendo el tiempo de retorno' (time of flight) de la onda, desde el nivel del producto hasta el punto de referencia, donde se ubica el dispositivo de medición. La sonda emisora genera pulsos de alta frecuencia, cuya característica es que son guiados, reflejándose en la superficie del producto a medir. Un receptor recibe la señal reflejada, mide el tiempo y calcula el nivel. A este método se le conoce como reflectometría del tiempo de retorno de señal TDR (Time Domain Reflectometry).

Los pulsos de frecuencia reflejados se transmiten desde la sonda a la electrónica, donde un microprocesador analiza las señales e identifica el eco generado por la reflexión del impulso de alta frecuencia en la superficie del producto.

De igual forma que en el medidor ultrasónico, la distancia E a la superficie del producto es proporcional al tiempo de retorno del impulso, Figura 8. 16:

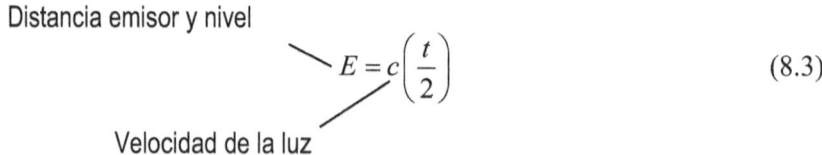

Distancia emisor y nivel

$$E = c\left(\frac{t}{2}\right)$$ (8.3)

Velocidad de la luz

y dado que se conoce la distancia H, correspondiente al recipiente vacío, se puede calcular el nivel L, Figura 8.16.

El sistema permite eliminar interferencias, con lo que se garantiza que otras señales producidas, por ejemplo, por las paredes interiores o los soportes internos, no se van a interpretar como señales de nivel.

La salida se ajusta a la longitud especificada de la sonda, de modo que en la mayoría de los casos sólo se requiere configurar los parámetros de la aplicación, adaptando automáticamente el dispositivo a las condiciones de medición.

La salida de este instrumento puede ser de 4 - 20 mA con protocolo HART o cualquier señal de bus de campo.

Las condiciones de operación son en temperatura de 20 °C , presión de 1.013 mbar absolutos, su error es de ± 3 mm en mediciones de hasta 10 m, la resolución es de 1 mm. y su tiempo de respuesta es máximo 1 segundo.

Este tipo de medidores está desplazando a todos los medidores tradicionales de nivel, como el desplazador, por sus características mejores, su costo y por su instalación sencilla.

8.5.3 Medición de nivel tipo radiactivo.

Este medidor consiste en un emisor de rayos gamma montado verticalmente en un lado del estanque y con un contador que transforma la radiación gamma recibida en una señal eléctrica de corriente continua. Como la transmisión de los rayos es inversamente proporcional a la masa del líquido en el estanque, la radiación captada por el receptor es inversamente proporcional al nivel del líquido ya que el material absorbe parte de la energía emitida. Figura 8.17.

Los rayos emitidos por la fuente son similares a los rayos X, pero de longitud de onda es más corta, con la característica de que los rayos gamma atraviesan las superficies y no se absorben. La fuente radiactiva pierde igualmente su radiactividad en función exponencial del tiempo. La vida media, el tiempo necesario para que el emisor pierda la mitad de su actividad, varía según la fuente empleada. En el cobalto 60 es de 5,5 años y en el cesio 137 es de 33 años y en el americio 241 es de 458 años. El cesio 235 se utiliza en la medición de densidad ya que contiene más potencia que el de cobalto, que se emplea en la medición del nivel.

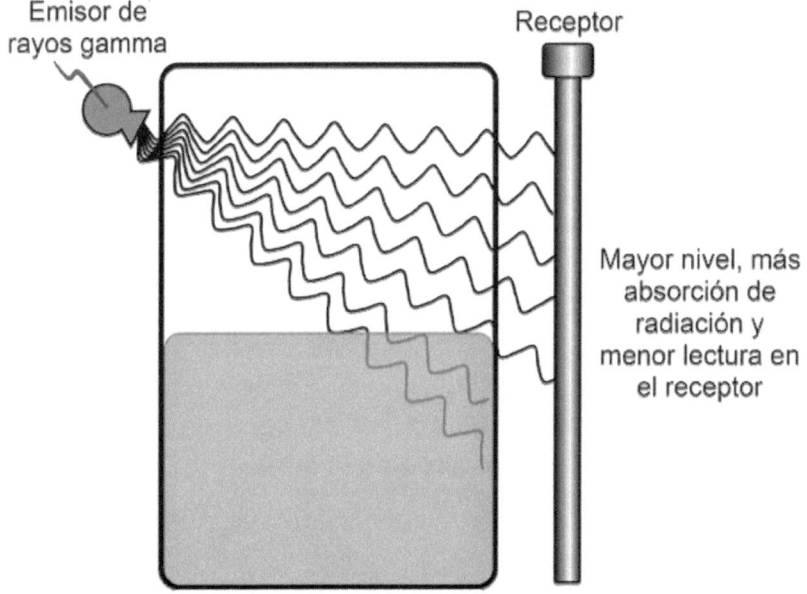

Figura 8.17 Medidor de nivel radioactivo.

Para el diseño del instrumento es necesario calcular la potencia en microsievers/hr necesarios para atravesar las paredes. Las paredes del estanque absorben parte de la radiación y al detector llega sólo un pequeño porcentaje. Los detectores son, en general, detectores de cámara iónica y utilizan amplificadores de C.D. o de C.A.

El instrumento dispone de compensación de temperatura, de linealización de la señal de salida, y de reajuste de la pérdida de actividad de la fuente de radiación.

Como desventajas en su aplicación figuran el blindaje de la fuente y el cumplimiento de las leyes sobre protección de radiación.

La precisión en la medida es de $\pm$ 0,5 a $\pm$ 2 %, y el instrumento puede emplearse para todo tipo de líquidos e interfases, ya que no está en contacto con el proceso.

Inclusive puede efectuar mediciones de hasta tres interfases, mediante arreglo. Su lectura viene influida por el aire o los gases disueltos en el líquido.

El sistema se emplea en caso de medida de nivel en recipientes de acceso difícil o peligroso o incluso recipientes con adherencias. Es ventajoso cuando existen presiones y temperaturas elevadas en el interior del tanque, que impiden el empleo de otros sistemas de medición. Hay que señalar que el sistema es caro y que la instalación no debe ofrecer peligro alguno de contaminación radiactiva siendo necesario señalar debidamente las áreas donde están instalados los instrumentos y realizar inspecciones periódicas de seguridad.

8.5.4 Medidores de punto fijo basados en el cambio de frecuencia o amplitud de la onda.

Son medidores de punto fijo que se utilizan para abrir o cerrar un interruptor que a su vez acciona un motor, una válvula, una luz o una alarma. Tienen un elemento piezoeléctrico que hace que vibren dos brazos pequeños colocados en el extremo del sensor (Figura 5.18). A la onda resultante que representa esa vibración, se le determinan su frecuencia y amplitud. Cuando el nivel de un líquido alcanza el sensor, la frecuencia de vibración disminuye. Cuando es un sólido el que alcanza el sensor, la amplitud de la vibración baja.

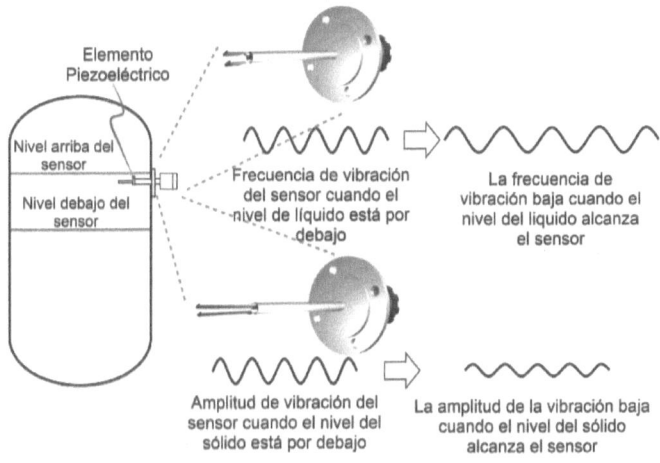

Figura 8.18 Sensores de nivel de punto fijo basados en el cambio de frecuencia o amplitud de la vibración.

8.6 Medidores de nivel mecánicos de punto fijo.

Son medidores de nivel de punto fijo que reaccionan a la presión ejercida por el sólido en una de las caras de su diafragma (Figura 8.19), que al moverlo, abren o cierren un interruptor que a su vez acciona un motor o una válvula.

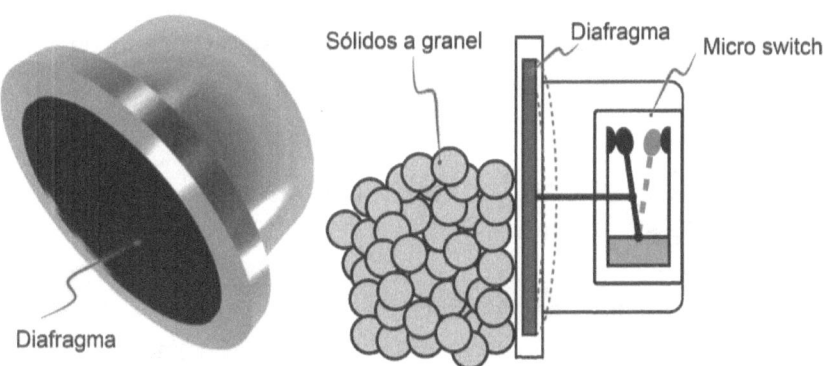

Figura 8.19 Sensor de nivel de punto fijo de diafragma.

Las paletas rotativas son elementos mecánicos para la medición on-off de nivel, donde la resistencia del material a la rotación detiene las paletas, el cual a su vez abre o cierra un interruptor de proximidad indicando los niveles altos o bajos.

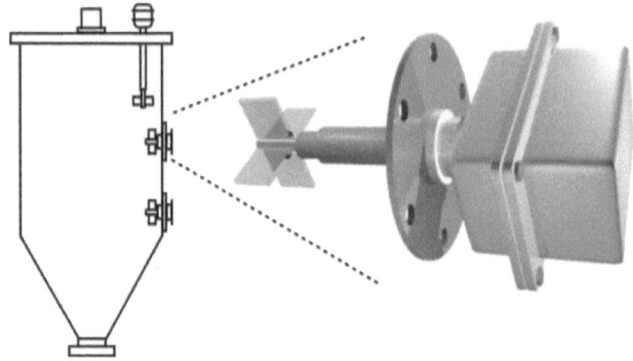

Figura 8.20 Paletas rotativas para medición de nivel.

Con frecuencia utilizados para detectar productos secos no corrosivos lo suficientemente densos para detener la paleta.

Este dispositivo es utilizado normalmente en aplicaciones de sólidos, incluyendo depósito de producto seco para determinar niveles altos. El mayor problema con la medición de nivel es la tendencia de los sólidos a tomar una forma cónica en vez de tener una superficie plana.

Este dispositivo no es caro y por lo general son muy confiables y requieren de poco mantenimiento. Deben ser instalados de modo que el producto no se aglutine alrededor de la paleta, que provoque que se detenga.

8.7 Medidores continuos de nivel de radar y escáner 3D.

Algunos fabricantes han desarrollado sensores que, con el software correspondiente, realizan un mapa de la superficie del sólido a la que se le quiere determinar el nivel. Consisten en un emisor de ondas de radar que se hacen rebotar en varios puntos de la superficie irregular del sólido para, posteriormente, con la información recopilada formar un mapa de la superficie de interés, como se puede observar en la Figura 8.22.

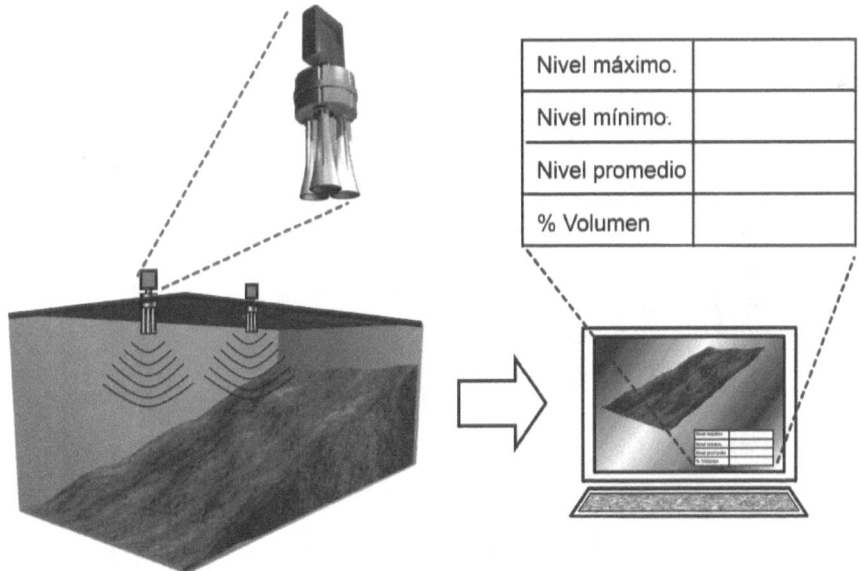

Nivel máximo.	
Nivel mínimo.	
Nivel promedio	
% Volumen	

Figura 8.21 Medición continua de nivel de sólidos y mapeo 3D.

Tabla 8.1 Características generales de los medidores de nivel.

	Desplazador	Flotador	Cinta	Burbujeo	Presión Diferencial	Capacitancia	Admitancia
Exactitud	0.1% a 0.3%	1% a 3%	1% a 2%	1% del rango	0.5% a 2%	0.5% del sapan	0.5% del span
Rango recomendable	14" a 48"	1/4" a 14"	1" a 35 ft	Igual a la altura del tanque	4" a 1000" H2O	6" a 100ft	½" a 100 ft
Salida	Analógica	Analógica	Analógica o Digital	Analógica	Analógica o digital	Analógica o digital	Analógica o Digital
Unidad secundaria	Integral	Integral	Requerido	Requerido	Inherente	Inherente	Inherente
Servicio	Líquidos interfaces	Líquidos	Líquidos	Líquidos	Líquidos interfases	Líquidos Interfaces Sólidos	Líquidos interfaces Sólidos
Temperatura max	-150 a 500 0C	-150 a 500 0C	150 0C	100 0C	300 0C con sello	500 0C	850 0C
Presión máxima	200 kgcm2	150 kgcm2	4 kgcm2	Cercana a la atmosférica	100 kg/cm2	200 kg/cm2	300 kg/cm2
Sensitividad	0.75% del rango	1%	1%	De acuerdo al medidor asociado	0.75%	0.1% del span	0.1% del span
Suministro de energía	Al transmisor	Al transmisor	Al transmisor	Sensor/Trasmisor	Al transmisor	Sensor/Transmisor	Sensor/Transmisor

Morales (2016)

9 Elementos primarios de medición de flujo.

9.1 Tipos de medidores de flujo.

Los medidores de flujo se clasifican como se observa en la Figura 9.1.

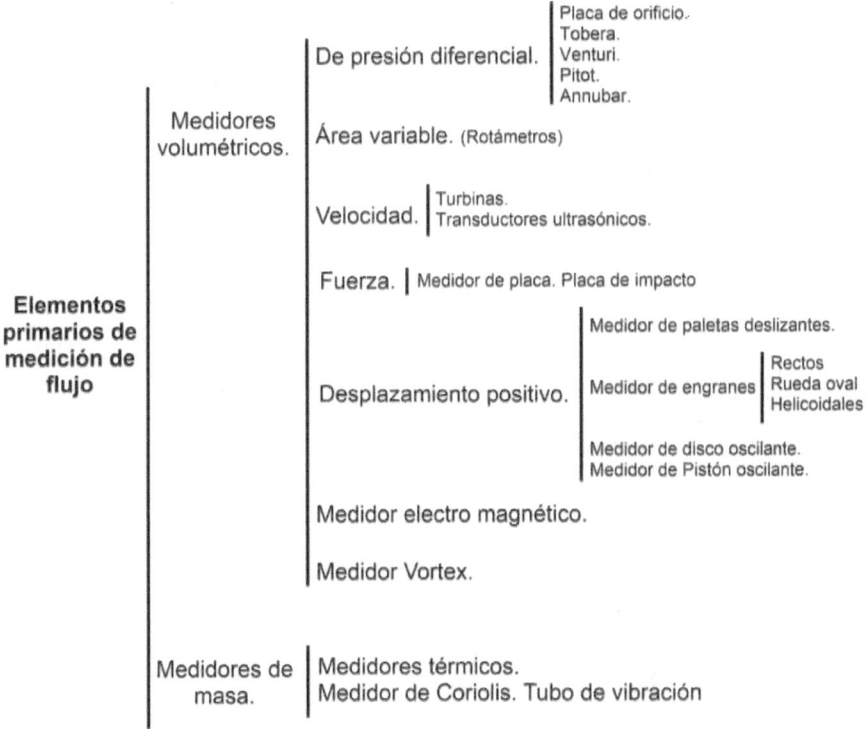

Figura 9.1 Clasificación de elementos primarios de medición de flujo.

9.2 Medidores de flujo de presión diferencial.

Estos medidores se basan en el hecho de que una restricción al flujo produce una caída de presión que es proporcional al flujo (Figura 9.2).

Esa restricción al flujo puede ser una placa de orificio, una tobera, tobera-venturi, venturi, tubo Pitot o tubo Annubar.

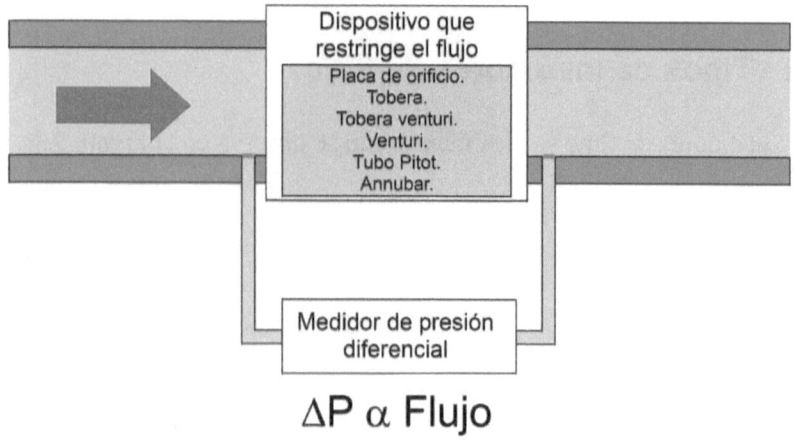

Figura 9.2 Medidores de flujo de presión diferencial.

Se considera que alrededor del 75 % de los medidores industriales en uso son de presión diferencial y, de ellos, la placa de orificio es la más usada (Morales, 2013).

Las características importantes generales de este tipo de medidores es que son sencillos, no tienen partes móviles, su principio de operación es sencillo, son económicos, se pueden aplicar para la mayoría de los fluidos y hay mucha información de sus aplicaciones. Por el otro lado, su rango no es tan amplio y su precisión es menor a la de otros medidores, provocan pérdidas de presión importantes, deben dejarse tramos de tubería recta antes y después del medidor, sufren desgaste por erosión y acumulación de depósitos.

9.2.1 Placa de orificio.

Puede medir flujo de líquidos, gases y vapores. Es fácil de instalar, fácilmente reproducible, el más económico, aunque requiere de inspección frecuente y produce la máxima pérdida no recuperable de presión.

La placa de orificio más común consiste de una placa circular con un orificio concéntrico, construida normalmente de acero inoxidable, donde el tamaño del orificio y espesor dependen del tamaño de la tubería y velocidad de flujo (Figura 9.3). El tipo concéntrico se utiliza con fluidos limpios.

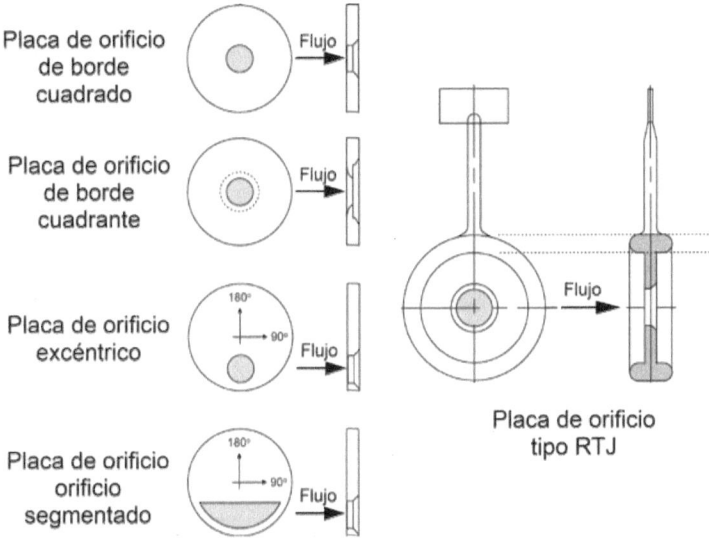

Figura 9.3 Tipos de placas de orificio.

Como se observa en la Figura 9.3 hay otros dos tipos de orificios: el excéntrico y el segmentado. Cuando se usa orificio excéntrico, éste va en la parte superior cuando el fluido es un gas, y en la parte inferior cuando es un líquido. El área del orificio segmentado es equivalente al área del orificio concéntrico. Se usa cuando se requiere evitar la acumulación de materiales extraños. Se instala horizontalmente con su sección curva coincidiendo con la superficie inferior de la tubería. Cuando la medición se hace en tubería horizontal, se usa la placa segmentada para medir vapor húmedo, líquidos con sólidos en suspensión o aceites con agua. Si el orificio se puede colocar verticalmente, debe usarse un orificio concéntrico (Morales, 2013).

Para realizar la medición con este tipo de sensores se requiere de la conexión de dos tomas de presión (Figura 9.2), una antes y otra después del dispositivo sensor. En el caso de la placa de orificio se utilizan tres variantes para la toma de presión: en bridas (la más usada), en la vena contracta y en la tubería (Figura 9.4).

El perfil de presión que presentan las placas de orificio se muestra en la figura 9.4:

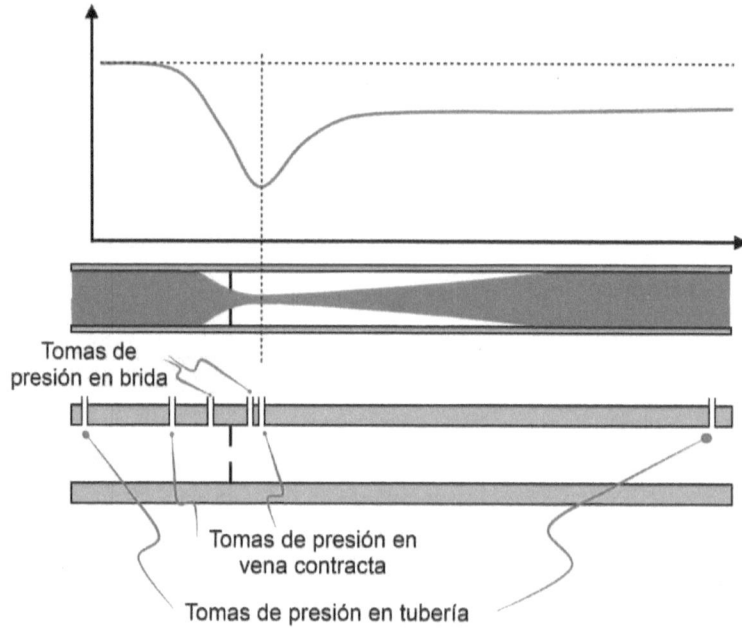

Figura 5.4 Perfil de presión a través de un medidor de orificio y formación de la vena contracta.

La relación entre el flujo y la caída de presión es del tipo:

$$Q = KA_o \sqrt{\Delta P_o} \tag{9.1}$$

dónde:

Q - Flujo.
ΔP_o - Caída de presión producida por la restricción.
A_0 - Área de la restricción.

K - Constante de proporcionalidad comúnmente conocida como Coeficiente de descarga del sistema.

Si se quiere emplear una placa de orificio para medir el flujo, es necesario dimensionarla, es decir, se debe calcular el diámetro del orificio.

Las fórmulas para líquidos, gases y vapores difieren, así para el cálculo para líquidos se hace mediante el procedimiento conocido como "Método Universal".

Este método utiliza a la variable "S", que recibe el nombre de factor de descarga, como una función de Beta (relación de diámetros), definido por (Morales, 2013):

$$S = \frac{Q_{TM}\sqrt{G_L}}{nD_i^2 \sqrt{H_m F_T F_\alpha F_m F_{Re} F_p}} \qquad (9.2)$$

dónde:

S - Factor de descarga. Es adimensional y se refiere al cociente de flujo real/flujo teórico que pasa a través del orificio.

Q_{TM} - Gasto máximo correspondiente a la escala total del medidor, en gpm o m^3/hr.

G_L - Gravedad específica del fluido a 60° F.

n - Constante de proporcionalidad, que depende de las unidades usadas.

D_i - Diámetro interno de la tubería en pulgadas o milímetros.

Hm - Rango diferencial de presión máxima del rango seleccionado en "in H$_2$O o mm H$_2$O.

F_p - Factor de corrección por densidad relativa del líquido de sello (elemento secundario, manómetros de mercurio o medidores de campana)

F_α - Factor de corrección por expansión del material de la placa.

F_p - Factor de corrección por compresibilidad.

F_{Re} - Factor de corrección por número de Reynolds basada en S.

F_T - Factor de corrección por temperatura.

Para el caso gas, se hace uso del método conocido como "especial", el que se define por la siguiente expresión:

$$K_0 \beta^2 \cfrac{Q_{med}}{338.17\left(\dfrac{14.73}{P_b}\right)\left(\dfrac{T_b}{520}\right)D_i^2\left(\dfrac{520}{T_f}\right)\left(\dfrac{1}{G}\right)\dfrac{Z_b}{\sqrt{Z_f}}F_{Re}YF_\alpha F_\rho F_h\sqrt{\Delta P_o P_f}} \qquad (9.3)$$

dónde:

Factor de descarga (adimensional)

Q_{med} - Gasto máximo correspondiente a la escala total del medidor en SCFH a presión y temperatura de operación.
P_b – Presión base (psia).(Por ejemplo para Pemex: 1kg/cm2 o 14.223 lb/in2)
T_b – Tempertaura base n oR (Por ejemplo, Pemes: 20 oC o 528 oR).
P_f – Presión del fluido (psia).
T_f – Temperatura del flujo (oR).
G – Gravedad específica del fluido a P y T de operación.
Z_b – Factor de compresibilidad del fluido a condiciones base.
Z_f - Factor de compresibilidad del fluido a P y T de operación.
F_{Re} – Factor de corrección por número de Reynolds.
Y – Factor de corrección por expansión del fluido.
F_h – Factor de corrección por humedad del gas.

Para el caso vapores, la metodología empleada en el cálculo, es similar a la desarrollada para gases, donde se calcula el coeficiente de descarga. La ecuación que describe el factor de descarga es:

$$K_0 \beta^2 \cfrac{W_{med}}{359D^2\sqrt{h_m}F_f F_a F_r Y\sqrt{\gamma_f}} \qquad (9.4)$$

dónde:

$K_0\beta^2$ – Factor de descarga.

W_{med} – Gasto másico del vapor que manejará el medidor (lb/h).

F_f – Densidad del vapor.

γ_f – Factor de peso específico del vapor Tabla 26 del Spink.

9.2.2 Tobera de flujo.

La tobera de flujo consiste de una restricción con una forma parecida a una campana y trunca de la parte más angosta (Figura 9.5). Se utiliza para aplicaciones típicas de alta temperatura, alta velocidad y fluidos con números de Reynolds de 50,000 y mayores.

Sus características principales son: que se utiliza en presión diferencial baja, no se puede cambiar fácilmente por un reemplazo, se usa para servicio de vapor y no se recomienda para fluidos con un gran porcentaje de sólidos.

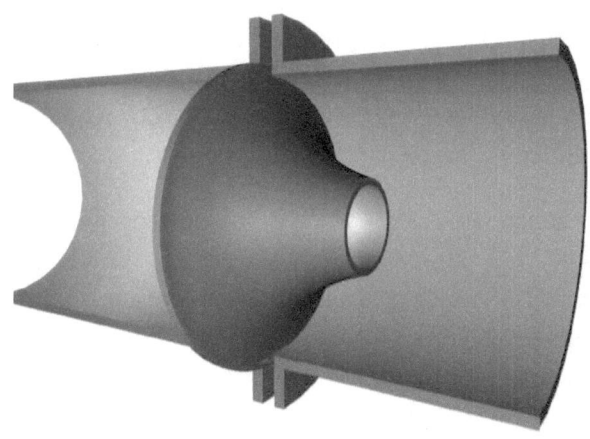

Figura9.5 Tobera de flujo.

Para reducir las pérdidas de carga causadas por una tobera, puede acoplarse a la tobera una sección divergente similar a la utilizada para un tubo Venturi, resultando una combinación que se denomina venturi-tobera.

1.1.1 Tubo venturi.

El tubo Venturi es una restricción con dos partes cónicas, una decreciente y otra creciente como se muestra en la Figura 9.6.

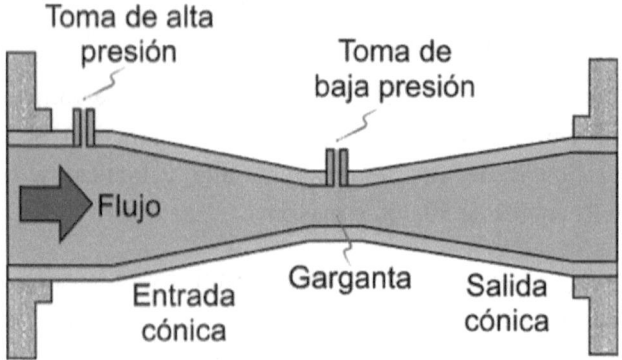

Figura 9.6 Tubo Venturi.

El tubo venturi se utiliza con frecuencia en corrientes sucias pues la entrada lisa y gradual permite que el material extraño fluya y no se acumule como pasaría con una placa de orificio. Los requerimientos de la tubería son similares a los de la placa de orificio.

Sus ventajas principales son: produce una menor pérdida de presión permanente con respecto a la placa de orificio y la tobera de flujo; su capacidad de flujo es aproximadamente de un 50% mayor que una placa de orificio; no está sujeto a obstrucciones por sólidos del fluido debido a su simetría (Morales, 2013).

Las principales limitaciones de los tubos Venturi son su costo elevado y la longitud necesaria para su instalación (sobre todo para grandes tamaños de tubería). Sin embargo, debido a su baja pérdida de presión, se recomiendan para casos donde se bombean grandes cantidades de líquido de forma continua (Figura 9.7).

Cuando la pérdida de presión no es importante, es mejor usar una placa de orificio debido a su costo menor y mayor facilidad de instalación y mantenimiento.

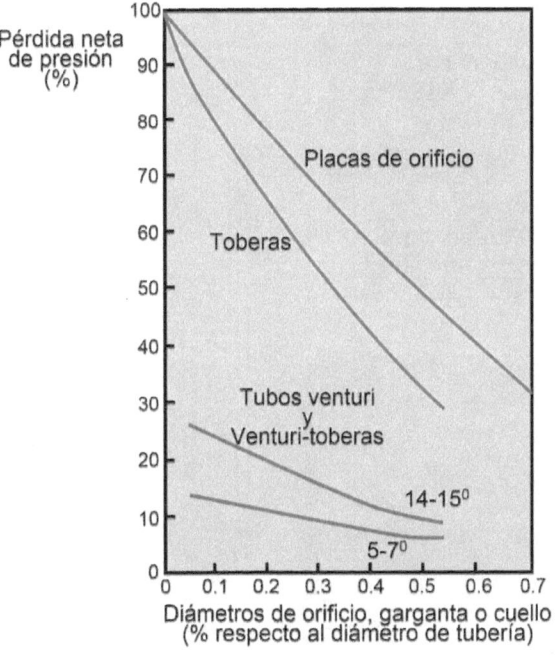

Figura 9.7 Pérdidas de presión en los medidores de flujo de presión diferencial.

9.2.3 Tubo Pitot.

Este sensor es quizá la forma más antigua de medir la presión diferencial y también conocer la velocidad de un fluido en una tubería. Este medidor es sencillo y consta de dos tubos concéntricos de tal manera que la abertura del tubo interior está orientada en contra del sentido de la corriente del fluido; y en el tubo externo se tienen varios agujeros perpendiculares al flujo, como se ve en la Figura 9.8. La presión de impacto, debido a la velocidad del fluido, es detectada a través de la abertura del tubo interior y los agujeros del tubo externo sensan la presión estática. La diferencial de presión es proporcional al cuadrado de la velocidad de la corriente.

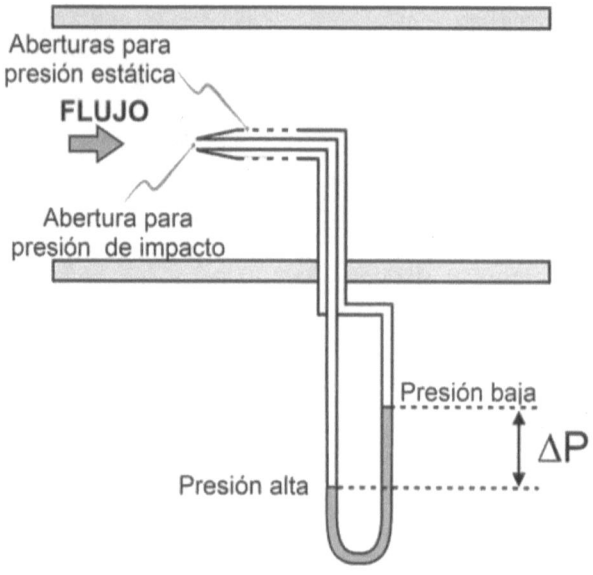

Figura 9.8 Tubo Pitot.

Los tubos Pitot son sencillos, económicos y producen una caída de presión baja. Bien usados pueden obtenerse precisiones razonables y pueden medir el flujo total en grandes ductos y casi en cualquier fluido.

9.2.4 Tubo annubar.

El tubo Annubar es una modificación del tubo de Pitot, y en su forma más simple está formado por dos tubos como se muestra en la Figura 9.9. Un tubo con aberturas perpendiculares al flujo y que miden la fuerza de impacto debido al flujo, y que hace un promedio de los perfiles de velocidad; y otro tubo con orificios del lado contrario para medir la presión estática.

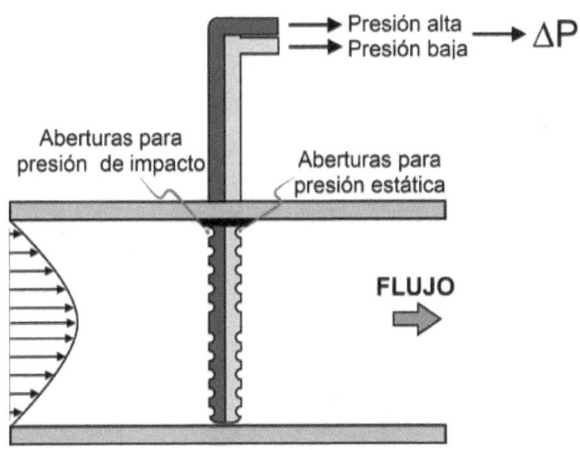

Figura 9.9 Tubo Annubar.

Existen diferentes tipos de tubos Annubar, incluso diseños especiales de algunas compañías, cuya selección depende del tamaño de la línea y su aplicación. El tubo Annubar tiene mayor precisión que el tubo de Pitot, una pérdida de presión baja y se utiliza para la medida de flujos pequeños y grandes de fluidos y puede medir el flujo en ambas direcciones.

9.3 Medidor de flujo tipo área variable (Rotámetros).

El rotámetro está formado por un tubo en forma de cono invertido y un flotador (de cierta densidad) como se ve en la Figura 9.10. En los extremos tiene conexiones para las tomas a proceso. Se tienen que montar verticalmente y el fluido asciende moviendo el flotador que normalmente lleva unas ranuras que hacen que gire el flotador, dándoles estabilidad y efectos de centrado. Debido a esto se le conoce como rotámetro. Los flotadores tienen formas diversas, incluyendo esferas, que se usan principalmente en purgómetros.

Estos medidores son un tipo especial de los medidores de presión diferencial. Como se recordará, conforme aumenta el flujo la caída de presión aumenta en los medidores de placa de orificio o venturi. En los rotámetros esa caída de presión es constante y para lograrlo se incrementa el área de flujo. Como se observa en la Figura 9.10, el flotador alcanza el estado estable cuando su peso y la fuerza de arrastre del fluido se igualan y el flotador permanece en su lugar. La lectura se puede tomar en una escala graduada. Si el flujo se incrementa, el flotador se mueve hacia arriba hasta que la nueva área de flujo permite alcanzar otro estado estable.

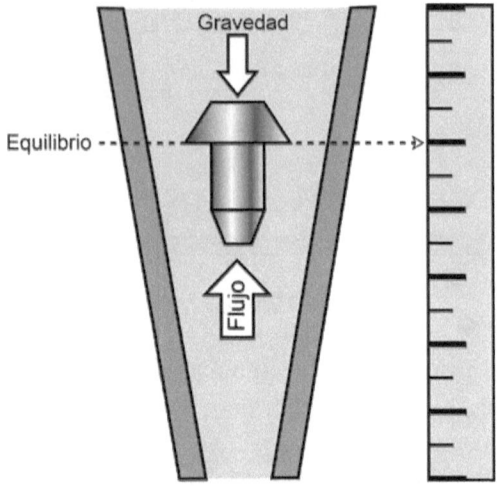

Figura 9.10 Medidor de flujo de área variable.

Los rotámetros se diseñan de acuerdo a la ecuación básica de flujo volumétrico, a saber:

$$Q = kA\sqrt{g\Delta P} \qquad (9.5)$$

Dónde:

Q - Flujo volumétrico

k - Una constante

A - Área de flujo anular entre el flotador y la pared del cono

g - Fuerza de gravedad

ΔP - Caída de presión a través del flotador

Si la ΔP se mantiene constante, A es una función directa del flujo volumétrico Q. Así, el diseñador del rotámetro puede determinar la "conicidad" del tubo de tal manera que la altura del flotador en el tubo es una medida del flujo volumétrico.

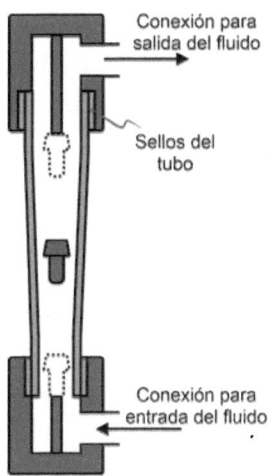

Conexión para salida del fluido

Sellos del tubo

Conexión para entrada del fluido

Figura 9.11 Conexiones a proceso de un rotámetro.

El tamaño de los tubos varía de 1/16 a 4 in, siendo los más comunes de 1/8 a 2 in. Cada modelo tiene sus limitaciones en cuanto a capacidad, temperatura, presión de operación, y viscosidad en el caso de los líquidos.

Los tubos más conocidos son los de vidrio (rotámetro original) y son utilizados para temperaturas de 33 a 250°F, no se utiliza en servicios de vapor, con tamaños de hasta 2". Su mayor desventaja es que el tubo puede romperse. También pueden ser de metal (rotámetros blindados) y se aplican cuando las temperaturas y presiones de operación exceden los límites de los tubos de vidrio. En este caso, el flujo se indica con ayuda de un imán ubicado dentro del flotador, y que está magnéticamente unido a un puntero que se mueve sobre una escala. Los rotámetros normalmente están diseñados solamente para indicación y no requieren suministro de energía. Algunos modelos se han diseñado para trasmisión. Generalmente están fabricados de acero inoxidable 316. El tubo metálico se utiliza en más aplicaciones, de muy altas presiones (hasta 6000 psig), muy altas y muy bajas temperaturas (de criogénicas hasta 1000 °F) y puede fabricarse de aleaciones especiales. La señal también puede proporcionar indicación local digital, salida de protocolo HART y salida de pulso para totalización de flujo.

Los tubos también se pueden fabricar de plástico (menos comunes), pero puede ser una alternativa confiable para muchas aplicaciones. Un modelo popular está hecho de acrílico transparente que es prácticamente irrompible.

Los flotadores se construyen generalmente de vidrio, plástico, aceros inoxidables, carboloy, zafiro, tantalio y las uniones de metal o plástico.

9.4 Medidores de flujo de velocidad (volumétricos).

La medición de flujo se hace utilizando la ecuación de continuidad, determinando la velocidad promedio, convirtiéndola a flujo considerando el área de flujo contante, es decir:

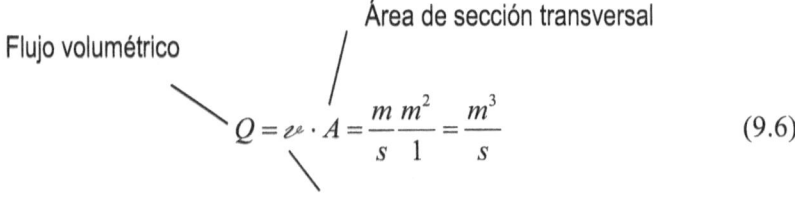

$$Q = v \cdot A = \frac{m}{s} \frac{m^2}{1} = \frac{m^3}{s} \qquad (9.6)$$

Los cuatro medidores de flujo de tipo velocidad más comunes son:

- Medidor de turbina.
- Medidor magnético
- Medidor de vortex
- Medidor ultrasónico

9.4.1 Medidor de flujo de turbina.

Este medidor consiste en un rotor (turbina) que se coloca dentro del flujo y cuya velocidad de rotación es proporcional al flujo. La velocidad de rotación se puede medir mecánica, óptica o eléctricamente. En este caso veremos la detección eléctrica de la rotación mediante el sistema denominado captación magnética (magnetic pickup), Figura 9.12.

El sistema de captación magnética consiste básicamente de un imán permanente y una bobina conectada a un medidor de voltaje. Cuando se tiene un objeto ferromagnético discreto, como un engrane con dientes o una turbina con aspas, que gira dentro del campo magnético del imán, produce una perturbación al mismo que genera un voltaje CA en la bobina. Se genera un ciclo completo de voltaje por cada objeto que pasa (engrane). Es decir, se produce una cresta positiva conforme el diente se aproxima al corazón del imán. Cuando el diente se alinea con ese corazón, no hay movimiento magnético y no se genera voltaje. Después, se forma una onda negativa conforme el diente termina de pasar por el centro del imán-bobina.

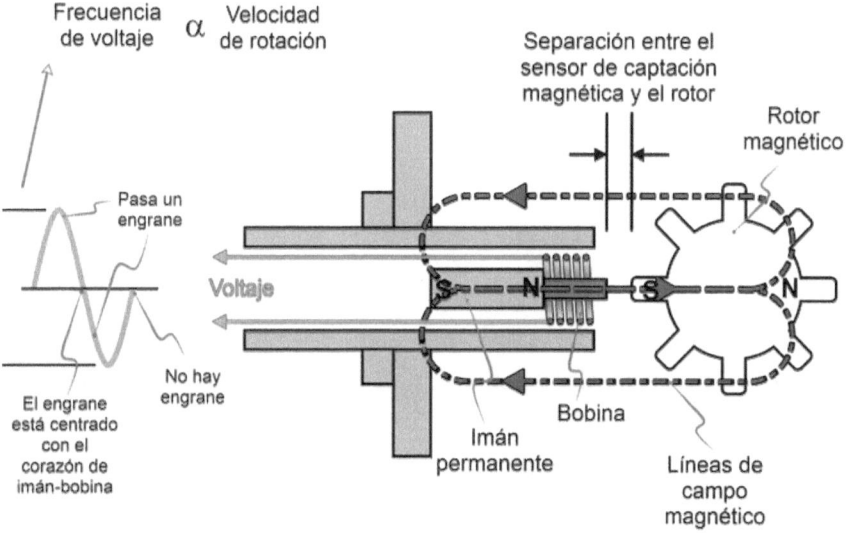

Figura 9.12 Principio de medición del sistema de captación magnética (magnetic pickup).

En la Figura 5.13 se muestra el sistema de captación magnética acoplado a una turbina y a un sistema de transmisión de señal.

Un medidor de flujo tipo turbina es aceptado ampliamente como una tecnología probada que es aplicable para medir flujo con una alta exactitud y repetibilidad.

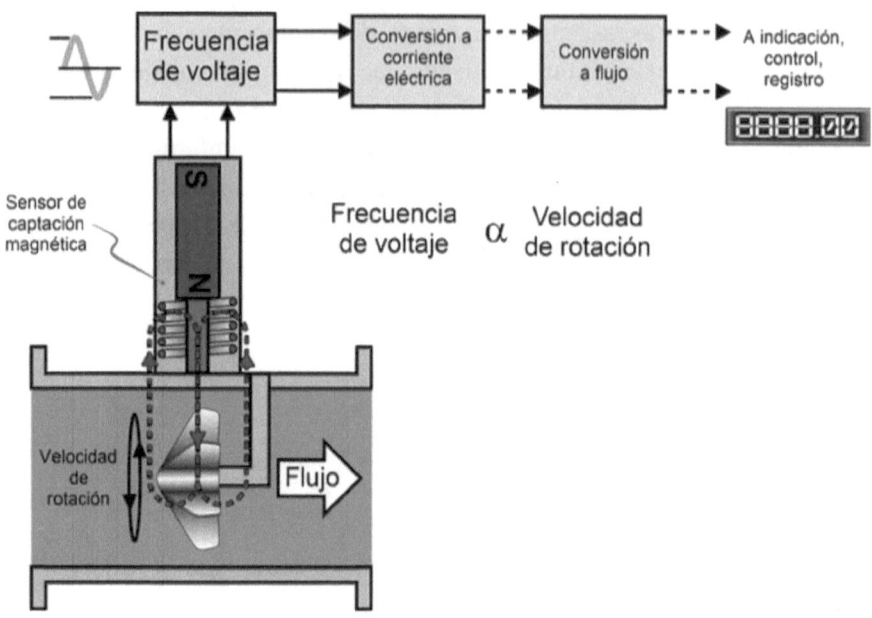

Figura 9.13 Medidor de turbina.

Para la medición de flujo de gases se diseñan rotores diferentes a la aplicación en líquidos. La parte débil de estos medidores son los cojinetes que soportan el peso del rotor. Junto al medidor de turbina se instalan filtros para tener un fluido limpio, correctores de flujo (que sea más lineal) y un bypass para mantenimiento (Figura 9.14).

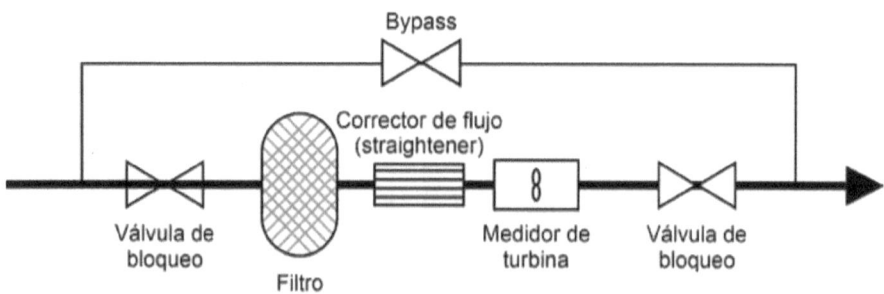

Figura 9.14 Instalación de un medidor de turbina.

Existen restricciones en el tamaño de estos medidores en cuanto al tamaño máximo de partículas por pulgada, por el elemento sensor que es una turbina. La Tabla 9.1 muestra los diferentes tamaños, de acuerdo al tamaño máximo de partículas.

Tabla 9.1 Tamaño máximo de partícula tolerados por medidores de turbina (Morales, 2013).	
Tamaño del medidor	Tamaño máximo de partícula en pulgadas.
¼ a ½ "	0.0055
5/8 a 1 ¼ "	0.008
1 ½ a 3"	0.015

9.4.2 Medidor de flujo tipo ultrasónico.

Este instrumento mide la velocidad del flujo por la medición de energía u onda ultrasónica en sistemas cerrados. Existen dos tipos:

- Medidor ultrasónico de tiempo transitorio o por impulsos y
- Medidor ultrasónico por efecto Doppler.

9.4.2.1 Medidor de flujo ultrasónico de tiempo transitorio o tiempo de tránsito.

Se basa, fundamente, en la misma idea de los medidores de nivel ultrasónicos. Consiste en dos emisores-receptores como se muestra en la Figura 9.15. La emisión que corre a favor del flujo (en este caso la superior) llega al receptor en un tiempo t_1, y la otra emisión (a contraflujo) viaja un tiempo t_2 para llegar al receptor superior. Al igual que si usted pudiera nadar dentro de la tubería, si nada a favor de la corriente tardará menos en alcanzar el otro receptor. Cuanto mayor sea el flujo t_1 baja y t_2 aumenta, es decir, $t_2 - t_1$ se incrementa. Por tanto, t_2 t_1 es proporcional al flujo.

En general las ondas de sonido viajan a un ángulo de 45° en relación con el flujo. Una de las limitaciones principales es que los fluidos donde de se mide deben estar moderadamente libres de burbujas de gas o sólidos

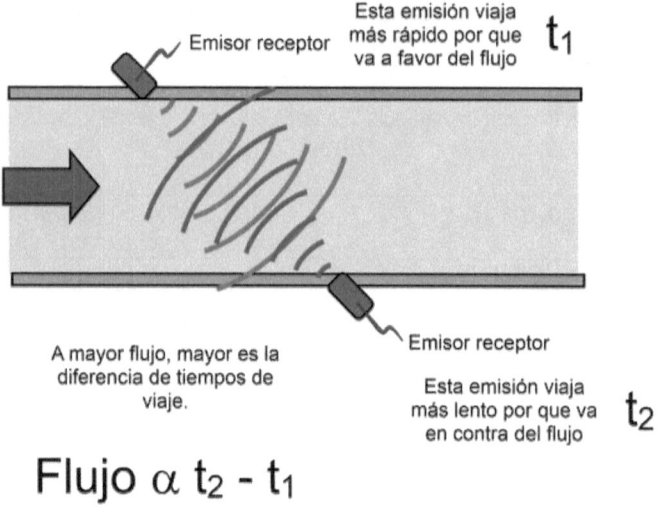

Figura 9.15 Medidor de flujo ultrasónico de tiempo de viaje.

El medidor ultrasónico se utiliza preferentemente con líquidos limpios, aunque algunos permiten medir con cierto contenido de partículas (lodos orgánicos), gas y un % de burbujas (Morales, 2013).

La mayoría de los fabricantes proporcionan herramientas para el montaje del transmisor/receptor en el lugar correcto. El tamaño de la tubería es importante sobre todo en el caso de usar una unidad portátil.

Sus ventajas son:

- No tienen partes móviles.
- No provocan caída de presión.
- Prácticamente libres de mantenimiento.
- Consistentemente precisos.
- Los medidores ultrasónicos de tres rayos han reemplazado exitosamente otro tipo de medidores en la medición de fluido no conductivos.

9.4.2.2 Medidor de flujo tipo ultrasónico tipo Doppler.

Se basan en la medición del aumento de frecuencia de una emisión enviada hacia el fluido que fluye. Para lograr eso, un emisor envía sonidos de alta frecuencia a través de la pared de la tubería hacia el flujo. Cualquier partícula suspendida (sólidos suspendidos, burbujas de aire), reflejan la señal de ultrasonido al receptor. Debido a que el líquido se está moviendo, el sonido regresa al receptor con una frecuencia mayor a la original (Figura 9.16). Este aumento de frecuencia es proporcional al flujo y se le conoce como efecto Doppler. Este sensor mide continuamente el cambio entre la frecuencia transmitida y la frecuencia recibida para calcular con mucha precisión el flujo. Puede aplicarse para medir flujos con altos niveles de concentración de sólidos (0.2% a 60% sólidos).

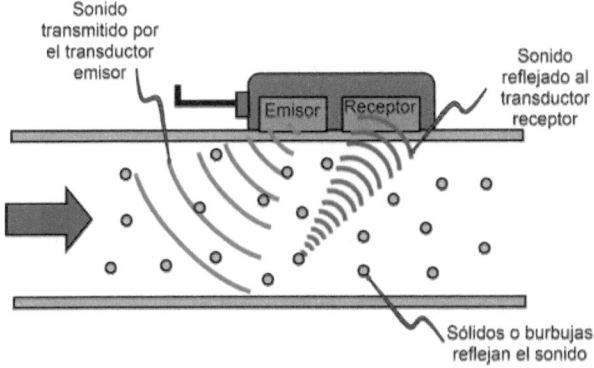

Figura 9.16 Medidor de flujo ultrasónico por efecto Doppler.

Las características de este medidor son las siguientes:

- La temperatura de diseño va desde -60 °C a 260 °C.
- La presión de diseño no está limitada.
- Los rangos de flujo velocidad van desde 0.2 ft/seg. a 60 ft/seg
- La rangeabilidad de este tipo de medidores de ultrasonido no es una limitante. Puede manejar doble flujo y se puede cambiar de tubería.

- Los tamaños de tubería son desde ½ " hasta 72 " con una´exactitud de 0.5 a 1%, una exactitud de calibración de 0.10 a 0.25% y, repetibilidad de 0.05%.
- El costo de instalación arriba de 6" de tamaño de línea es bajo comparado con una placa de orificio, turbina, medidor de flujo magnético, venturi, vortéx.
- Su mayor ventaja es que no tiene partes móviles y se utiliza en tuberías grandes, fluidos corrosivos y peligrosos y servicio sin revestimiento.

9.4.3 Medidores de flujo de desplazamiento positivo.

Un medidor de desplazamiento positivo es un dispositivo muy parecido a las bombas de desplazamiento positivo. Del mismo modo se tendrán medidores rotatorios y medidores reciprocantes. Están formados de tres componentes básicos: la cubierta o carcaza, el rotor o desplazador y contador.

En el caso de las bombas, por cada vuelta o desplazamiento que da el rotor, la bomba entrega una cantidad muy precisa de fluido. El caso de los medidores es al revés, cuando pasa una cantidad muy precisa de fluido por el medidor, el rotor dará exactamente una vuelta o un desplazamiento y esto se va registrando en un contador.

Los tipos de medidores de desplazamiento positivo para líquidos se considerarán los siguientes:

- Pistón oscilatorio.
- Paletas deslizantes o veleta móvil.
- Medidor de engranajes de rueda oval y los helicoidales.
- Medidor de engranajes.
- Medidor de engranajes helicoidales.
- Pistón oscilante.

9.4.3.1 Medidor de disco oscilante.

El medidor de disco oscilante consta de un disco con una cubierta de la forma en que se muestra la Figura 9.17. Conforme el disco gira la mitad del mismo se mantiene en la parte superior y al llegar a la entrada atrapa una cantidad determinada de fluido, que posteriormente envía a la salida.

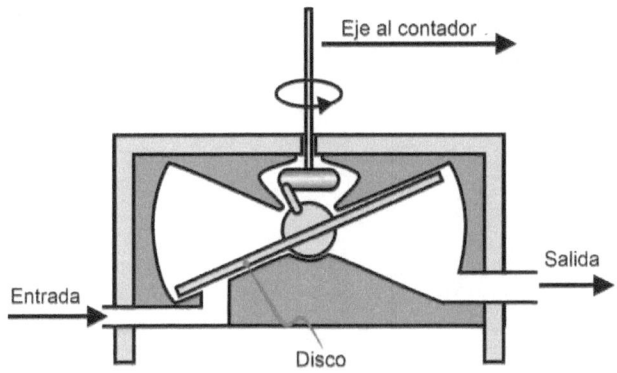

Figura 9.17 Medidor de disco oscilante.

9.4.3.2 Medidor de paletas deslizantes.

Este medidor está formado de un conjunto de paletas que pueden moverse libremente hacia adentro y fuera del rotor (Figura 9.18) conforme este gira debido al paso del fluido de la entrada a la salida del medidor. La cantidad de fluido que ha pasado se determina mediante el conteo de vueltas que ha dado el rotor.

Figura 9.18 Medidor de flujo de paletas deslizantes.

Se utilizan para medir líquidos costosos y se instalan comúnmente en camiones cisterna para la distribución de combustible y es ampliamente usado cuando se requiere exactitud (Morales, 2013).

9.4.3.3 Medidor de engranes de rueda oval.

El tipo más simple está formado de dos engranes de forma circular o espuela (spur) que engranan entre si y giran debido al paso del fluido (Figura 9.19). Su giro es suave, constante y preciso. Los de forma oval (Figura 9.20) están ampliamente difundidos y son muy populares.

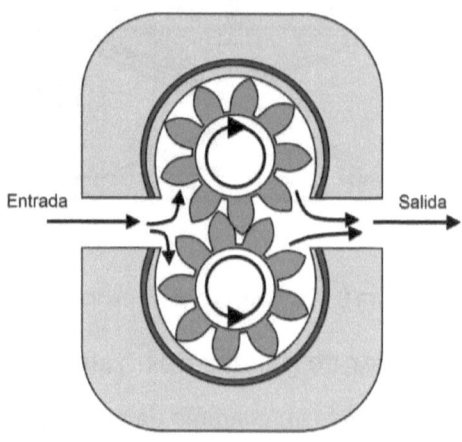

Figura 9.19 Medidor de engranes circulares.

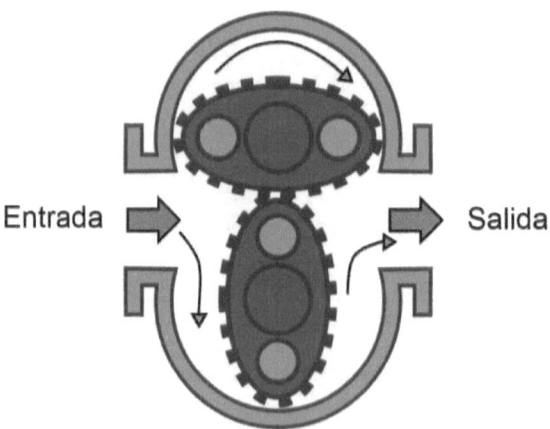

Figura 9.20 Medidor de engranes de rueda oval.

9.4.3.4 Medidor de engranes helicoidales.

A diferencia de los anteriores el rotor está formado por uno o dos engranes helicoidales, como el que se muestra en la Figura 9.21. Existen muchos diseños de engranes helicoidales y su principal ventaja, como el caso anterior, es que su medición es independiente prácticamente de las variaciones de densidad y de la viscosidad del líquido.

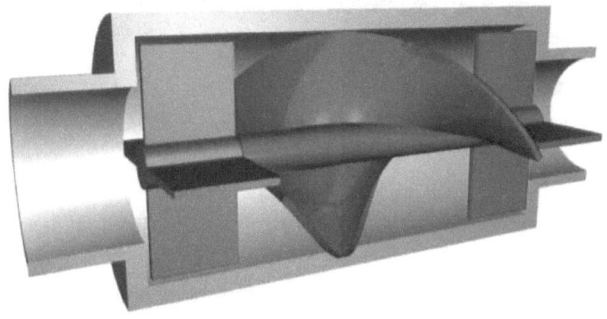

Figura 9.21 Medidor de flujo de engranes helicoidales.

9.4.3.5 Medidor tipo pistón oscilante.

Está formado por un pistón hueco y un cilindro de la misma altura pero diferente diámetro (Figura 9.22). También tiene una barra divisora que impide la mezcla del fluido de entrada con el de salida. El pistón está colocado excéntricamente de tal manera que tiene un movimiento circular pegado a la pared del cilindro (Figura 9.23). Conforme el pistón se mueve atrapa una cantidad precisa de fluido a la entrada y lo mueve a la salida (Figura 9.23).

137

Figura 9.22 Partes principales de un medidor de pistón oscilante

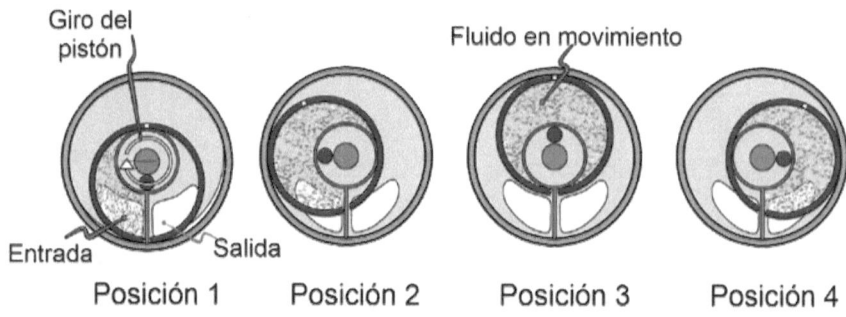

Posición 1   Posición 2   Posición 3   Posición 4

Figura 9.23 Funcionamiento básico del medidor de pistón oscilante.

9.4.3.6 Característica de comportamiento de los medidores de flujo de desplazamiento positivo.

El movimiento del rotor dentro de la carcasa no está libre de fricción, por lo que se requiere de un flujo mínimo para poder vencerla y que haya una medición. Al inicio, con flujos bajos el error es grande porque el fluido se mueve entre los componentes del medidor pero no puede hacer girar el rotor. Cuando el flujo aumenta se alcanza un error máximo que después disminuye porque la energía cinética aumenta con el cuadrado de la velocidad y mueve más eficientemente el rotor (Figura 9.24).

$$error = \frac{\text{Flujo medido - Flujo real}}{\text{Flujo real}} \times 100 \qquad (9.7)$$

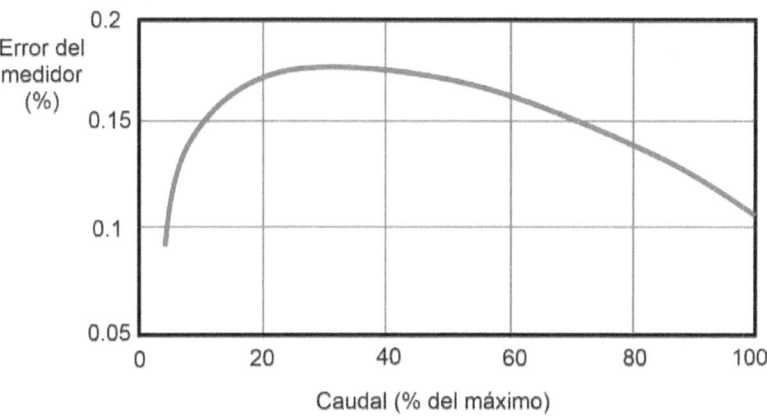

Figura 9.24 Error en medidores de desplazamiento positivo en función del caudal.

9.4.4   Medidor de flujo de placa (target).

Este medidor (de paleta o disco circular) consiste de una placa que se coloca perpendicular al flujo y concéntricamente con la tubería, de modo que la placa tiende a ser empujada o "arrastrada" (como es común que se diga) por el fluido en movimiento. La barra que une la placa con el sensor ejerce una fuerza sobre el mismo que es función del flujo. Esta fuerza se puede medir con un sensor de fuerza, como se indica en la Figura 9.25.

En la fuerza de empuje o arrastre inciden la viscosidad del fluido y la ΔP que hay a través de la placa. En el primer caso, la viscosidad ejerce una fricción de arrastre sobre la placa y es la más relevante cuando el flujo es laminar. En el segundo caso, la ΔP, conocida como presión de arrastre, es el factor que contribuye mayormente en el arrastre total de la placa

139

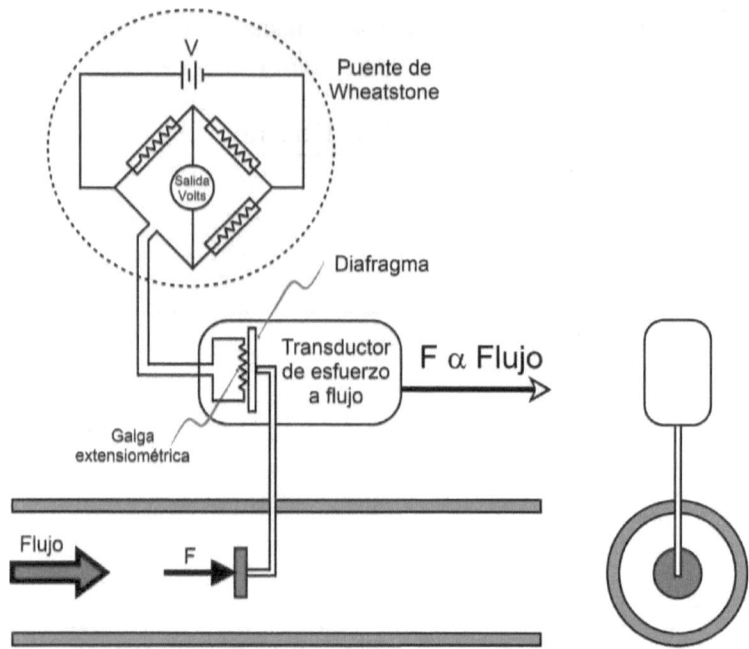

Figura 9.25 Medidor de flujo de placa.

Sus mayores aplicaciones se hallan en la medición de flujo en fluidos líquidos, gases, vapores, sucios, lodos diluidos (slurries), fluidos de alta viscosidad, corrosivos o con sólidos en suspensión, particularmente donde las características del fluido excluyen el uso de medidores con tomas de presión o partes en movimiento (Morales, 2013).

La versatilidad y el bajo costo de instalación hace que el medidor de flujo tipo Target sea un candidato a muchas aplicaciones difíciles de medición de flujo.

9.4.5 Medidores de flujo magnéticos o electromagnéticos.

Se basan en la Ley de Faraday de inducción magnética que establece que se puede inducir un voltaje en un conductor si se cambia su ambiente magnético. Este ambiente se puede modificar cambiando la fuerza del campo magnético, alejando o acercando un imán al conductor, o a la inversa, moviendo el conductor a través del campo magnético, o girando el conductor relativo al imán. La Ley de Faraday de inducción magnética está dada por la expresión siguiente:

$$fem = n \cdot B \cdot A \cdot v$$ (9.8)

Por tanto, el voltaje inducido (fem) es directamente proporcional a la fuerza del campo magnético (B), al área de sección transversal del conductor (A) y a la velocidad con la que se mueve el conductor a través del campo magnético (v). Si mantenemos todos esos parámetros

constantes, con excepción de v, la fem es directamente proporcional a la velocidad con la que se mueve el conductor a través del campo magnético, es decir, al flujo, como se verá más adelante.

En la Figura 9.26 las barras horizontales representan el par de bobinas que se energizan para formar el campo magnético que debe ser perpendicular al flujo y al plano que forman los dos electrodos. El líquido (que debe ser conductor eléctrico) se puede considerar como un número infinito de conductores que atraviesan el campo magnético.

En un medidor magnético, el fluido debe tener alguna conductividad mínima ya que actúa como un conductor. Como una aproximación, si un líquido contiene 10% de agua de servicio, entonces es conductivo (Morales, 2013).

La frecuencia del número de vórtices generados es directamente proporcional al flujo.

El dispositivo no contiene partes en movimiento y no requiere mantenimiento. Se utiliza en la medición de flujo de gases, vapor y líquidos. El rango de temperatura del fluido puede ser de –200 a +400 °C.

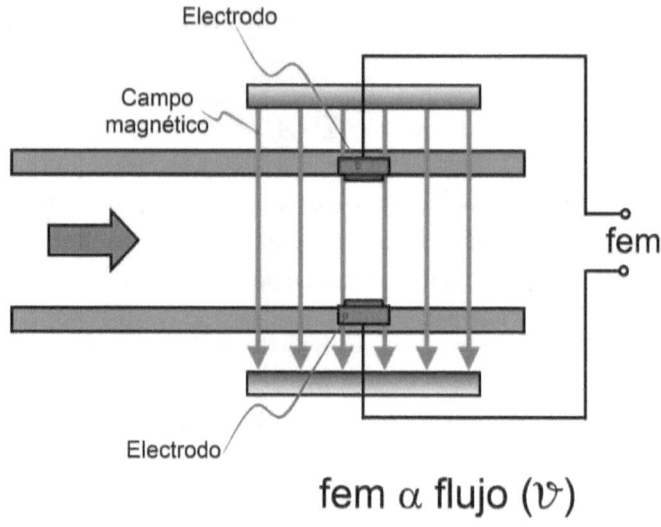

fem α flujo (𝒱)

Figura 9.26 Medidor de flujo electromagnético

9.4.6 Medidores de Vortex.

El principio de funcionamiento se basa en el llamado efecto von Kármán, que indica que una obstrucción (de cara frontal plana y que se extiende verticalmente dentro del flujo) genera remolinos (vortex) alternados a los lados de la obstrucción (Figura 9.27). Los vortex formados posteriormente pasan por los lados de una barra, pero no al mismo tiempo, como se observa en la Figura 9.27. De esta manera, la barra estará sometida consecutivamente a zonas de alta y baja presión en cada uno de sus lados, lo que provoca que oscile

La frecuencia del número de vórtices generados es directamente proporcional al flujo.

El dispositivo no contiene partes en movimiento y no requiere mantenimiento. Se utiliza en la medición de flujo de gases, vapor y líquidos. El rango de temperatura del fluido puede ser de −200 a +400 °C.

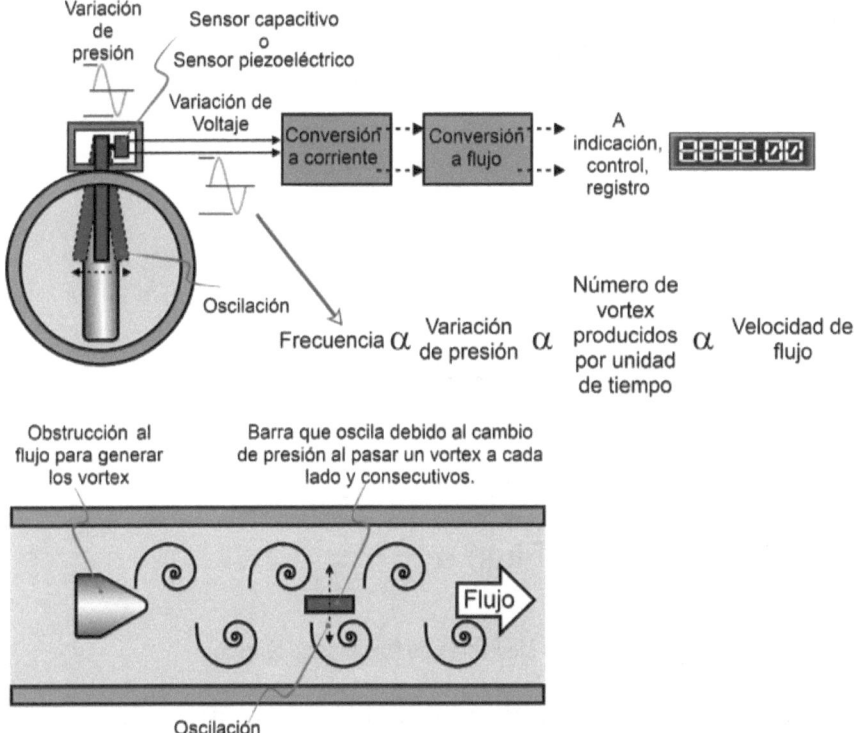

Figura 9.27 Principio de funcionamiento del medidor de flujo de vortex.

9.5 Medidores de flujo másico.

Los medidores de flujo másico fueron desarrollados en los años 80's y miden directamente el flujo la masa. Tienen amplia gama de aplicaciones debido a que su medición es independiente del cambio en la densidad del fluido, viscosidad, presión y/o temperatura.

Básicamente existen dos tipos:

- Medidor de flujo másico tipo térmico.
- Medidor de flujo másico tipo Coriolis

1.1.2 Medidores de flujo másico térmico.

El principio de funcionamiento de estos sistemas es sencillo, como se observa en la Figura 9.28. Un calentador se coloca dentro del paso del

143

fluido y se miden la temperatura antes y después del calentador. Si el flujo es bajo, el fluido se calentará más, y viceversa. La ecuación que rige su funcionamiento es:

$$\dot{m} = K \frac{\dot{W}}{c_p (T_2 - T_1)} = \frac{kJ}{s} \frac{kg\,^oC}{kJ} \frac{1}{^oC} \tag{9.9}$$

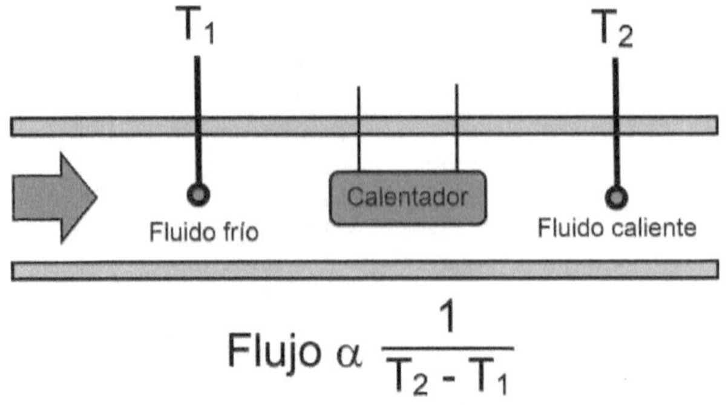

Figura 9.28 Medidores de flujo másico térmico.

En realidad este medidor no es propiamente un sensor de flujo masa, pero mediante la medición de ese ΔT se puede determinar el flujo másico.

Este medidor puede operarse de dos modos: en uno se mide el flujo masa manteniendo constante la corriente eléctrica de alimentación al calentador y detectando el aumento de temperatura; y en el otro modo se mantiene la diferencia de temperaturas constante y se determina la cantidad de electricidad necesaria en el calentador, para mantener constante esa DT. El segundo modo de operación proporciona una mayor rangeabilidad al medidor.

Fundamentalmente se tienen tres diseños básicos: tubo caliente, capilar o bypass y medidores con sensores en línea.

1.1.2.1 Medidor másico de tubo caliente (Heated-Tube Design).

Se diseñó para proteger el calentador y los sensores de temperatura de la corrosión o cualquier otro efecto de desgaste. Los sensores se montan en

144

el exterior de la tubería (Figura 9.29) por lo que responden más lentamente y la relación entre el flujo y la ΔT no es lineal (ecuación 9.1).

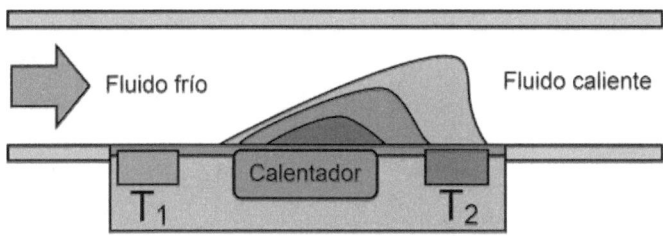

Figura 9.29 Medidores de flujo térmicos de tubo calentado.

La no linealidad es provocada por el hecho de que parte del calor se distribuye sobre la tubería y se transfiere al fluido a diferentes velocidades a lo largo de la tubería.

$$\dot{m}^{0.8} = \frac{kW}{c_p \left(T_2 - T_1 \right)} \tag{9.1}$$

Estos medidores generalmente se usan en flujos limpios y homogéneos (no mezclas). No se recomiendan para aplicaciones con fluidos de composición o humedad variable porque el c_p puede cambiar. No son afectados por cambios en la presión o temperatura, tiene amplia rangeabilidad y son fáciles de mantener. Para su uso deben permanecer constantes la ΔT (o potencia alimentada), geometría del medidor, calor específico y viscosidad.

1.1.2.2 Medidor térmico tipo capilar o bypass.

Consiste en un capilar delgado (de un diámetro de aproximadamente 0.125 pulgadas) y puede tener dos configuraciones como se observa en las Figuras 9.30 y 9.31. En el primer caso se tiene un elemento calefactor al centro y dos sensores de temperatura a sus lados. En el segundo caso se tienen dos RTDs externos que funcionan como calentadores y como sensores de temperatura. El medidor se coloca en ese bypass que tiene una restricción a la entrada y posterior de una restricción de la línea principal y se dimensiona para que opere en flujo laminar en todo su rango de operación.

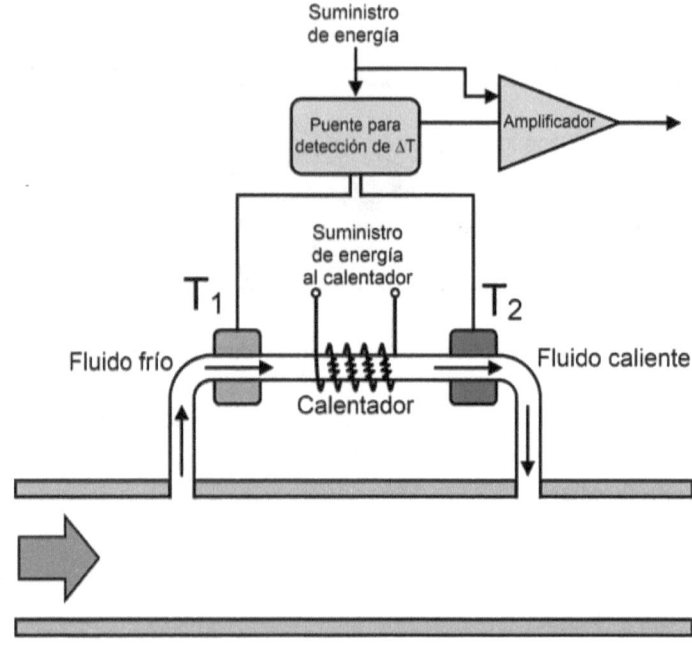

Figura 9.30 Medidor térmico de flujo de capilar o bypass, con calefactor al centro.

En el caso de la configuración con dos calentadores-sensores (Figura 9.31), cuando no hay flujo los calentadores elevan la temperatura hasta aproximadamente 160°F por arriba de la temperatura ambiente. Bajo estas condiciones la distribución de temperaturas es uniforme desde el centro del medidor (Figura 9.32), y la $T_1 = T_2 = T_0$, curva sólida. Cuando hay flujo el sensor RTD_1 se enfría (a T_1'), ya que recibe fluido frío; y el RTD_2 se calienta (a T_2') pues recibe el calor que proviene del calentador y del RTD_1, de tal forma que la curva toma la forma de la línea punteada.

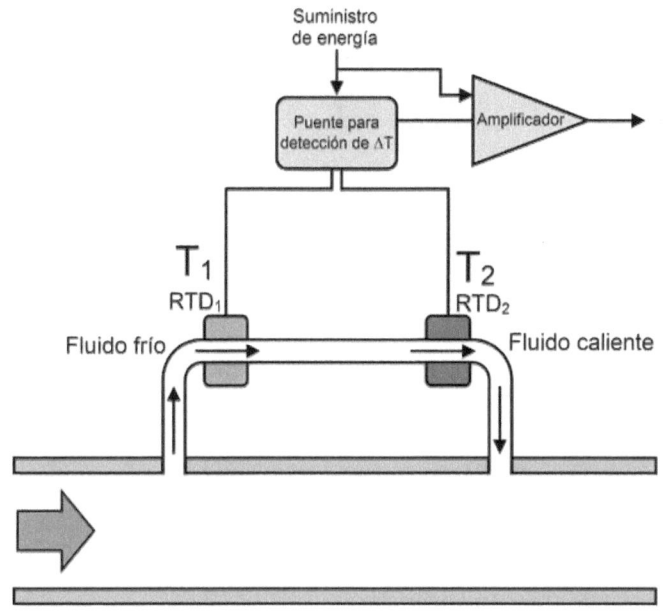

Figura 9.31 Medidor térmico de flujo de capilar o bypass con dos RTDs.

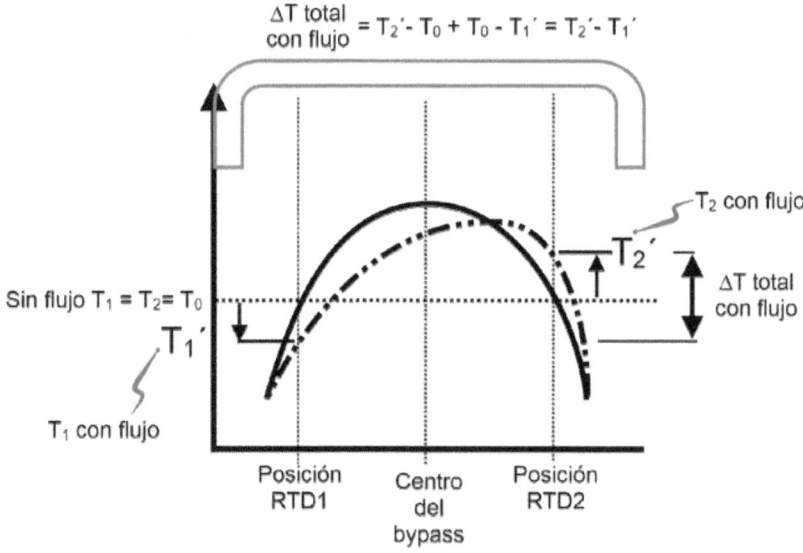

Figura 9.32 Perfil de temperaturas dentro del bypass para flujo de cero y para flujo hacia la derecha.

147

Si graficamos las temperaturas de cada sensor, RTD$_1$ y RTD$_2$, con respecto al flujo, se obtienen las curvas que se muestran en la Figura 9.33. La zona circunscrita por el rectángulo, sería la zona recomendada de medición.

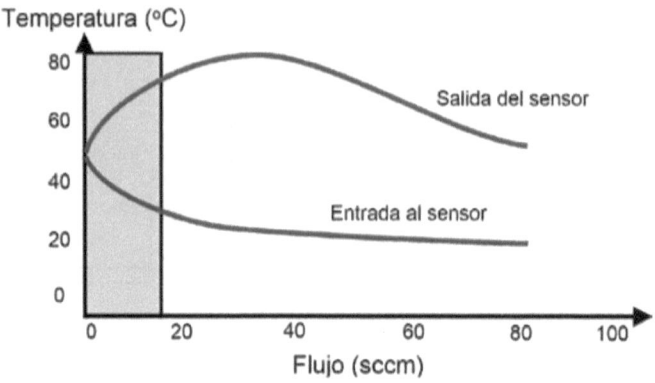

Figura 9.33 Perfiles de temperaturas en el bypass para sensor RTD.

Por más de treinta años, el sistema de la Figura 5.22 ha sido el estándar en la medición precisa de flujos masa y en la dosificación. El tamaño pequeño del bypass minimiza el consumo eléctrico e incrementa la velocidad de respuesta de la medición. Por el otro lado, para evitar el taponamiento se requiere la instalación de filtros. Una limitación seria es la DP alta necesaria (hasta 45 psi) para desarrollar el flujo laminar. Esta pérdida de presión es aceptable en casos como los gases a alta presión donde de todas maneras debe reducirse la presión. Es un medidor de bajo mantenimiento y bajo costo y su electrónica permite la adquisición de datos, dibujo de gráficas y comunicación con computadoras. Son populares en la industria de procesamiento de semiconductores y las unidades modernas incluyen un controlador y una válvula de control de flujo.

1.1.2.3 Medidores térmicos de flujo con sensores en línea.

Consisten de un canal recto de flujo donde se insertan dos sensores de temperatura de acero inoxidable, uno es un sensor-calentador y el otro sólo es un sensor de temperatura que permanece a la temperatura del fluido que es constante, Figura 9.34. Mediante el suministro de cierta corriente eléctrica al calentador, se crea una diferencia de temperaturas fija entre este y el sensor de temperatura, por ejemplo, 20 °C. Conforme el flujo aumenta, el fluido enfría el calentador, por lo que para mantener constante ese $\Delta T = 20$ ^{0}C, se requiere de un suministro adicional de energía al calentador. La energía necesaria para mantener ese ΔT constante es proporcional al Flujo masa.

Basándose en este concepto el flujo masa puede medirse con bajas – ΔP, principalmente provocadas por las uniones y las mallas que se incorporan para acondicionar el flujo. Comparado con los medidores tradicionales MFMs mass flow meters) y MFCs (mass flow controllers) con bypass la construcción desde un medidor con el principio de CTA (Constant temperatura anemometry) es menos sensible a la humedad y a la contaminación.

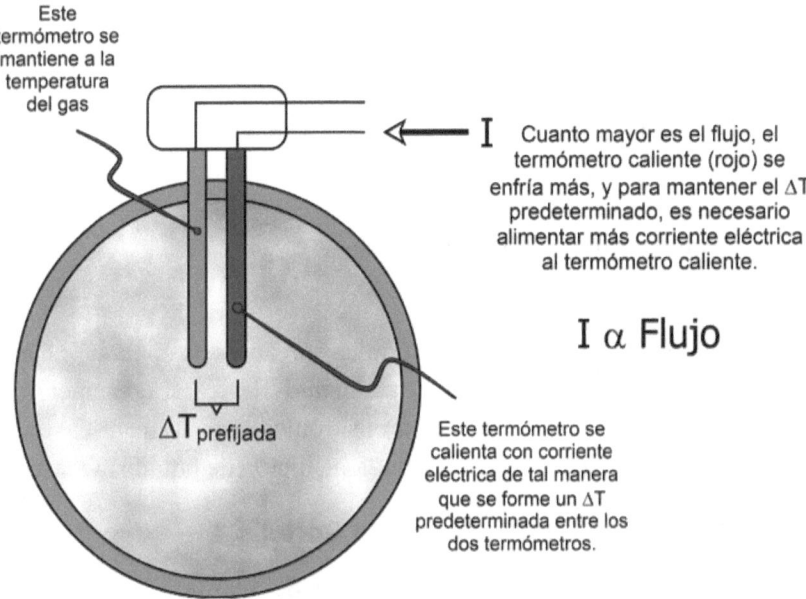

Figura 9.34 Medidores térmicos de flujo con sensores la línea de flujo.

Este tipo de medidores depende de las variaciones de una o más características térmicas de fluidos, como una función de flujo. Típicamente se mide la diferencia de temperatura a los cambios de flujo a través de un tubo calentador. Su relación está dada por:

El elemento sensor, no es un medidor de flujo másico propiamente, ya que solo detecta la diferencia de temperatura debida al flujo y aprovecha esta medición para determinar inferencialmente el flujo másico.

Normalmente este tipo de medidor se construye de tamaños pequeños y se le asocia el control dentro del mismo.

Las características del medidor de flujo másico térmico son las siguientes:

- Medición y control de flujo másico.
- Principio de operación termodinámico mediante una diferencial de temperatura proporcional al flujo, sensada a través de un circuito puente.
- Precisión de +-1% E.T.
- Manejo de señales estándar.
- Control local y remoto.
- Fácil mantenimiento.
- Requiere una fuente de voltaje.
- Salida lineal.
- Requiere calibración para cada gas.
- Sensible por el uso de capilar.

Los medidores de flujo másico tipo térmico son aplicados para la industria del petróleo, procesos químicos, tratamiento de agua, generación de electrodo de plantas nucleares, en la electrónica para la manufactura de circuitos integrados, etc. Se utiliza para la medición de líquidos y gases.

1.1.3 Medidor de flujo másico tipo Coriolis.

Este medidor se basa en el efecto de Coriolis del que se pueden encontrar muchas referencias y videos que lo explican. Para los efectos de entender cómo funciona este medidor, considérese la Figura 9.35. El medidor de flujo de Coriolis consta básicamente de un tubo en "U" por donde pasa el flujo a medir. Este tubo en "U" se somete a vibración u oscilación. Cuando el tubo en U está lleno de fluido pero con flujo de cero, la U oscila de manera uniforme (parte intermedia, Figura 9.35). Si por el tubo en U hay un flujo diferente de cero, debido a las fuerzas de Coriolis (*Fc*), la U se tuerce como se aprecia en la parte inferior de la Figura 9.45. Cuanto más grande sea el flujo, más grande es el torcimiento de la U (Figura 9.35).

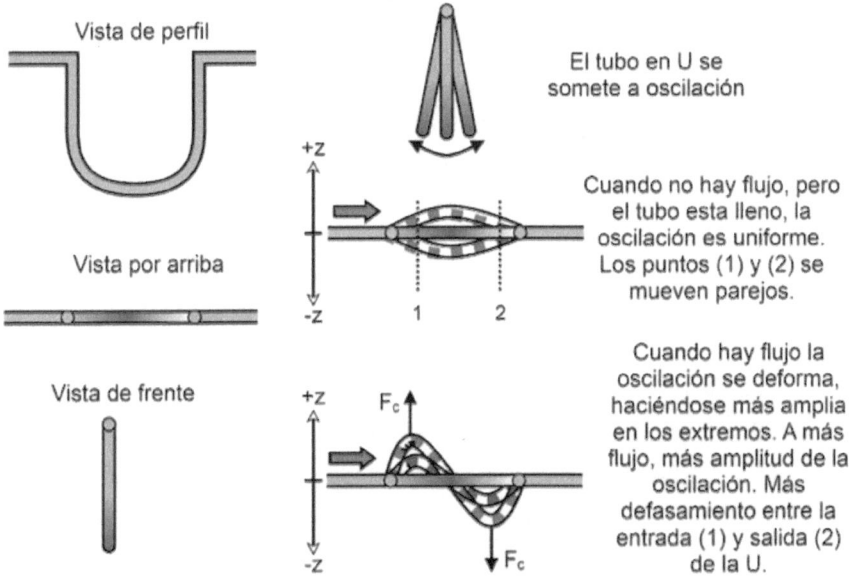

Figura 9.35 Principio de operación del medidor de flujo de Coriolis.

El tubo en U se hace vibrar mediante un sistema bobina-imán hacia los lados de un eje central, Figura 9.35. Las fuerzas de Coriolis se generan a la entra y salida de la U. Debido a que las fuerzas generadas en la entrada y la salida tienen direcciones opuestas, se produce un torque que provoca un ángulo de torsión ene l tubo en U. Como la fuerza de Coriolis Fc es proporcional a flujo masa del fluido, El flujo masa puede medirse determinando el ángulo de torsión.

La Figura 9.36 muestra los elementos principales que conforman un medidor de Coriolis. Un imán con su correspondiente bobina, alimentada eléctricamente, se colocan abajo en el centro de la U, y se utiliza para inducir la vibración del tubo en U a su frecuencia natural. Dos pares de imán-bobina sensora de distancia colocados en ambos lados de la U (Figura 9.36). El ángulo de torsión del tubo en U se calcula basándose en el defasamiento de las señales de los dos sensores. Esto es, el flujo masa puede determinarse del defase entre las dos señales. Es posible calcular simultáneamente la masa del fluido basándose en la frecuencia, y de esta determinar la densidad.

Algunas características de este medidor tipo Coriolis son:

- Mide directamente flujo masa.
- Puede medir flujos con una precisión de ±0.10%.
- Tiene un rango amplio de medición de flujos.
- Puede medir la densidad del fluido basándose en la frecuencia de oscilación.
- Su medición no es afectada por la viscosidad o densidad del fluido.
- No requiere secciones rectas de tubería ni antes ni después del medidor.
- Puede medir flujos no conductivos.
- La medición es de alta precisión de líquidos y gases, tanto en aceites, lubricantes, combustibles, gases licuados, disolventes, sustancias alimentarias como gases comprimidos.
- Temperaturas del fluido de hasta +350 °C.
- Presiones de proceso de hasta 350 bar.

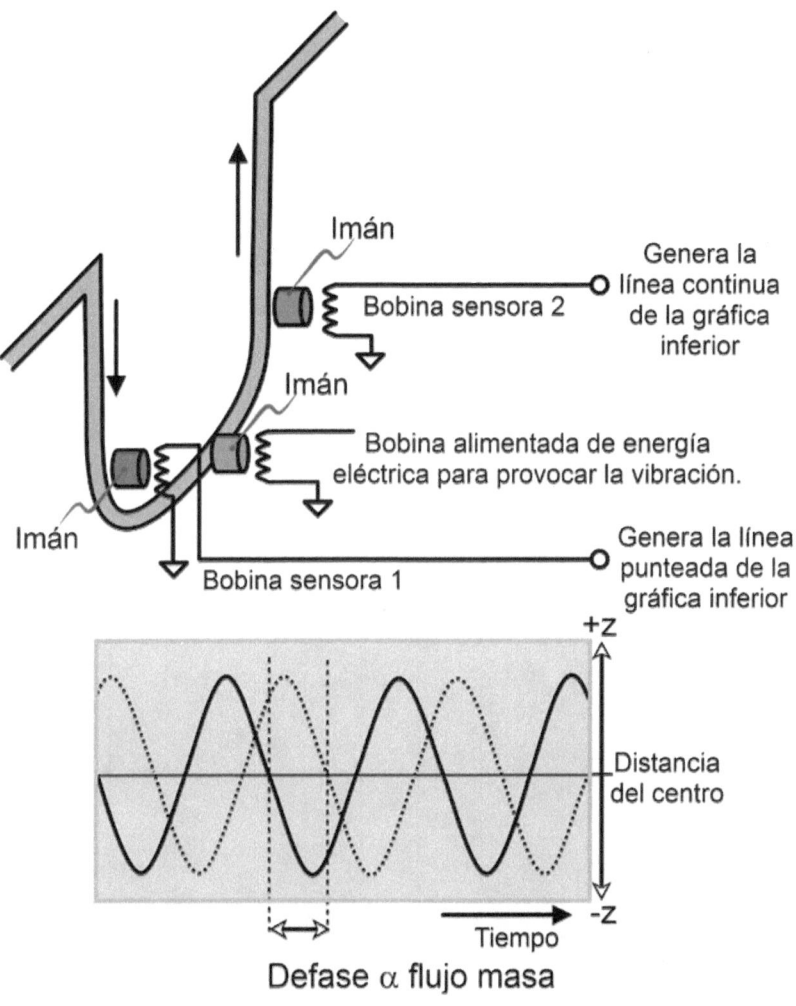

Figura 9.36 El medidor de Coriolis determina el defasamiento entre las señales producidas por los dos brazos.

Tabla 9.2 Comparativa de varios sensores de flujo

Sensor de flujo	Líquidos recomendados	Rangeabilidad	Pérdida de presión	Exactitud típica (%)	Medidas y diámetros	Efecto viscoso	Costo relativo
Orificio	Líquidos sucios y limpios; Algunos líquidos viscosos	3.5:1	Medio	±2 a ±4 de la escala total	10 a 30	Alto	Bajo
Venturi	Líquidos viscosos, sucios y limpios	3.5:1	Bajo	±1	5 a 20	Alto	Medio
Tobera	Bueno para suspensiones diluidas	3.5:1	Media	2% del span total			Medio
Pitot	Líquidos limpios		Muy bajo	±3 a ±5	20 a 30	Bajo	Bajo
Annubar		3:1	Baja	0.5 a 1.5% del span total	Para diámetros muy grandes		
Turbina	Líquidos limpios y viscosos	20:1	Alto	±0.25	5 a 10	Alto	Alto
Desplazamiento positivo		10:1 o mayor	Alta	1% de la medición			Alto
Electromagnético	Líquidos sucios y limpios; líquidos viscosos y conductores		No	±0.5	5	No	Alto
Ultrasónico (Doppler)	Líquidos sucios y líquidos viscosos		No	±5	5 a 30	No	Alto
Ultrasónico (TOF)	Líquidos limpios y líquidos viscosos		No	±1 a ±5	5 a 30	No	Alto
Vortex		10 a 1	No	1% de la medición			Alto

pc-education.mcmaster.ca (2016)
Morales (2013)

10 Elementos primarios de medición de temperatura.

10.1 Clasificación de los medidores de temperatura.

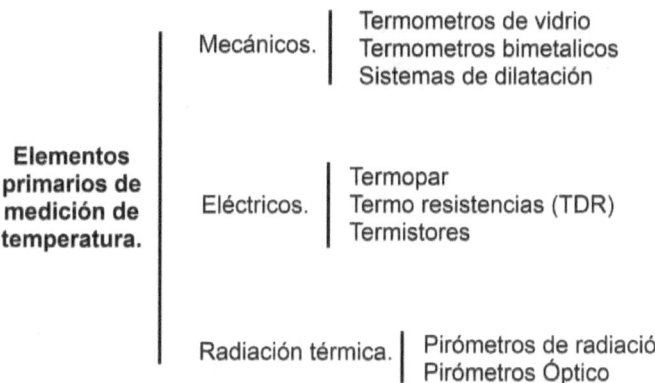

Figura 10.1 Clasificación de medidores de temperatura.

10.2 Termómetros de vidrio.

Todos, o casi todos, hemos usado alguna vez los termómetros de vidrio, principalmente los de mercurio, para medir la temperatura corporal. En la industria se usan este tipo de termómetros en los laboratorios y en las plantas de proceso son muy comunes con una cubierta metálica protectora (Figura 10.2). Los líquidos de uso común en estos termómetros se indican en la misma figura.

El alcohol tiene un coeficiente de expansión más alto que el del mercurio pero como tiene un punto de ebullición de 78 °C se puede usar solo para medir temperaturas bajas. Por su parte el mercurio no puede usarse debajo de su punto de congelación (-37.8°C) ni por arriba de su punto de ebullición (357 °C).

155

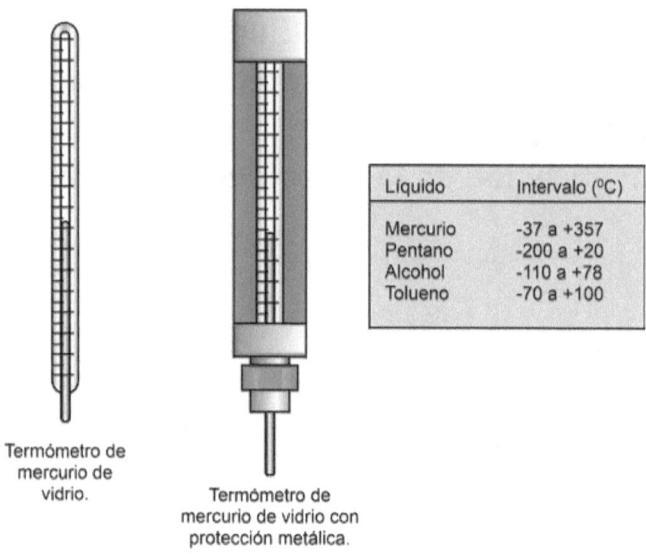

Líquido	Intervalo (°C)
Mercurio	-37 a +357
Pentano	-200 a +20
Alcohol	-110 a +78
Tolueno	-70 a +100

Termómetro de
mercurio de
vidrio.

Termómetro de
mercurio de vidrio con
protección metálica.

Figura 10.2 Termómetro de vidrio.

10.3 Bimetalicos:

Consisten básicamente en dos metales diferentes unidos por una de sus superficies (Figura 10.3). Como los metales tienen coeficientes de expansión (dilatación) diferentes el conjunto (par metálico) se tuerce. En los termómetros bimetálicos de carátula se tiene un mecanismo que convierte esta deformación en un movimiento giratorio y así indica el valor de la temperatura (Figura 10.3).

Los metales más comunes son latón, monel o acero y una aleación de ferroníquel o Invar. Las láminas bimetálicas pueden ser rectas, curvas, espirales o hélices. Este es un instrumento relativamente barato, pero es inexacto y de respuesta lenta. La precisión del instrumento es de 1% y su intervalo de medición es de −200 a +500 °C. Este instrumento es el indicador local de temperatura más comúnmente utilizado.

10.4 Sistemas termales:

Está formado por un bulbo que se sumerge en el medio a medir, un tubo capilar y el sistema de lectura, Figura 10.4. Cuando la temperatura sube, el

156

líquido o gas contenido dentro del bulbo y el capilar se expande, como el volumen es constante aumenta su presión, y el sistema de medición lo convierte en una lectura de temperatura (Figura 10.4).

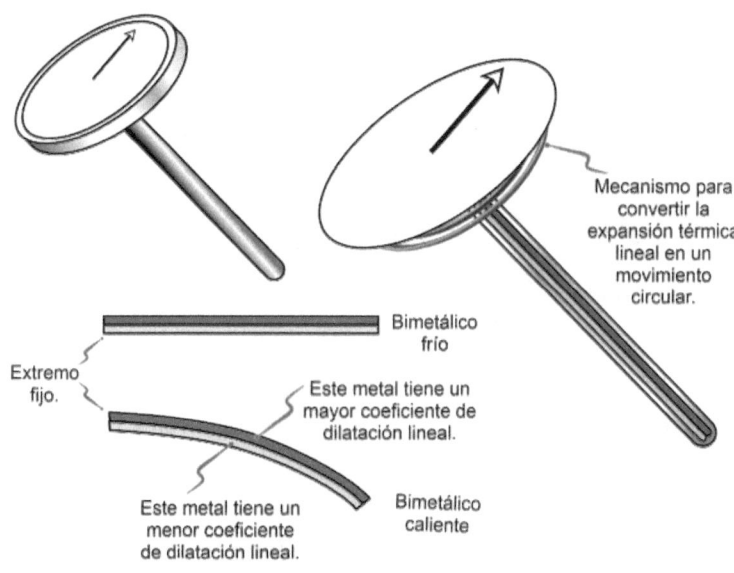

Figura 10.3 Termómetro bimetálico.

SISTEMAS TERMALES
(Termómetro de bulbo y capilar)

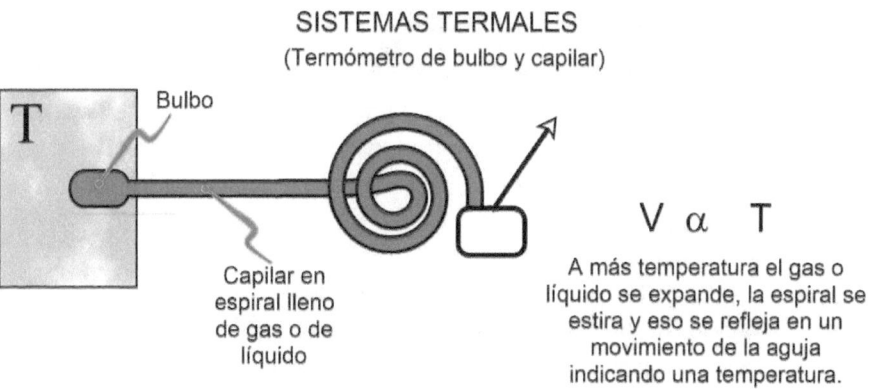

$$V \; \alpha \; T$$

A más temperatura el gas o líquido se expande, la espiral se estira y eso se refleja en un movimiento de la aguja indicando una temperatura.

Figura 10.4 Sistemas termales.

La clasificación de los sistemas termales, se realiza de acuerdo a la Asociación de Fabricantes de Aparatos Eléctricos (SAMA), Tabla 10.1.

Tabla 10.1. Clasificación de sistemas termales según la SAMA.	
Clase I Llenado con líquidos (cambios de volumen).	Clase IA: lleno con líquido no compresible bajo presión. Clase IIA: se evacua y se llena parcialmente con un líquido volátil como cloruro de metilo, éter, butano, tolueno.
Clase II Llenado con vapor (cambios de presión).	
Clase III Llenado con gas (cambios de presión).	Clase IIIB: nitrógeno puro bajo presión.
Clase V Llenado con mercurio (cambios de volumen).	

Dependiendo del tipo de fluido que se use estos instrumentos pueden medir entre −40 hasta +500 °C. Tienen limitaciones importantes: su alto volumen, el costo alto de reemplazo (bulbo) y requieren señales de transmisión para distancias arriba de 50 m (Morales, 2013).

10.5 Termopares.

El funcionamiento de los termopares se basa en el fenómeno que se presenta cuando dos cables hechos de metales diferentes se unen en uno de sus extremos (Figura 10.5); si la temperatura entre esos extremos es diferente, se genera una fuerza electromotriz (f.e.m.) que es proporcional a esa diferencia de temperaturas. Si se considera que T_2 es constante, la f.e.m. es proporcional a T_1.

Para prevenir errores por efectos de la junta fría, se efectúa una compensación. En un principio se utilizó un baño de hielo (Figura 10.6) y actualmente se usan circuitos compensadores que suministran una f.e.m. constante.

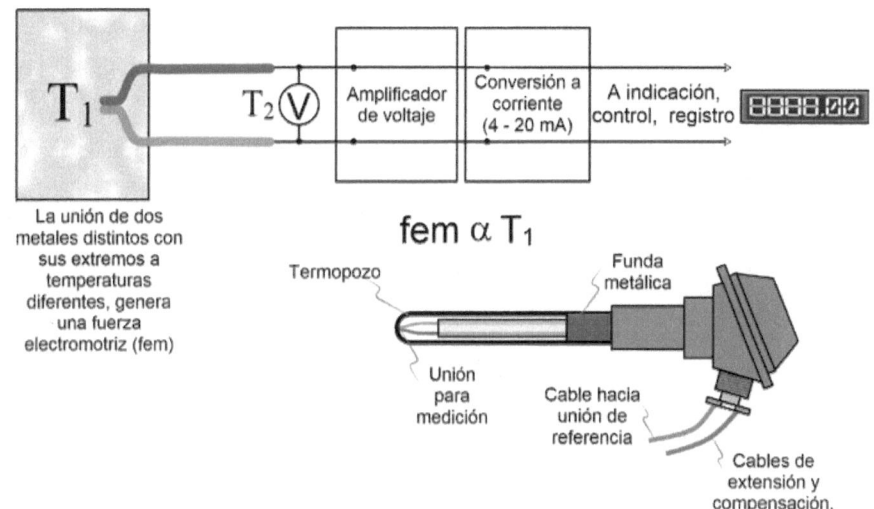

Figura 10.5 Funcionamiento del termopar.

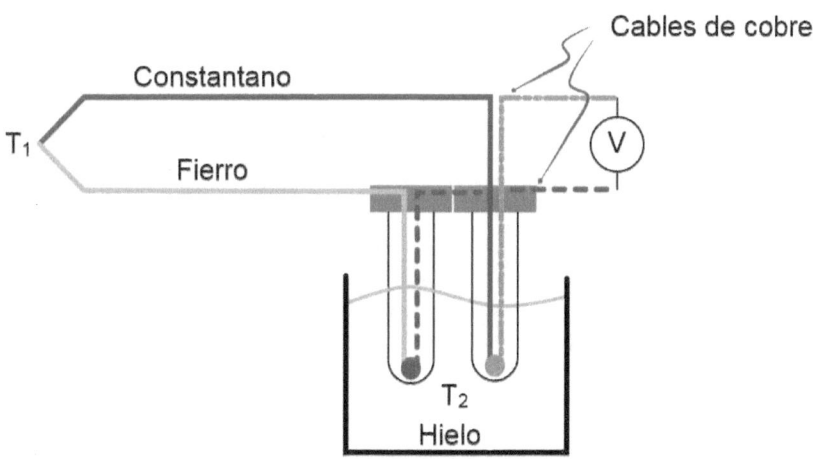

Figura 10.6 Compensación en T_2 con un baño de hielo.

Para conectar los termopares con otros instrumentos se utilizan cables de extensión que normalmente son del mismo material del termopar, pero cuando se tienen que enviar la señal a largas distancias se usan cables de cobre.

Dependiendo del metal que se use en cada cable del termopar, se tienen los tipos que se señalan en la Tabla 10.2.

Tabla 10.2. Tipos de termopares y sus características.				
Tipo de termopar	Materiales	Rango (^{0}C)	Linealidad	Características básicas.
B	Platino 30%, Rodio (+) Platino 6%, Rodio (-)	0 a 1860	Buena debajo de 500	Costo alto
C	W5Re Tungsteno 5%, Renio (+) W26Re Tungsteno 26%, Renio (-)	1650 a 2315	Buena	Costo alto
E	Cromo (+) Constantano (-)	-195 a 760	Buena	Alta resolución (mV/^{0}C)
J	Acero (+) Constantano (-)	-195 a 1370	Buena, lineal de 150 a 450	El más económico
K	Cromo (+) Alumel (-)	-190 a 1370	El más lineal	Alta resistencia a la corrosión
R	Platino 13%, Rodio (+) Platino (-)	-18 a 1700	Buena	Pequeño, respuesta rápida
S	Platino 10%, Rodio (+) Platino (-)	-18 a 1760	Buena	Buen rango de temperatura
T	Cobre (+) Constantano (-)	-190 a 400	Buena	Temperatura limitada

En la Figura 10.7 se puede observar la respuesta de cada tipo de termopar (mV generados) con respecto a la temperatura.

10.5.1 Termopozo

El termopozo es básicamente un tubo cerrado por uno de sus extremos que se usa como protección del termopar y, al mismo tiempo, permite su reemplazo sin detener el proceso. Su forma puede ser recta, cónica o de punta fina y pueden ser roscados, bridados o del tipo Vanstone, Figura 10.8. Su fabricación está definida en la norma ANSI MC 96.1.

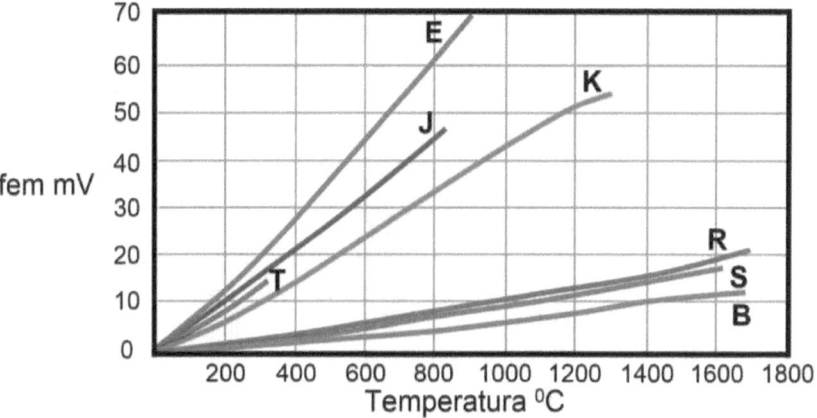

Figura 10.7 Respuesta de los tipos de termopar con la temperatura.

Tabla 10.3 Características generales de termopares	
Ventajas	Limitaciones
Relativamente baratos	Relación no lineal voltaje – temperatura
Amplia variedad de diseños disponibles	Sujetos a envejecimiento y contaminación de la junta caliente
La salida eléctrica es apropiada para accionar dispositivos de indicación y control	Se deben evitar altos gradientes de temperatura
Son posibles largas distancias de transmisión	Su lectura no es tan directa y requiere procesamiento en su indicación
Tamaño pequeño y construcción robusta	Su lectura no es tan directa y requiere procesamiento de su indicación.
Buena exactitud y velocidad de respuesta	Se deben escoger los materiales adecuados para resistir atmosferas oxidantes y reductoras
Fácil calibración y reproducibilidad	Baja exactitud comparados con RTDs
Amplio rango, desde 0 absolutos hasta 2500 0C	Los voltajes de los conductores pueden afectar la calibración
Sin partes móviles	Susceptibles a la inducción de ruidos
	En sistemas de control digital requieren tarjetas especiales de entrada

Hay tres formas de colocar el termopar dentro del termopozo como se puede observar en la Figura 10.9. La construcción estándar es el termopar aterrizado. En este, el termopar se suelda al fondo del termopozo y se usa para reducir los tiempos de respuesta aunque puede tener problemas de ruido.

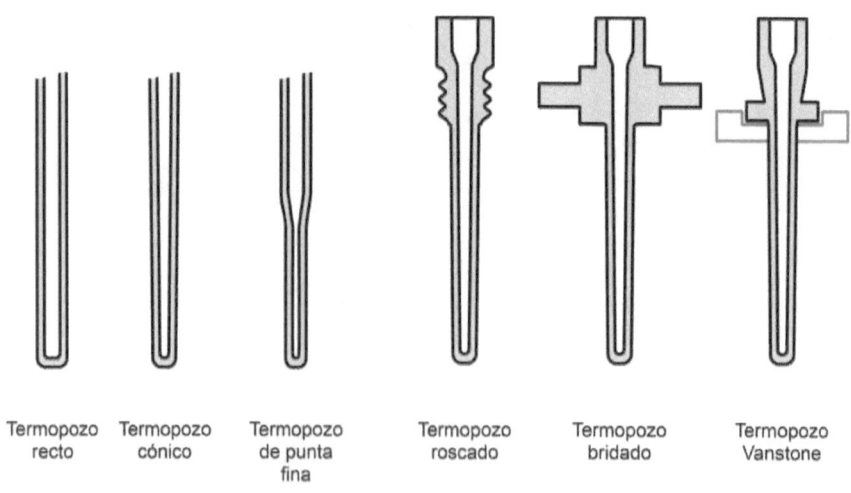

Termopozo recto | Termopozo cónico | Termopozo de punta fina | Termopozo roscado | Termopozo bridado | Termopozo Vanstone

Figura 10.8 Tipos de termopozos.

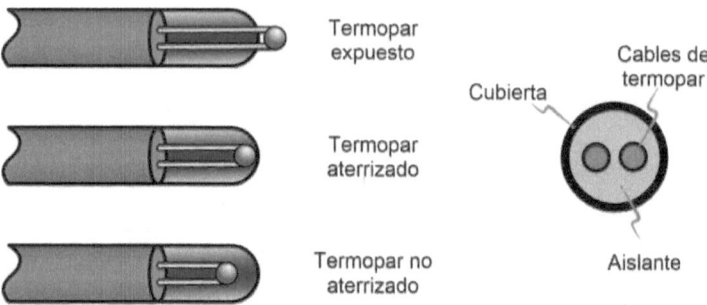

Figura 10.9 Termopar aterrizado y no aterrizado.

Los materiales que se utilizan en los termopozos deben seleccionarse en función de la temperatura, presión y el fluido de operación. Para servicios generales donde se utiliza tubería de acero al carbón, el material mínimo especificado debe ser acero inoxidable 304 o 316. En ambientes corrosivos es necesario utilizar materiales que contrarresten este ambiente. En la gráfica de la Figura 10.10 se muestran los rangos de presión y temperatura utilizados para los diferentes materiales.

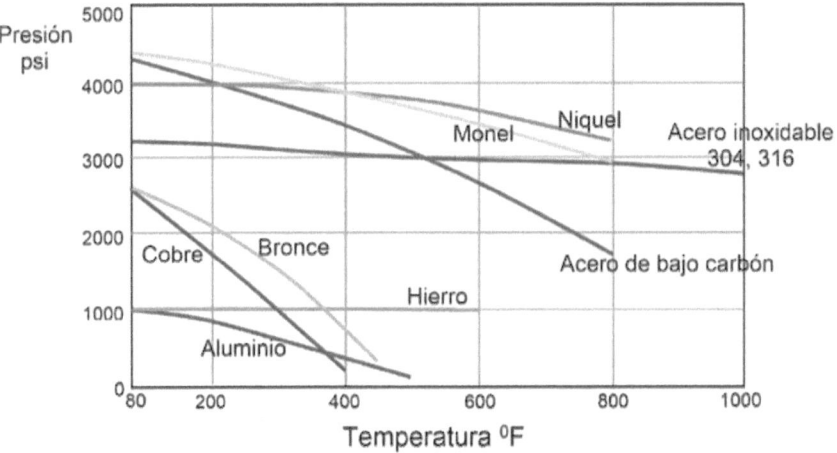

Figura 10.10 Rangos de presión y temperatura para materiales de los termopozos.

Dos de los puntos importantes a considerar en la especificación e instalación del termopozo, son su posición y su longitud de inmersión U.

El termopozo es instalado normalmente perpendicular a la pared de la tubería o recipiente, en ángulo o en un codo, Figura 10.11. Las razones para instalarlo de esta manera son poner la máxima cantidad de altura en el centro de la tubería (el punto de la temperatura pico) y prevenir la distorsión del perfil de flujo.

Otro tipo de instalación es en codo y puede ser mejor para minimizar la conducción y el error del perfil.

La instalación angulada puede ser utilizada en flujos con muy alta velocidad o erosivos o donde la temperatura alta podría provocar que el pozo se doble

La longitud requerida U para obtener buena respuesta y exactitud depende de varios factores como el tipo de elemento primario, el espacio disponible, el diseño de las conexiones mecánicas, las consideraciones de transferencia de calor y de las propiedades físicas del fluido medido.

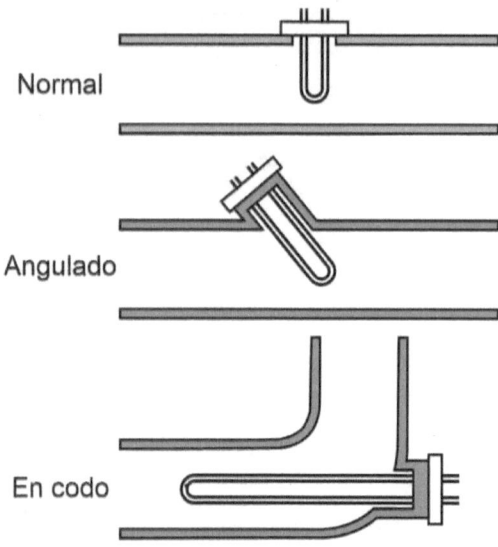

Figura 10.11 Instalación de termopares.

La norma API-RP 551 Process Measurement Instrumentation, indica que un termopozo que se instala perpendicular o en un ángulo de 45° con respecto a la tubería, debe tener una longitud mínima de inmersión de 2 pulgadas y una distancia máxima de 5 pulgadas desde la pared de la tubería. Si el termopozo se instala en un codo, la conexión debe de ir apuntando al flujo de la línea de proceso.

10.6 Detector de temperatura por resistencia. RTD.

El detector de temperatura por resistencia, RTD (Resistence Temperatura Detector), o bulbo de resistencia, es un instrumento que mide la temperatura en función de la variación de la resistencia en un alambre bobinado de metal puro (Figura 10.12). La ecuación que lo rige, de acuerdo a Siemens en 1871, es:

$$R_t = R_0 (1 + \alpha T + bT^2 + cT^3) \qquad (10.1)$$

donde R_0 es la resistencia a la temperatura de referencia en ohms (Ω), R_t es la resistencia a la temperatura de operación (Ω), α es el coeficiente térmico del material ($\Omega/^0C$) y b, c son coeficientes que deben determinarse. Para efectos de cálculo normalmente se toma la ecuación hasta el coeficiente α.

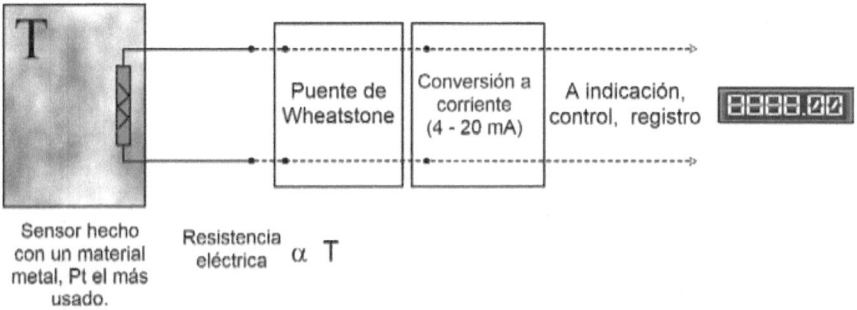

Figura 10.12 Determinación de la temperatura con un RTD.

El elemento sensor es un hilo fino enrollado como resorte (Figura 10.13), hecho de un metal, recubierto y protegido con un revestimiento de vidrio o cerámica. Este metal normalmente es Platino, pero también hay de Níquel (poco lineal) y Cobre (bajo rango) como se muestra en la Figura 10.14. Estos materiales se caracterizan por el "coeficiente de temperatura de resistencia" que se expresa en un cambio de resistencia en ohms del conductor por grado de temperatura a una temperatura específica. Para la mayoría de materiales, el coeficiente de temperatura es positivo, pero para otros muchos el coeficiente es esencialmente constante en grandes posiciones de su rango útil.

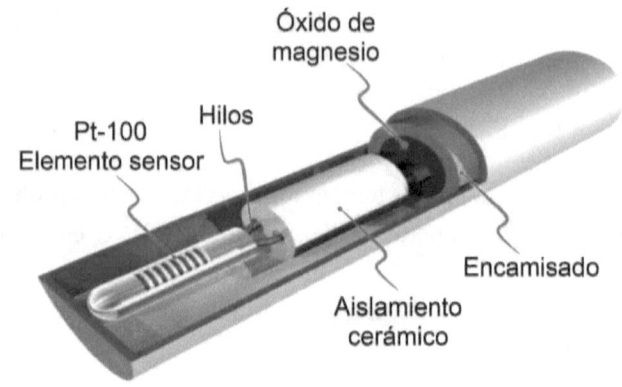

Figura 10.13 Construcción básica de un RTD.

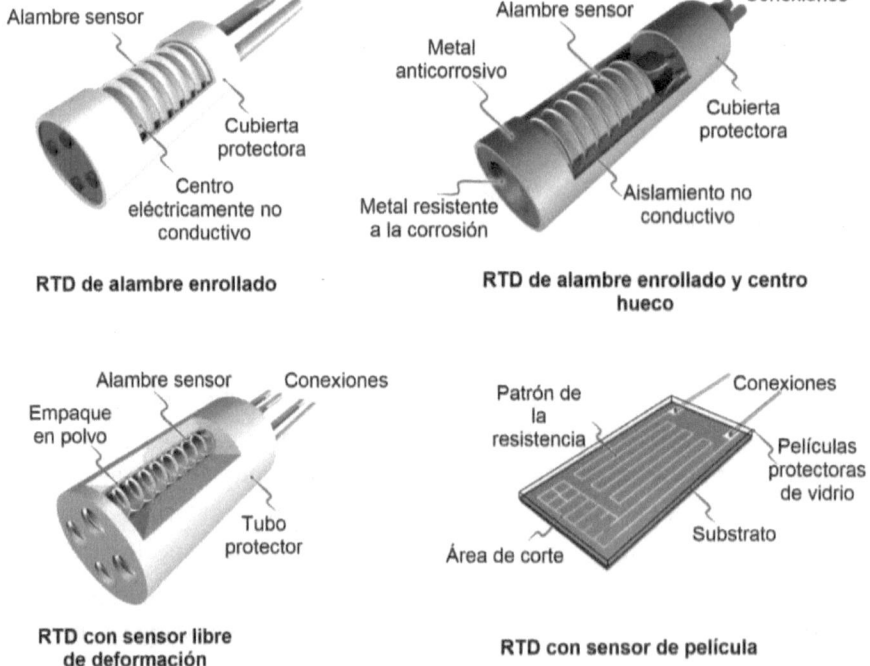

Figura 10.14 Algunos tipos de construcción de un RTD.

Las características que deben tener los materiales que forman el conductor de la resistencia son:

- Coeficiente térmico grande, porque le da al instrumento alta sensibilidad.
- Alta resistividad le confiere mayor sensibilidad.
- Relación lineal resistencia-temperatura.
- Rigidez y ductilidad, para facilitar los procesos de fabricación.

El metal que presenta una relación resistencia-temperatura altamente estable es el Platino. Otros metales utilizados son el níquel (poco lineal) y el cobre (bajo rango).

Las curvas que presentan la relación de variación de resistencia relativa con respecto a la variación de temperatura, se presentan en la Figura 10.15.

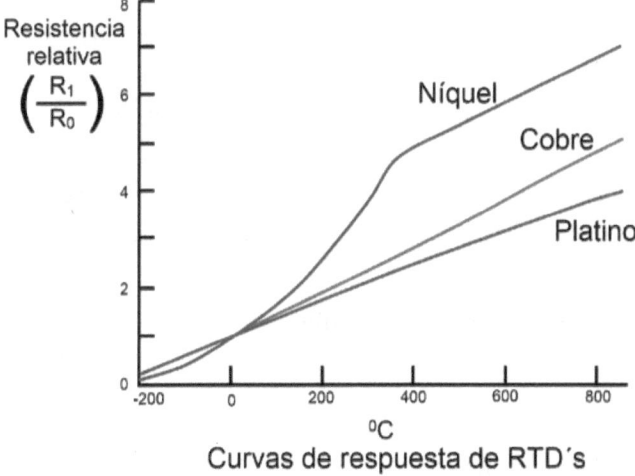

Curvas de respuesta de RTD´s

Figura 10.15 Resistencia relativa de tres metales en función de la temperatura.

10.6.1 RTD de Platino.

El platino es el material más adecuado para la fabricación de RTDs por su precisión y estabilidad, aunque costo es elevado. En general el RTD de Platino (Pt100), que se utiliza en la industria presenta una resistencia de 100 ohms a 0 °C, y es el medidor que se usa como patrón para la determinación de temperaturas. Para el RTD PT 100, en la curva europea (DIN) presenta R=0,00385 ohm/°C y en la curva americana (SAMA) R=0,00392 ohm/°C (Morales, 2013).

Con un RTD se pueden hacer mediciones con una exactitud de 0,01 °C y detectar variaciones de temperatura de 0,001 °C.

Tabla 10.4. Propiedades de algunos materiales con los que se fabrican los RTDs.				
Tipo de RTD	Resistencia a 0°C	Material	α	Rango (0C)
Pt100 (3926)	100 Ω	Platino	0.003926 Ω/°C	-200 a 630
Pt100 (385)	100 Ω	Platino	0.00385 Ω/°C	-200 a 800
Ni120 (672)	120 Ω	Niquel	0.00672 Ω/°C	-80 a 260
Pt200 (385)	200 Ω	Platino	0.00385 Ω/°C	-200 a 630
Pt500 (385)	500 Ω	Platino	0.003385 Ω/°C	-200 a 630
Pt1000 (385)	1000 Ω	Platino	0.003385 Ω/°C	-200 a 630
Pt10 (3918)	100 Ω	Platino	0.0033916 Ω/°C	-200 a 630
El Pt100 es de uso común en aplicaciones industriales en los EEUU es el Pt100 (3916). El RTD estándar de la IEC es el Pt100 (385)				

La construcción del RTD de platino se hace con un alambre fino embobinado en un núcleo de mica, vidrio u otro material, protegido por una cubierta, relleno de óxido de magnesio o óxido de aluminio

10.6.2 RTD de Níquel.

El níquel es más barato que el platino y tienen mayor sensitividad, pero su facilidad de oxidación limitan su utilización y ponen en duda la confiabilidad de sus mediciones. Otro problema es la variación que experimenta su coeficiente de resistencia según los lotes fabricados (Morales, 2013).

10.6.3 RTD de Cobre.

El cobre tiene una baja resistividad (baja sensibilidad) pero la variación de su resistencia es uniforme en el rango de temperatura cercano a la ambiente; es estable y barato. Sus características químicas le impiden trabajar por encima de los 150 °C.

Tabla 10.5. Propiedades de RTDs según el metal sensor				
	Intervalo útil de temperatura (°C)	Costo relativo	Resistencia de la sonda a 0 °C(Ω)	Precisión (°C)
Platino	-200 a 800	Alto	25, 100, 130	0.01
Níquel	-150 a 315	Medio	100	0.50
Cobre	-200 a 150	Bajo	10	0.10

La mayoría de los RTD´s en la industria son montados en termopozos. Para la conexión remota se utiliza alambre de cobre, normalmente calibre 18 AWG.

10.7 Termistor.

Es similar al RTD pero el sensor se construye con un semiconductor como los óxidos metálicos y sus mezclas: Óxidos de cobalto, cobre, fierro, magnesio, manganeso, níquel, plomo, titanio, uranio, zinc (Figura 10.16). El sensor tiene un coeficiente térmico negativo de valor elevado, es decir, al aumentar la temperatura disminuye su resistencia.

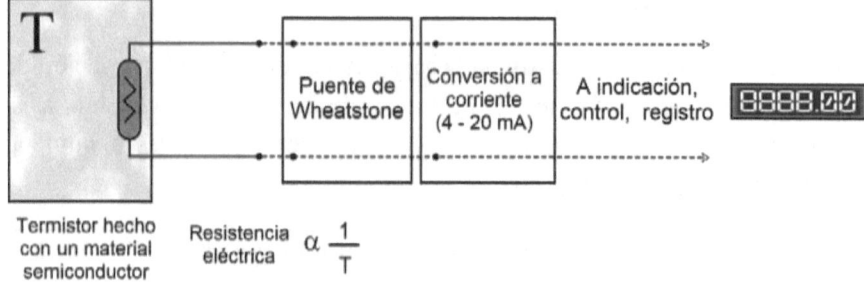

Figura 10.16 Determinación de temperatura con un termistor.

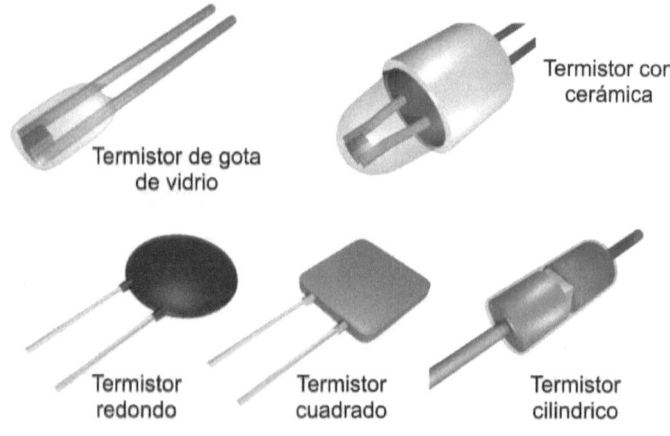

Figura 10.17 Varias presentaciones del termistor.

Tienen sensibilidad alta debido a su resistividad alta lo que permite sensores de masa muy pequeña y como consecuencia responde rápido. El costo es muy bajo.

La ecuación que rige su comportamiento es:

Constante del fabricante

$$R_t = R_0^{\theta\left[\left(1/T\right)-\left(1/T_0\right)\right]}$$ (10.2)

Resistencia a la temperatura de operación T (ohms)

Resistencia a la temperatura de referencia T_0 (ohms)

10.8 Pirómetros.

Un pirómetro es un instrumento que fundamentalmente se usa para medir temperaturas elevadas que no están al alcance de otros medidores. Existen dos tipos básicos:

- Los pirómetros de radiación se basan en la ley de Stephan - Boltzman y se utilizan para medir temperaturas por arriba de 1600 °C.
- Los pirómetros ópticos se basan en la ley de distribución de la radiación térmica de Wien y se han utilizado para medir temperaturas por encima de 1063 °C.

10.8.1 Pirómetro de radiación.

A diferencia de los otros medidores de temperatura, un pirómetro no necesita estar en contacto directo con el objeto caliente. El pirómetro de radiación se basa en la ley de Stephan Boltzmann de un objeto que emite energía radiante, y que establece que la intensidad de radiación emitida por superficie de un cuerpo es proporcional a la cuarta potencia de su temperatura absoluta, ecuación 1.2:

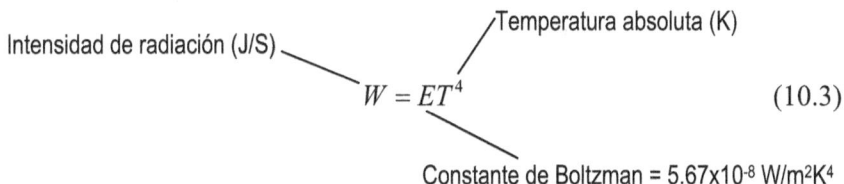

$$W = ET^4 \tag{10.3}$$

Intensidad de radiación (J/S)

Temperatura absoluta (K)

Constante de Boltzman = 5.67x10⁻⁸ W/m²K⁴

El pirómetro de radiación tipo lente tiene una lente de pyrex, sílice o fluoruro de calcio que concentra la radiación del objeto caliente en una pila termoeléctrica formada por varios termopares de pequeñas dimensiones y montados en serie. La radiación incide directamente en las uniones caliente de los sensores. La f.e.m. que proporciona la pila termoeléctrica depende de la diferencia de temperaturas entre la unión caliente (radiación procedente del objeto enfocado) y la unión fría. Esta última coincide con la de la caja del pirómetro, es decir, con la temperatura ambiente. La compensación de este se lleva a cabo mediante una resistencia de níquel conectada en paralelo con los bornes de conexión del pirómetro (Morales, 2013).

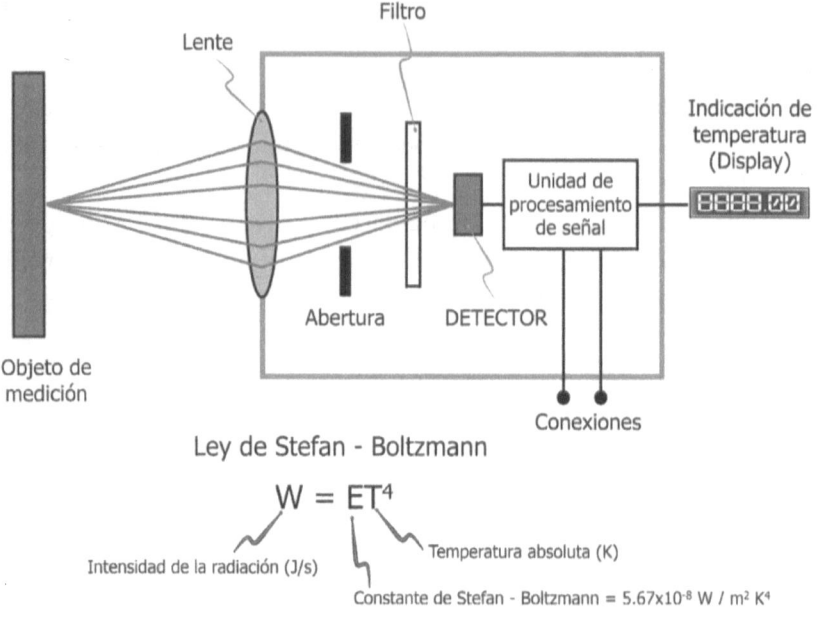

Figura 10.18 Pirómetro de radiación.

Las aplicaciones más comunes del pirómetro de radiación se encuentran en:

- Para medir la temperatura de superficies de objetos de interés.
- Para medir la temperatura de objetos en movimiento.
- Donde un termopar sería envenenado por la atmósfera del entorno.
- Para medir temperaturas arriba del rango de los termopares y en condiciones extremas de vibración o choques.
- Cuando se requiere gran velocidad de respuesta a los cambios de temperatura.

10.8.2 Pirómetro óptico.

En un pirómetro óptico se compara el brillo de la radiación que proviene del objeto, al que se mide la temperatura, con el brillo de un objeto a la temperatura de referencia, Figura 10.19. La temperatura de referencia se produce mediante una lámpara cuyo brillo se ajusta hasta que su intensidad iguale la del objeto fuente. Después del ajuste, se mide la corriente que pasa por la lámpara de referencia que tendrá un valor proporcional a la temperatura de la fuente.

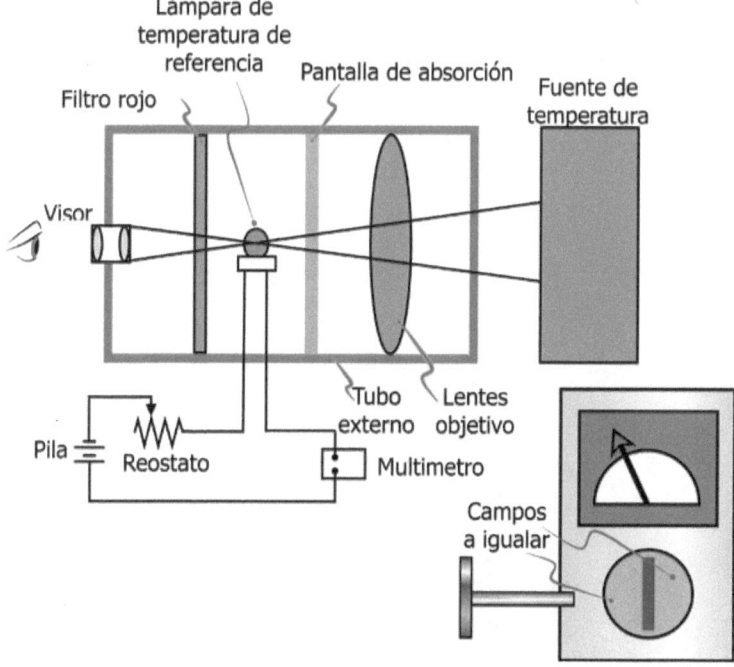

Figura 10.19 Pirómetro óptico.

10.9 Características generales de los medidores de temperatura.

Un resumen de las características generales de los medidores de temperatura se muestran en la Tabla 10.6

Tabla 10.6 Características generales de medidores de temperatura.

	Sistemas termales	Bimetálico	Termopares	Bulbos de resistencia	Termistores	Pirómetros
Rango mínimo recomendable (°C)	180		-250	-250	-100	-30
Rango máximo recomendable (°C)	500		2 500	1000	450	3 900
Exactitud	0.5% a 2% escala total	±2%	0.25% a 2%	0.05 °C	0.05 °C	2%
Sensitividad	Variable		10 – 50 mV/°C	De 0.0004 a 0.0007W/W•C	Aprox 5%	
Tiempo de respuesta	4 – 7 s sin termopozo		Depende del calibre e instalación	Aprox 6 s	3 – 6 s	1 – 2 s
Salida	Lineal, excepto clase II		No lineal	Lineal, excepto con Ni	Lineal en rangos cortos	Lineal en rangos cortos
Estabilidad	Excelente		Buena	Excelente	Buena	Buena
Repetibilidad	Mala		Buena	Excelente	Buena	Buena
Elemento secundario	Opcional	Normalmente no	No necesario	Inherente	Buena	No necesario
Suministro de energía	Al transmisor	No requerida	No requerida	Sensor/transmisor	Sensor/transmisor	Sensor

Morales (2013)
pc-education.mcmaster.ca

11 Otros elementos primarios de medición.

Por supuesto que, aparte de las variables principales de proceso (Presión, Nivel, Flujo y Temperatura) existen muchas más variables de proceso que deben medirse y que pueden formar parte de un circuito de control. Entre ellas se pueden mencionar pH, densidad, viscosidad, humedad, conductividad, turbidez, oxígeno disuelto, composición y otras menos frecuentes como color, dureza o consistencia, etc.

Aquí, sólo como ejemplo de otras variables de proceso se presentan brevemente dos: pH y humedad en aire.

11.1 Medidores de pH.

Para la medición continua de pH se usan electrodos especialmente diseñados para que los iones de hidrógeno de la solución migren a través de una barrera selectiva, generando así un voltaje que es proporcional al pH de la solución. Para la medición se utilizan dos electrodos, uno de medición y otro de referencia. El electrodo de medición (Figura 11.1) está construido de un vidrio especial que sólo deja pasar iones hidrógeno y bloquea el paso a los otro iones presentes en la solución. El electrodo de referencia (Figura 11.1) es insensible al pH y está hecho de una solución buffer neutra (pH=7), normalmente de cloruro de potasio, y permite el intercambio de iones con la solución a través de una barrera porosa de cerámica. Actualmente, en muchos modelos ambos electrodos viene en una sola unidad.

Al colocar los electrodos en la solución a medir (Figura 11.2), se genera un voltaje; si el pH = 7 el voltaje generado es de cero, el voltaje es positivo para pH < 7 y el voltaje es negativo para bases.

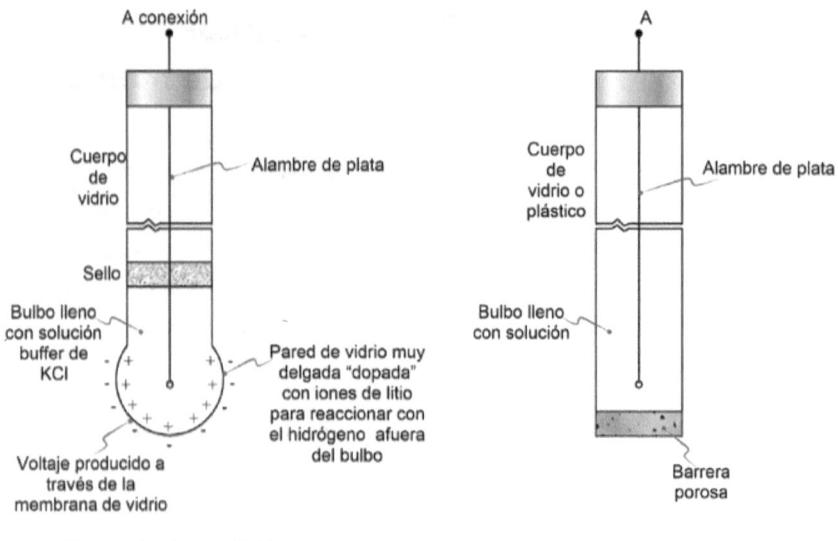

Figura 11.1 Electrodos para la medición de pH.

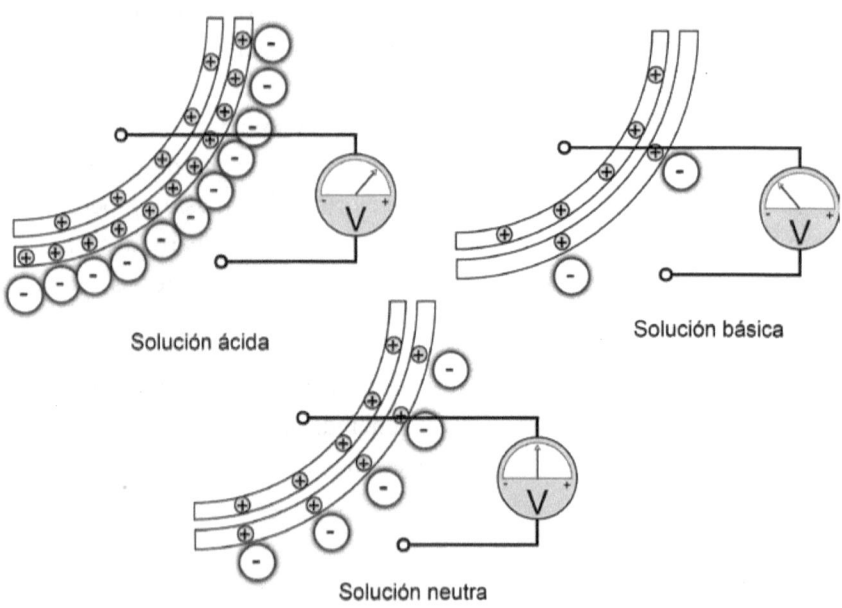

Figura 11.2 Medición de voltaje para la determinación de pH.

11.2 Medidores de humedad en aire.

El contenido de humedad (agua vapor) en aire es una medida importante en muchos procesos como el enfriamiento de agua en torres, purificación de gases, secado; en el control de humedad en equipos de respiración o en esterilizadores, o en el uso de aire acondicionado, etc.

Los medidores de humedad que se verán aquí son el psicrómetro, el higrómetro de cabello y los higrómetros electrónicos (capacitivo y resistivo).

11.2.1 Psicrómetro.

El psicrómetro es el higrómetro más sencillo y consta de dos termómetros uno para medir la temperatura de bulbo seco y el otro para medir la temperatura de bulbo húmedo (Figura 11.3). Con ambos valores se pueden obtener la humedad relativa, la humedad porcentual, la humedad absoluta, etc., con ayuda de una carta psicrométrica.

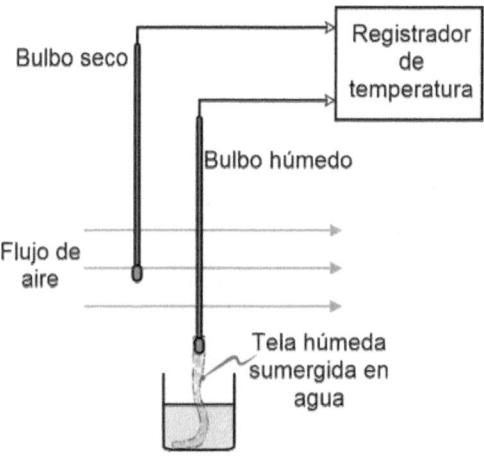

Figura 11.3 El psicrómetro está formado por dos sensores de temperatura.

11.3 Higrómetro basado en el cambio de dimensiones.

Se basan en el cambio de dimensiones de materiales higroscópicos como el cabello, nylon, madera, o papel debido a cambios en la humedad del aire. El cabello humano es uno de los más usados y la cantidad de agua que absorbe depende de la temperatura y de la presión parcial del agua vapor en el aire. Conforme absorbe más agua del aire el cabello se alarga y mueve un apuntador (Figura 11.4).

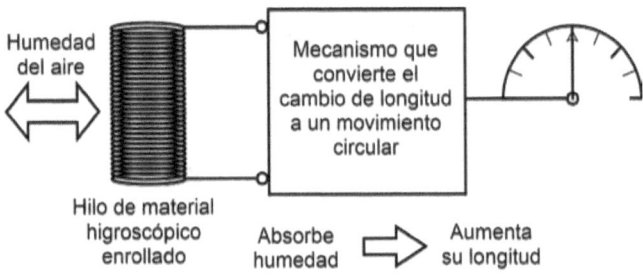

Figura 11.4 Higrómetro de cabello.

11.4 Los higrómetros electrónicos

11.4.1 Higrómetros capacitivos.

Consisten en un material dieléctrico colocado entre dos electrodos para formar un capacitor. En general el material dieléctrico es un plástico o polímero (celulosa o PVA) con una constante dieléctrica entre 2 y 15 Figura 11.5). A temperatura ambiente el vapor de agua tiene una constante dieléctrica de 80, por lo que la absorción de agua por el polímero incrementa la capacitancia del sensor. En condiciones de equilibrio, la cantidad de humedad presente en el polímero depende de la temperatura ambiente y de la presión del agua vapor en el aire. En otras palabras, hay una relación entre humedad relativa, humedad en el sensor y la capacitancia del sensor.

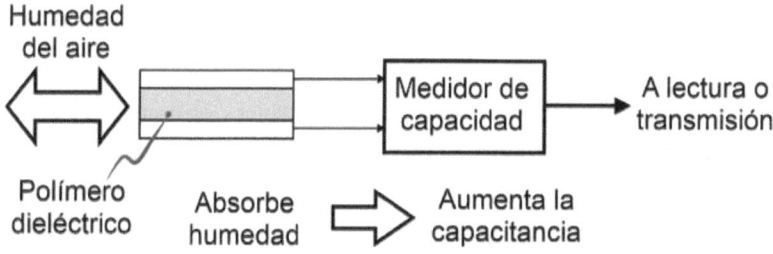

Figura 11.5 Higrómetro capacitivo (TDK, 2017).

11.4.2 Higrómetros resistivos.

En este caso la humedad en el aire cambia la Resistencia del sensor. Se utiliza una película delgada de polímero que actúa como el elemento sensor debido a que tiene iones que pueden moverse a través del agua (Figura 11.6) . Si el polímero absorbe más humedad, es de esperarse que haya más iones disponibles lo que reduce la impedancia del polímero.

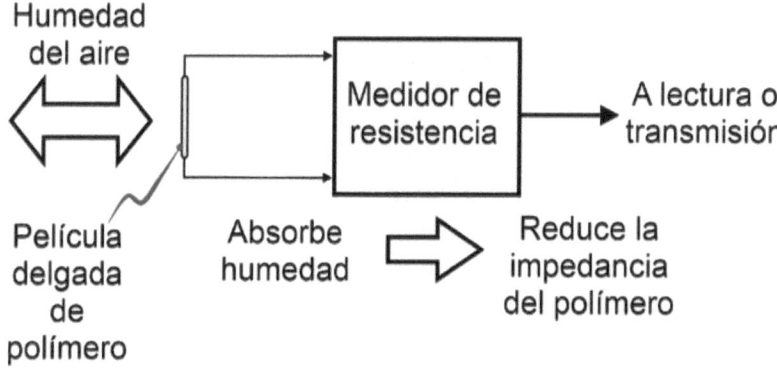

Figura 11.6 Higrómetro resistivo (TDK, 2017).

12 Elementos finales de control.

Como se recordará, el elemento final de control es el componente de un circuito de control que modifica el valor de la variable manipulada, para así, modificar el valor de la variable controlada. Los elementos finales de control más utilizados en la industria de procesos son las válvulas de control. Por esa razón dedicaremos un espacio razonable a estos dispositivos.

12.1 Componentes y características principales de una válvula de control.

En la Figura 12.1 se pueden observar las partes principales que conforman una válvula de control.

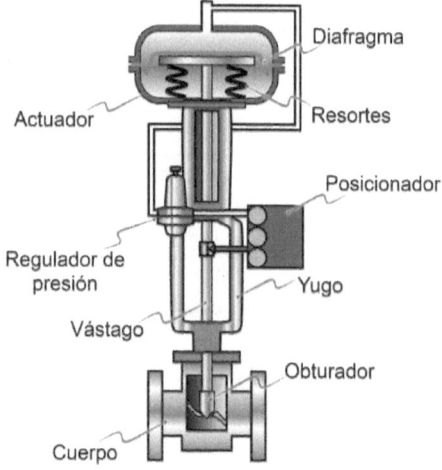

Figura 12.1 Partes principales de una válvula de control.

Una de las partes principales que deben considerarse de una válvula de control es lo que se conoce como *Trim*. No se tratará de traducir, es mejor entender que el trim de una válvula de control es el conjunto de elementos internos que modulan el flujo del fluido controlado. Por ejemplo, en una válvula de globo el trim está constituido por el asiento, el obturador, el vástago y la caja.

La caja es una parte del trim que rodea el obturador (Figura 12.2) y puede proporcionar una caracterización del flujo o una superficie para asiento. También proporciona estabilidad, balance y alineación y facilita el ensamble de otras partes del trim. Las paredes de la caja tienen aperturas las características de flujo de la válvula de control.

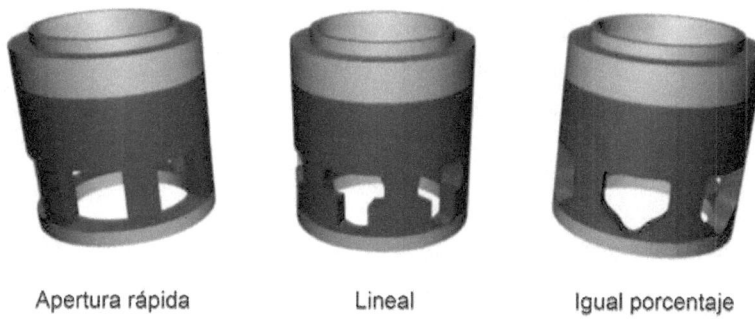

Apertura rápida   Lineal   Igual porcentaje

Figura 12.2 Cajas (cage) caracterizadas para válvulas de globo.

Con respecto a las características importantes a considerar de las válvulas de control se pueden citar las siguientes:

- *Capacidad:* Flujo a través de la válvula bajo determinadas condiciones.
- *Cierra a falla de aire* (FC: Fail Close): Condición donde la válvula cierra cuando falla la energía actuadora (aire o electricidad). También se les conoce como válvulas normalmente cerradas (o AO: Air to open).
- *Abre a falla de aire* (FO: Fail Open): Condición donde la válvula abre cuando falla la energía actuadora (aire o electricidad). También se les conoce como válvulas normalmente abiertas (o AC: Air to close).
- *Seguras a falla*: Característica de la válvula donde si falla la energía actuadora provoca que la válvula cierre totalmente, abra totalmente, o permanezca en la última posición, cualquiera de las posiciones que se haya definido para proteger el proceso. Puede incluir el uso de controles auxiliares conectados al actuador.

- *Características de flujo*: Es la relación entre el flujo a través de la válvula en función de su apertura o % de viaje de su carrera total, cuando esta última se varía de o a 100%.
- *Coeficiente de flujo*: Es una contante (C_v) relacionada con la geometría de una válvula para un recorrido determinado de la carrera y que puede ser usado para establecer la capacidad de flujo. Es el número de galones por minuto de agua a 60 °F que fluyen a través de una válvula con una caída de presión de una libra por pulgada cuadrada.

12.2 Clasificación de las válvulas de control.

La clasificación que normalmente se hace de las válvulas de control tiene que ver con la forma en que se mueve el obturador al abrirse o cerrarse la válvula, y a lo que se conoce como características de flujo de las válvulas de control.

12.2.1 Clasificación de acuerdo al movimiento del obturador.

En la Figura 12.3 se resume la clasificación de la válvulas de control de acuerdo a como se mueve el obturador, así como del diseño del mismo.

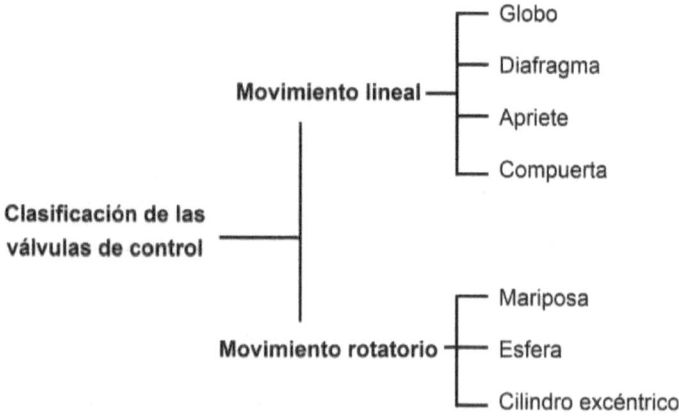

Figura 12.3 Clasificación de las válvulas de control en función del movimiento del obturador.

12.2.2 Clasificación de acuerdo a las características de flujo.

En la Figura 12.4 se muestran lo que se conoce como *características de flujo inherentes* de las válvulas de control. Estas curvas las construye el fabricante midiendo los flujos que se obtienen a diferentes grados de apertura y a una ΔP contante de 1 psi a través de la válvula.

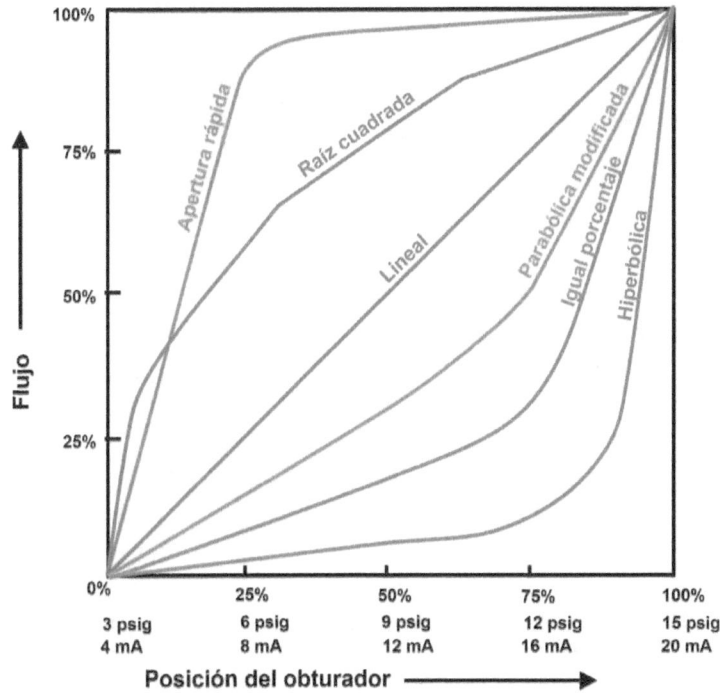

Figura 12.4 Curvas características inherentes de las válvulas de control.

Resulta interesante que el comportamiento de las válvulas puede cambiar mucho cuando se instala en el proceso. En la Figura 12.5 se muestran las características de flujo de varias válvulas cuando se someten a diversos valores de la relación de presiones RP (ΔP de la válvula entre ΔP total de fricción). Se puede ver que una característica de caudal inherente lineal, tiende a comportarse como una de apertura rápida conforme la relación RP disminuye. Por otro lado, las características inherentes igual porcentaje y parabólica modificada tienden a ser lineales.

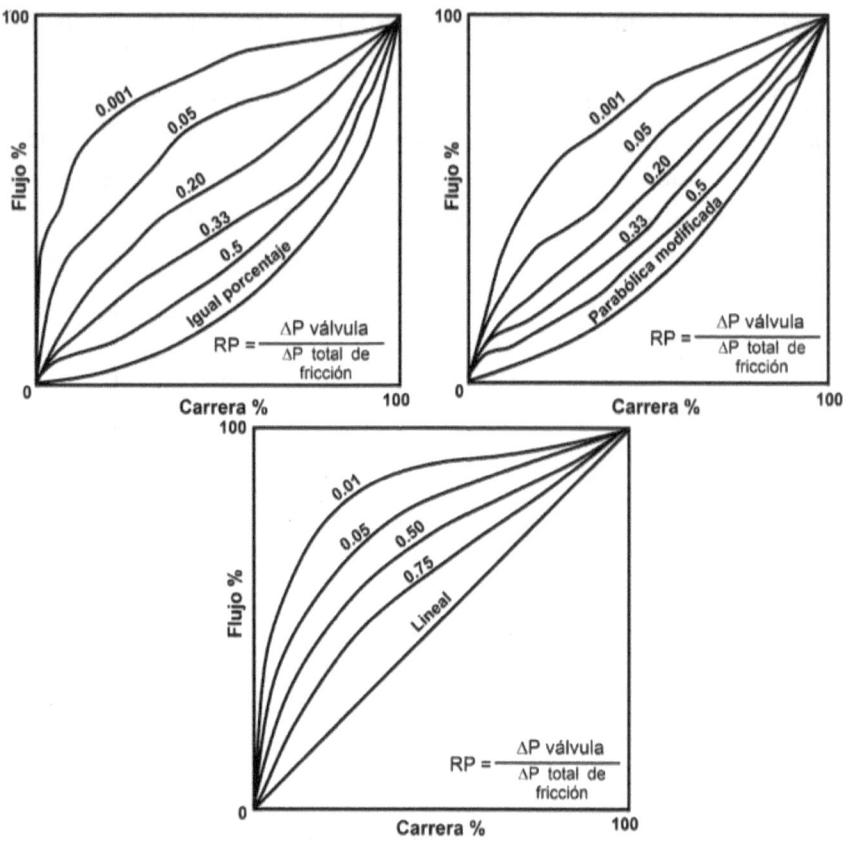

Figura 12.5 Modificación de las características de flujo de las válvulas de control en función de la relación de caídas de presión (RP) (Vignoni, 2005).

Las características de flujo de las válvulas de control dependen de la forma del obturador (en el caso de las válvulas de globo convencionales), por la forma de la ventana de la jaula (válvulas tipo jaula), o de la posición del elemento de cierre en relación con el asiento (válvulas de mariposa o esfera), (Vignoni, 2005).

12.3 Válvulas de bola.

Considerada normalmente como una válvula on-off, ahora se usa extensamente como dispositivo de control de flujo. Algunas de sus ventajas incluye bajo costo y peso, alta capacidad de flujo, cierre hermético y diseños seguros a fuego. Las válvulas de bola y jaula están

184

cercanas a la lineal en términos de porciento de flujo o Cv en función de % de rotación del vástago o bola.

12.3.1 Tipos de válvulas de esfera.

- Convencional (conventional): ¼ de giro.(Figura 12.6)
- Caracterizada (characterized): (Figura 12.6).
- Caja (Cage): Esfera con una "caja". (Figura 12.6).

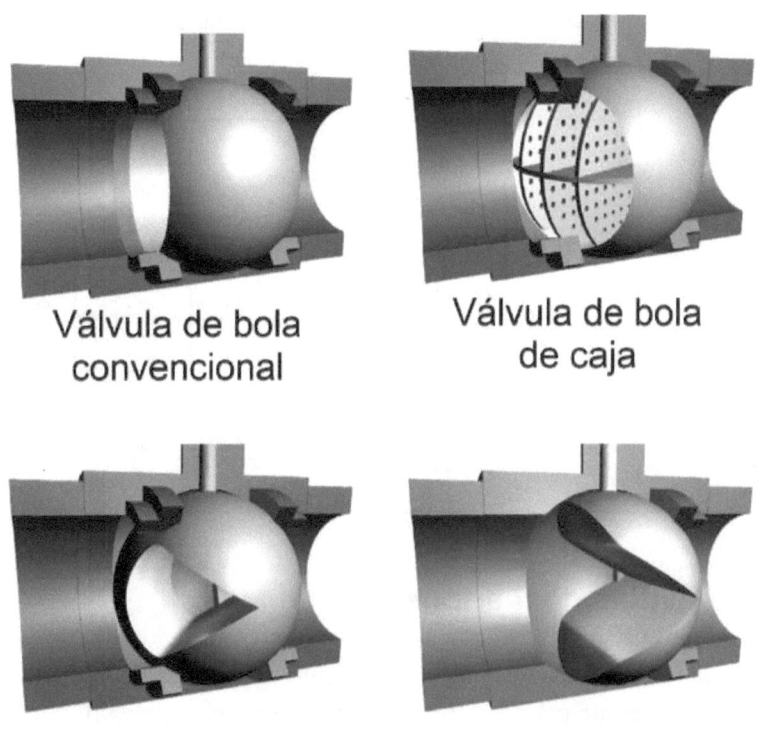

Válvula de bola
convencional

Válvula de bola
de caja

Válvula de bola caracterizada

Figura 12.6 Tipos de válvulas de control con obturador de esfera.

12.3.2 Características principales de la válvula de esfera.

Los tamaños disponibles de válvulas de bola, sus presiones de operación típicas, las temperaturas normales de trabajo, su rangeabilidad habitual y sus características de flujo se muestran en la Tabla 12.1.

Tabla 12.1 Características principales de la válvula de esfera (Altmann, 2006).	
Tamaño	-0.5 – 42 in (12.5 – 1.06 m) en clase ANSI 150 a 12 in (300 mm) en clase ANSI 2500. -Bola segmentada: 1-24 in (50 – 600 mm) en clase ANSI 150, 16 in (400 mm) en Clase ANSI 300.
Presión de diseño	-Presión hasta de 2500 psig (17 MPa).
Temperatura de diseño	-Varía con el diseño y el material pero es típicamente entre -160 a +310 ºC. -Diseños especiales amplían el rango de -180 a >+1000 ºC.
Rangeabilidad	-Se reporta generalmente de cerca de 50:1.
Características de flujo. Figura 12.7	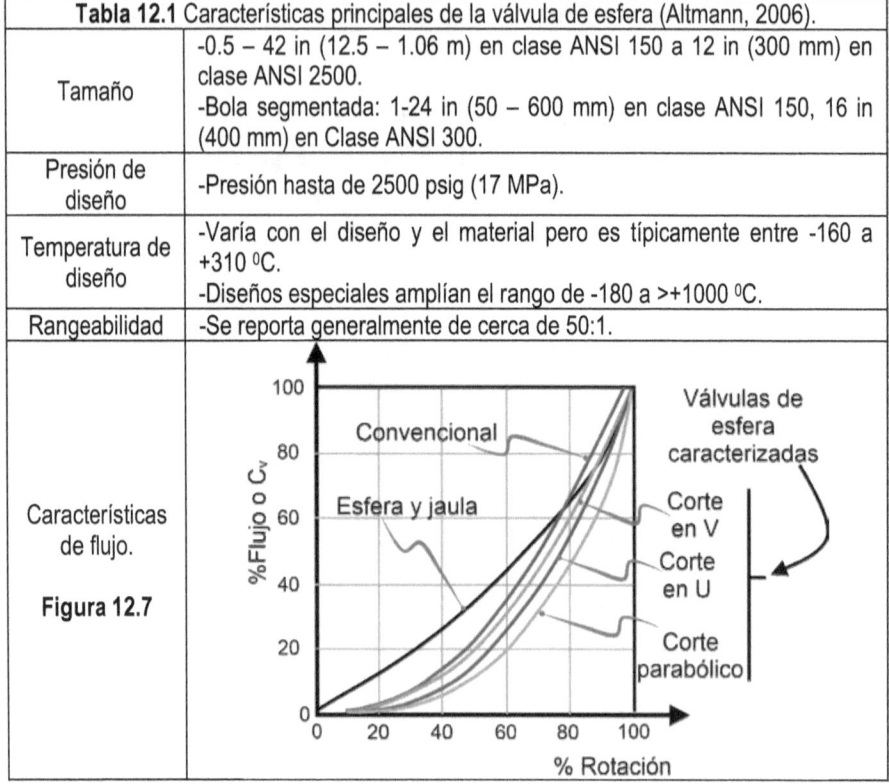

12.4 Válvulas de mariposa.

Es uno de los tipos usados más viejos. Como esta válvula es rotatoria de la posición totalmente cerrada a totalmente abierta debe girar 90^0. Debido al hecho de que el disco puede actuar como una superficie sustentadora o aero dinámica en la corriente principal del flujo que está controlando, debe tenerse cuidado de asegurar que cualquier incremento resultante en el torque puede ser absorbido por el actuador de control que se esté usando. (Figura 12.8).

12.4.1 Tipos de válvulas de mariposa.

- Propósito general: Flecha y mariposa alineadas.

186

- Válvula de mariposa de alta rendimiento (HPBV: High-Performance Butterfly Valve): Mariposa excéntrica (offset). Este diseño combina cierre hermético, torque de operación bajo, y buenas capacidades de estrangulación.

Válvula de mariposa para propósito general

Válvula de mariposa de alto rendimiento

Figura 12.8 Tipos de válvulas de mariposa.

12.4.2 Características principales de la válvula de mariposa.

En la Tabla 12.2 se muestran los tamaños disponibles de válvulas de mariposa, sus presiones de operación típicas, las temperaturas normales de trabajo, su rangeabilidad habitual y sus características de flujo.

12.5 Válvula de globo.

Llego a ser el tipo de válvula de control por estrangulamiento más utilizada, Figura 12.10. Sus principales ventajas son la simplicidad del actuador resorte/diafragma, amplio rango de características, cavitación y ruido bajos, amplio rango de diseños para aplicaciones corrosivas, abrasivas y de temperaturas y presiones altas; una relación lineal entre la señal de control y el movimiento del obturador, y con relativamente pequeños valores de banda muerta e histéresis.

Tabla 12.2 Características principales de la válvula de mariposa (Altmann, 2006).

Tamaño	-Típicamente hasta 48 in (51 mm – 1.2 m) -Se han fabricado unidades de 0.75 a 200 in (19 mm a 5 m).
Presión de diseño	
Temperatura de diseño	-Típicamente: -260 a 540 0C.
Rangeabilidad	-Se reporta generalmente de cerca de 50:1. Figura 12.9.
Características de flujo. **Figura 12.9**	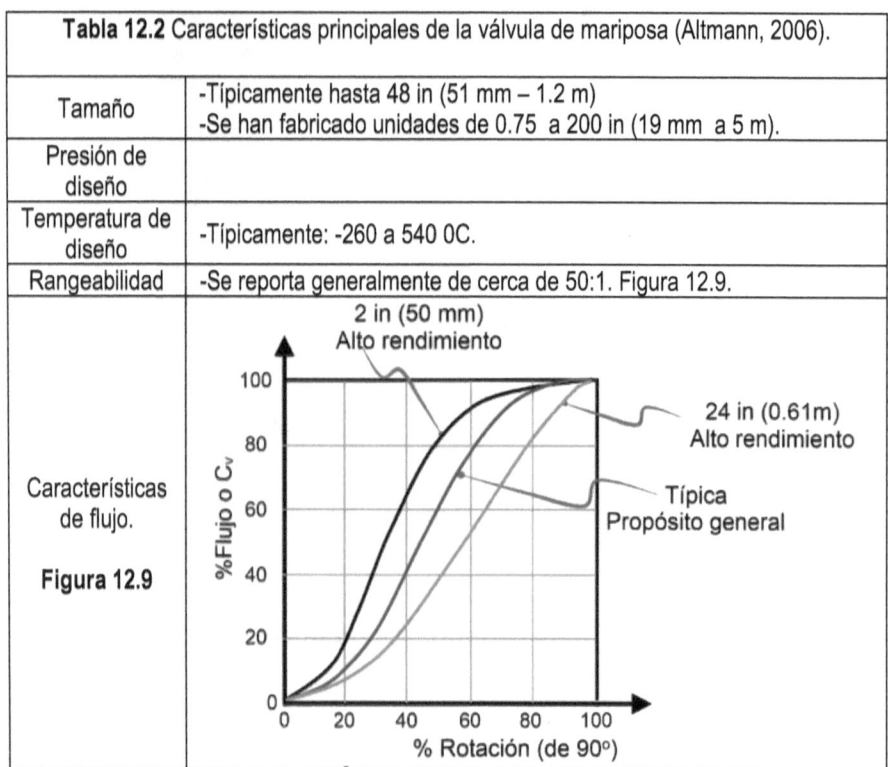

12.5.1 Tipos de válvulas de globo:

- De asiento sencillo.
- De asiento doble.
- De puerto sencillo o doble.
- De ángulo.
- De tres vías.
- Tipo "Y".

188

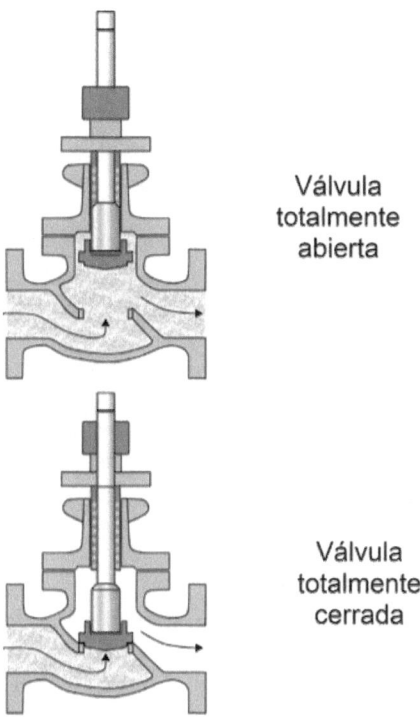

Válvula
totalmente
abierta

Válvula
totalmente
cerrada

Figura 12.10 Válvula de globo.

12.5.2 Características principales de las válvulas de globo.

Los tamaños disponibles de válvulas de globo, sus presiones de operación típicas, las temperaturas normales de trabajo, su rangeabilidad habitual y sus características de flujo se muestran en la Tabla 12.3.

12.6 Válvulas de apriete. (Pinch valve).

También conocidas como de abrazadera (clamp) depen del del tubo flexible y la forma en que se usa la compresión del mismo. Se fabrican de diversos materiales como teflón, PVC, neopreno y poliuretano.

Tabla 12.3 Características principales de la válvula de globo (Altmann, 2006).	
Tamaño	-Generalmente ½ - 14 in (20 a 356 mm). -Tamaño máximo para el tipo C es de 6 in (152 mm). -Tamaño máximo para el tipo E es de 12 in (305 mm). -Tamaño máximo para el tipo D es de 16 in (406 mm). -Tipo F (de ángulo) se ha construido den tamaños de hasta 42 in (1.05 m).
Presión de diseño	-Típicamente todas las presiones de trabajo están disponibles hasta clase ANSI 1500, con los tipos B y D disponibles con clase ANSI 2500 t tipos C y E están limitadas a la clase ANSI 600.
Temperatura de diseño	-Generalmente de -200 a +540 °C. -Tipo limitado a una temperatura máxima de +400 °C. -Tipo C puede operar debajo de -260 °C.
Rangeabilidad	-Si esta se define como la región dentro de la cual la ganancia de la válvula permanece dentro del 25% del teórico, raramente excede 20:1 (Figura 12.11). -Fabricantes que usan otras definiciones ofrecen 35:1.
Características de flujo Figura 12.11	

Este tipo de tiene la gran ventaja de alta resistencia a la abrasión y corrosión, construcción sin empaquetadura, razonable rangeabilidad para el control de flujo, flujo suave, costos de reemplazo bajos y mayor duración en condiciones de abrasión y corrosión comparadas con las metálicas.

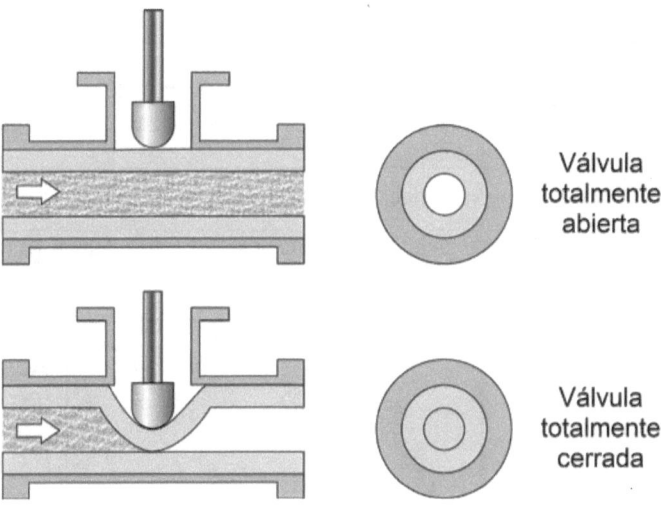

Figura 12.12 Válvula de apriete.

12.6.1 Características principales de las válvulas de apriete.

En la Tabla 12.4 se muestran los tamaños disponibles de válvulas de apriete, sus presiones de operación típicas, las temperaturas normales de trabajo, su rangeabilidad habitual y sus características de flujo.

12.7 Válvulas tipo macho.

Son probablemente las válvulas más viejas que se han utilizado. Debido a su ligera conicidad y sistema de lubricación están virtualmente libres de fugas para gases y líquidos. (Figura 12.14). Permiten las acciones de cerrado t apertura rápida con empaquetaduras herméticas libres de fuga bajo las condiciones de presión de trabajo de vacío hasta 10 000 psig (70 MPa). Se pueden usar para líquidos, agaases y suspensiones no abrasivas, algunos diseños especiales se pueden usar para líquidos pegajosos. Operan con un actuador que tiene un movimiento angular de 90^{0}.

Tabla 12.4 Características principales de la válvula de apriete (Altmann, 2006).	
Tamaño	-De 1 a 24 in (25 – 610 mm). -Unidades especiales de 0.1 a 72 in (2.5 mm – 1.8 m).
Presión de diseño	-Generalmente hasta clase ANSI 150 con unidades especiales de hasta clase 300.
Temperatura de diseño	-Varía con el material y el diseño, típicamente van de -30 a +200 °C.
Rangeabilidad	-Se dice que generalmente esta entre 5:1 a 10:1. Figura 12.13.
Características de flujo **Figura 12.13**	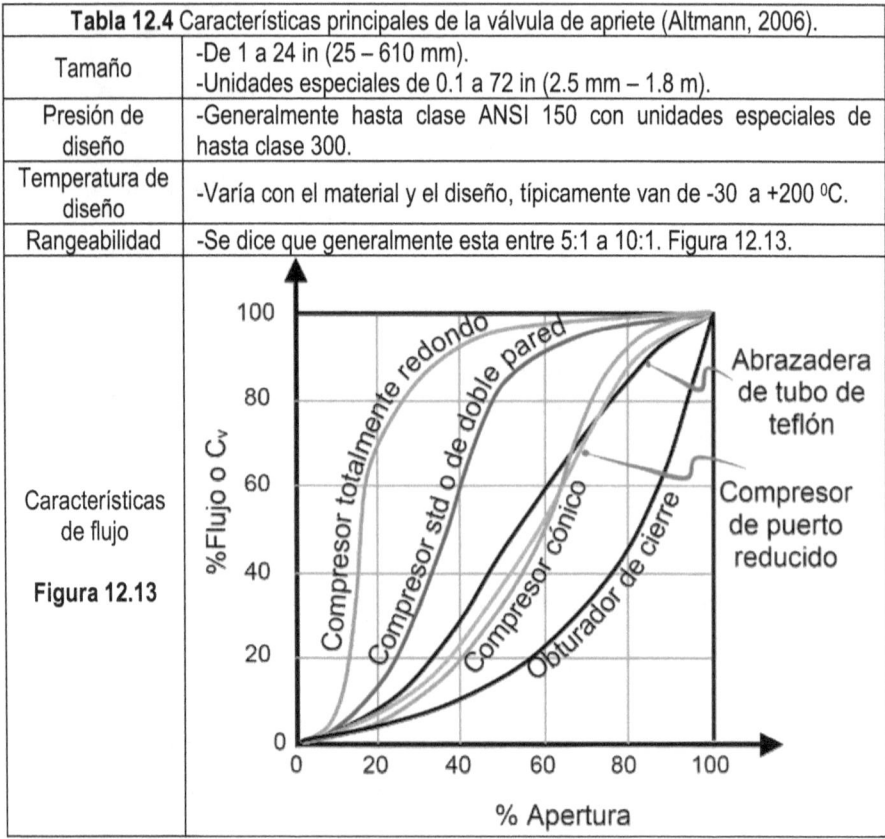

12.7.1 Tipos de válvulas macho.

- Puerto V (V-ported): este tipo se usa para control on-off o control estrangulado, utilizando una plug en forma de V y un cuerpo con muesca en forma de V . Este es ideal para materiales viscosos o fibrosos.
- De tres, cuatro o cinco vías o diseños multipuertos.
- Sellado a fuego (Fire-sealed).

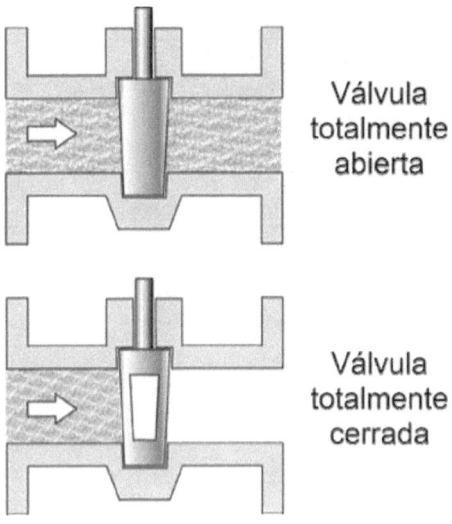

Válvula totalmente abierta

Válvula totalmente cerrada

Figura 12.14 Válvula tipo macho.

12.7.2 Características Principales de las válvulas tipo macho.

Los tamaños disponibles de válvulas tipo macho, sus presiones de operación típicas, las temperaturas normales de trabajo, su rangeabilidad habitual y sus características de flujo se muestran en la Tabla 12.5.

12.8 Válvula de diafragma (Saunders).

Esta válvula puede considerarse como la mitad de una válvula de apriete (pinch), ya que se usa un diafragma que se mueve relativo a una saliente o vertedero; debido a esto sus características de flujo son similares, Figura 12.16. Se dispone de un tipo de diámetro completo que tiene, cuando está totalmente abierta, un área de flujo completa que es importante en la limpieza con cepillo de bolas que se requieren en aplicaciones de la industria alimentaria. Debe notarse que puede haber daño mecánico de estas válvulas cuando se abren contra un proceso al vacío.

Tabla 12.5 Características principales de la válvula tipo macho (Altmann, 2006).	
Tamaño	-De ½ - 36 in (12.5 – 960 mm).
Presión de diseño	-Típicamente de clase ANSI 125 hasta clase ANSI 300y hasta 720 psig (5MPa), con unidades especiales disponibles para clase ANSI 2500.
Temperatura de diseño	-Típicamente -70 a +200 °C. -Disponibles unidades especiales para -160 a +315 °C.
Rangeabilidad	-Se reportan entre 20:1. Figura 12.15.
Características de flujo **Figura 12.15**	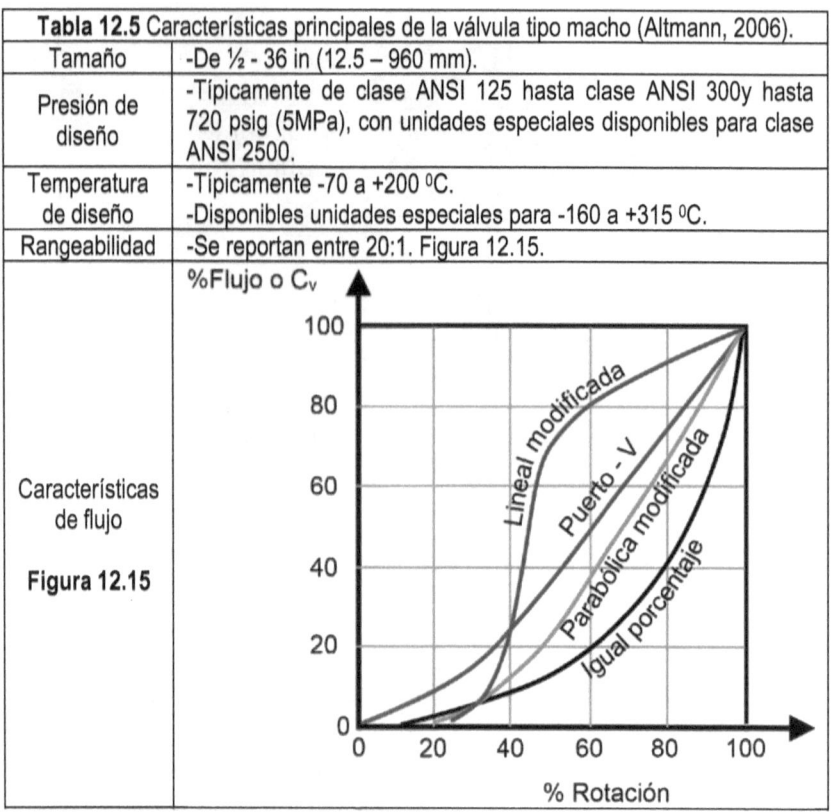

12.8.1 Tipos de válvulas de diafragma.

- Tipo presa o vertedero (Weir).
- Paso total (Full bore).
- De paso recto o directo (Straight-through).
- De rango doble (Dual range).

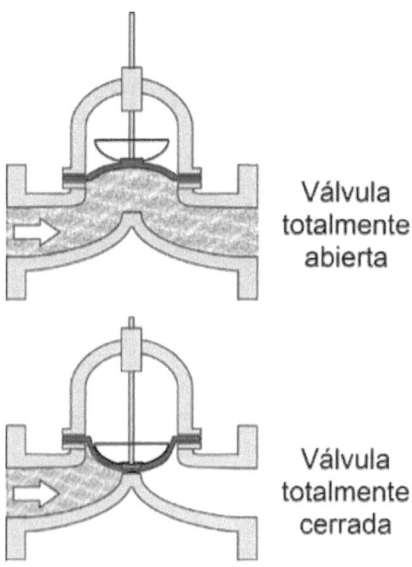

Válvula totalmente abierta

Válvula totalmente cerrada

Figura 12.16 Válvula de diafragma

12.8.2 Características principales de las válvulas de diafragma:

Los tamaños disponibles de válvulas de diafragma, sus presiones de operación típica, las temperaturas normales de trabajo, su rangeabilidad habitual y sus características de flujo se muestran en la Tabla 12.6.

12.9 Otras válvulas.

Existen otros tipos de válvulas de control de las que no se entrará en detalles, pero son alternativas que pueden considerarse en algunos casos.

12.9.1 Válvula de compuerta deslizante.

Son válvulas donde la compuerta tiene una placa con perforaciones de cierta geometría y una compuerta con perforaciones iguales que al deslizarse sobre la placa fija aumentan o disminuyen el área de flujo, Figura 12.18.

Tabla 12.6 Características principales de la válvula tipo diafragma (Altmann, 2006).	
Tamaño	-De ½ - 12 in (12.5 -300 mm). -Unidades especiales hasta 20 in (500 mm).
Presión de diseño	-Tamaños menores o igales a 4 iin (100 mm) 150 psig (10.3 bar). -6 in 8150 mm) 125 psig (8.6 bar). -8 in (200 mm) 100 psig (6.9 bar). -10-12 in (250 – 300 mm) 65 psig (4.5bar).
Temperatura de diseño	-Con diafragmas de la mayoría de los elastómeros: -12 a +65 ºC. -Con diafragmas de PTFE: -34 a +175 0C.
Rangeabilidad	-Generalmente reportada como 10:1. Figura 12.17
Características de flujo **Figura 12.17**	%Flujo o C_v Apertura rápida Saunders std. Saunders de rango doble % Elevación

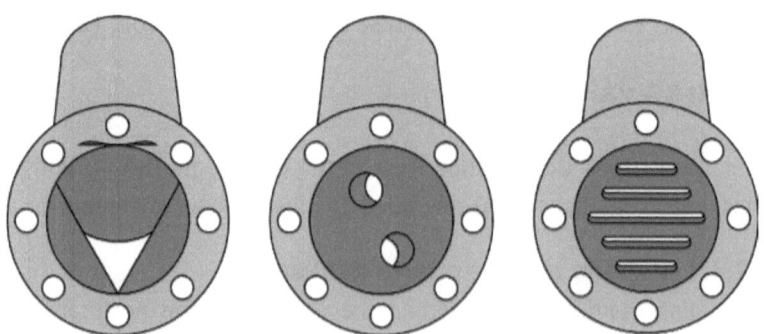

Figura 12.18 Algunos tipos de válvulas de compuerta deslizante.

12.9.2 Válvulas digitales.

Hay dos tipos de válvulas digitales (Figura 12.19 y 12.20). Uno de esos tipos está compuesto de un grupo de válvulas "elemento" o puertos, ensamblados en un cuerpo común (Figura 12.19). Cada elemento tiene una relación binaria con el anterior, por tanto, empezando con el puerto más pequeño, el segundo tiene el doble de tamaño, el tercero el doble del tamaño del segundo, y así sucesivamente. La principal ventaja de este tipo de válvulas es que es su velocidad alta, precisión alta y prácticamente rangeabilidad ilimitada (Altmann,), pero son muy costosas. Fotos de estas válvulas se pueden ver en el Sitio Web de Instrutech.com.

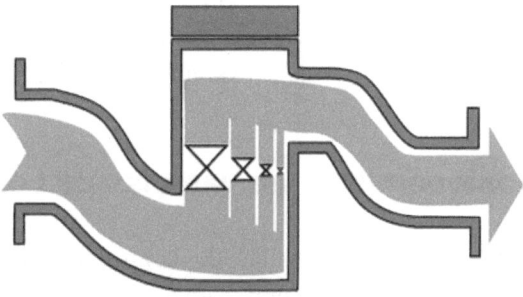

Figura 12.19 Esquema de una válvula digital con múltiples elementos internos (Altmann, 2006).

El otro tipo de válvula digital es el mostrado en la Figura 11.20. Este consta de dos válvulas solenoides, una a la entrada, normalmente abierta, y una a la descarga, normalmente cerrada. El tipo de flujo que se produce se muestra en la Gráfica de la misma Figura 3.16.

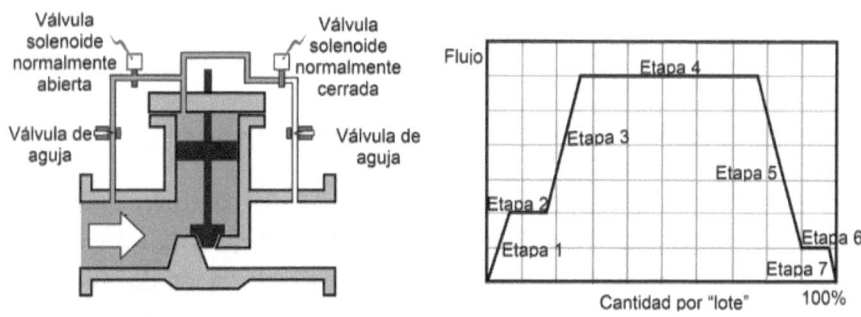

Figura 12.20 Esquema de una válvula digital con válvulas solenoides (Instrumentationtools, 2017).

12.9.3 Válvulas especiales.

Aquí se mencionarán algunas de las válvulas de control que, según Altmann (2006), no son tan comunes pero que su uso ha ido en aumento. Son válvulas que no operan con el movimiento lineal o giratorio de un obturador, pero usan métodos tales como Fluidics (tecnología donde se usa un fluido en movimiento en varios dispositivos, especialmente controles, para realizar funciones que usualmente realiza una corriente eléctrica en dispositivos electrónicos) o la presión estática del fluido de proceso en la estrangulación en la válvula. Estas pueden ser las válvulas con tapón balanceado dinámicamente (dynamically balanced plug valves), válvulas en línea con un cilindro operado por diafragma (diaphragm-operated cylinder in-line valve), válvula en línea de elemento expandible (expandable element in-line valve) y válvulas con interacción de fluido (fluis interaction valve).

12.10 Dimensionamiento de válvulas de control.

El dimensionamiento de las válvulas de control es un procedimiento importante tanto técnica como económicamente. Si se escoge una válvula pequeña no se tendrán los flujos requeridos, y si se escoge una más grande será más cara y producirá inestabilidades que pueden hacer más difícil el control del proceso.

De transferencia de momento tenemos la expresión siguiente:

Flujo (gpm)   Diferencia de presiones (psi)

$$Q = C_v \sqrt{\frac{\Delta P}{G}} \qquad (12.1)$$

Coeficiente de flujo   Gravedad específica

Para calcular el diámetro correcto de una válvula de control se deben conocer las condiciones de proceso donde trabajará la válvula. Las metodologías comúnmente utilizadas son una combinación de la teoría de transferencia de momento y experimentación con flujo de fluidos. Estas metodologías normalmente incluyen la determinación de varios factores, pero el factor principal que se considera es el *Coeficiente de Flujo*, definido por la ecuación 12.2, derivada de la ecuación 12.1.

$$C_v = Q\sqrt{\frac{G}{\Delta P}}$$ (12.2)

Como se mencionó al principio de este capítulo, el coeficiente de flujo es el número de galones por minuto de agua a 60 °F que fluyen a través de una válvula con una caída de presión de una libra por pulgada cuadrada. Por eso C_v proporciona un índice de comparación de las capacidades de flujo de varios tipos de válvulas. El C_v depende del tamaño pero también del tipo de válvula y el fabricante lo determina y lo muestra en forma de tablas. Estas tablas de C_v del fabricante normalmente se hacen con agua, por lo que, si en el proceso utiliza fluidos viscosos, debe tomarlo en consideración.

Las metodologías para el cálculo del diámetro de las válvulas de control, varían según el fluido de trabajo, es decir si la válvula trabajará con líquidos, gases o gases condensables, pero también dependen del fabricante. Sin embargo, todas las metodologías incluyen C_v y otros factores como F_L o coeficiente de recuperación de presión del líquido, r_c o relación critica de presiones, F_k o relación de calores específicos, etc.

Este tema escapa a los alcances de esta obra pero se presenta un bosquejo del significado de los otros factores mencionados en la sección siguiente.

12.11 Cavitación y evaporación (flashing) en válvulas de control.

Un problema de operación que puede presentarse en las válvulas de control es el de la cavitación. Una válvula de control presenta una restricción al flujo con un comportamiento parecido al de la placa de orificio, Figura 12.21, teniéndose un punto de presión mínima en una zona también conocida como *vena contracta*. Si esta presión en la vena contracta, P_{VC}, cae por debajo de la presión de vapor del líquido (P_V) a la temperatura de trabajo, se formarán burbujas de vapor del líquido transportado, generándose el fenómeno de cavitación al pasar esas burbujas a la zona posterior de alta presión.

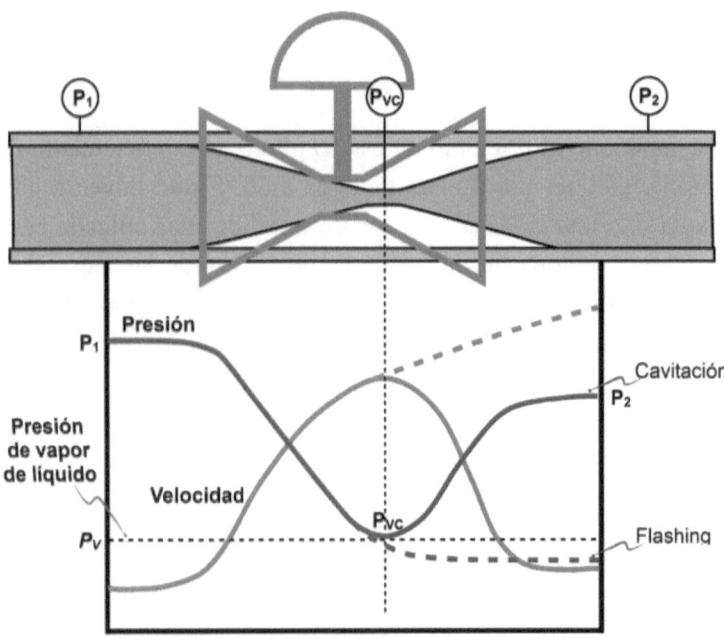

Figura 12.21 Perfil de presiones y de velocidades a través de una válvula de control.

Al igual que con las bombas, la cavitación provoca daños físicos a la válvula de control, además de vibración y ruido, por lo que debe evitarse. Debe tenerse cuidado en la relación cavitación – ruido, ya que no siempre son proporcionales, es decir, puede haber cavitación dañina sin ruido, y es posible que los niveles de ruido y vibración de una válvula de control no siempre coincidan con el nivel del daño causado por la cavitación. La vibración ocasionada por la cavitación puede afectar al posicionador, las uniones y la tubería adyacente.

Las recomendaciones más usuales para evitar o reducir la cavitación son:

- Diseño anticavitación de la válvula de control. Los fabricantes de válvulas de control tienen diseños de válvulas de control específicas para evitar y resistir la cavitación, empleando técnicas como segmentación de la presión, control de la formación de chorros y manipulación de la corriente de flujo (Fisher, 2011).

- Materiales de construcción de la válvula de control. Por regla general, a medida que aumenta el contenido de cromo y molibdeno, aumenta también la resistencia a los daños causados por la cavitación. Por tanto, los aceros consistentes de una aleación de cromomolibdeno poseen más resistencia que los aceros al carbono, y los aceros inoxidables poseen una resistencia aún mayor que los aceros de aleación de cromo-molibdeno. Los materiales usados habitualmente para aplicaciones que incluyen cavitación son R30006/CoCr-A, aleaciones de níquel-cromo-boro (sólidas y de revestimiento), acero inoxidable S44004 endurecido, acero inoxidable S17400 endurecido y acero inoxidable S41000/ S41600 endurecido.
- Coeficiente de cavitación de la válvula de control. Los fabricantes usan un coeficiente de cavitación para determinar la probabilidad que se presente cavitación dañina en una válvula de control. Este depende de: Válvula/tipo de internos, condiciones de servicio, propiedades del fluido, magnitud de la caída de presión, materiales de construcción, duración de la exposición, cantidad de caudal.
- Diseño del proceso. En la fase de diseño se pueden tomar las medidas necesarias para prevenir la cavitación de las válvulas de control. En la Figura 12.22 se muestra un ejemplo simple. Con sólo ubicar la válvula de control una distancia antes, pueden tenerse las condiciones de presión apropiadas y evitar la cavitación.

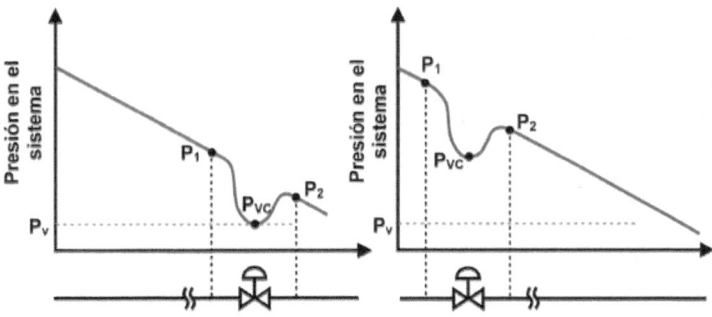

Figura 12.22 Colocar la válvula antes en el sistema puede evitar la cavitación (Fisher, 2011).

Otro fenómeno que puede presentarse es el conocido como *Flashing*, que es evaporación del líquido debido a que la presión de trabajo está por debajo de la presión de vapor de líquido a la temperatura de operación, Figura 12.21. La diferencia con la cavitación consiste en que en el flashing la presión de operación no se recobra lo suficiente y permanece debajo de la presión de vapor del líquido y por eso las burbujas de vapor permanecen en la corriente sin colapsar. Normalmente sólo parte del líquido se evapora por lo que el flujo después de la válvula es en dos fases, vapor y líquido. Flashing no es tan severo como la cavitación. Como ya se comentó, hay formas de retardar o prevenir la cavitación, pero no es así para el flashing. Si la presión después de la válvula está por debajo de la presión de vapor del líquido, se presentará flashing independientemente del tipo de trim que tenga la válvula. El flashing puede producir erosión severa sobre todo después de la válvula donde existe flujo bifásico con turbulencia alta. La evaporación puede provocar que el control de un trim balanceado control sea inestable. Caídas de presión altas en servicio con flashing, operan mejor con cajas especiales con muchos orificios pequeños que reducen la vibración del trim. (Warren, VSSTR-9/05).

12.12 Flujo de choque (chocked flow).

Además del daño físico que producen la cavitación y el flashing está el ruido que producen. Por eso es importante dimensionar cuidadosamente una válvula. En ambos casos, las burbujas se forman cuando la presión de operación cae por debajo de la presión de vapor del líquido. Estas burbujas provocan una aglomeración de "globos" de vapor en la vena contracta que provoca una reducción de la cantidad de fluido que puede pasar a través de la válvula. Eventualmente, el flujo es saturado o de choque (choked) y no puede incrementarse más.

Teóricamente, a mayor caída de presión se produciría mayor flujo, pero si se presenta cavitación o flashing esto no ocurre. Si se considera que la presión antes de la válvula es constante y se va disminuyendo la presión después de la válvula, se va incrementando el flujo hasta un valor límite (Figura 12.23).

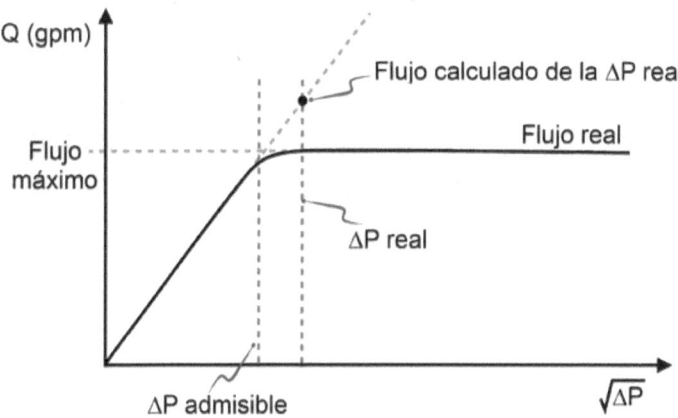

Figura 12.23 Flujo real a través de una válvula de control cuando la ΔP se incrementa.

En la Figura 12.23 se observa que conforme se incrementa al ΔP el flujo se incrementa hasta un punto donde se desvía de los que predice la ecuación 12.1, que es el punto donde se forman las burbujas de vapor durante la evaporación o la cavitación. Si se incrementa un poco más la ΔP no habrá un incremento de flujo. Esta ΔP limitante se conoce como ΔP admisible o ΔP_a. La misma Figura 12.23 es una representación gráfica de la ecuación 11.1 ($Q\alpha\sqrt{\Delta P}$) donde la pendiente es el C_v. Si se usa el ΔP real en el cálculo en la ecuación 12.2, donde $\Delta P > \Delta P_a$, la ecuación predice un flujo mucho más grande al real. Esta gráfica muestra claramente porque se debe usar la ΔP de menor magnitud de las dos ΔP que pueden usarse en la ecuación 12.2 para obtener resultados apropiados.

Por otro lado, a un flujo determinado la ΔP a través de la válvula es una medida de las características de recuperación de la válvula. En la Figura 12.24 se observan los perfiles de presión para válvulas de alta y baja recuperación. En el flujo de choque la $\Delta P = \Delta P_a$. Una medida del flujo que pasa a través de la válvula se puede realizar usando la ΔP entre la entrada y la vena contracta ($P_1 - P_{vc}$). La relación entre estas dos ΔP, cuando la válvula está en flujo de choque, es lo que se conoce como coeficiente o factor de recuperación de la válvula, ecuación 12.3.

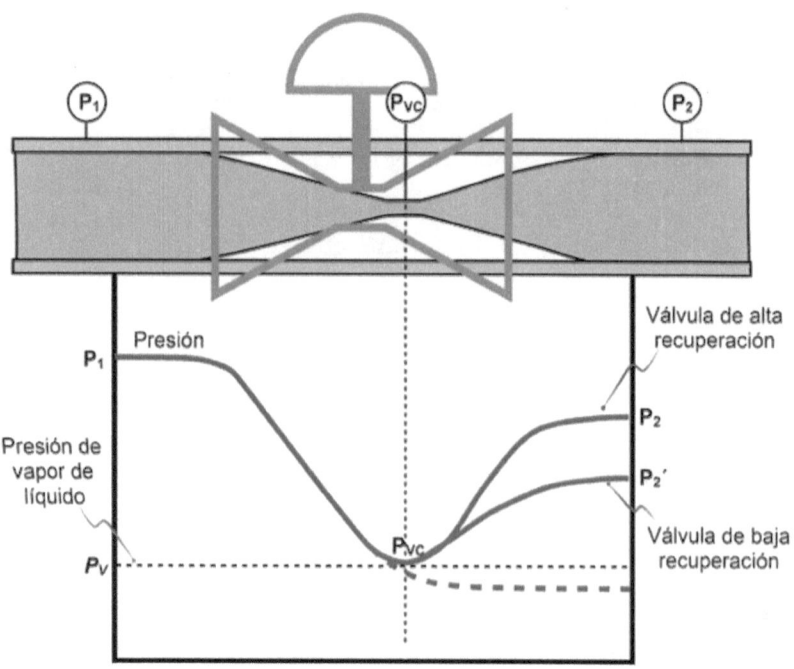

Figura 12.24 Perfiles de presión para una válvula de recuperación alta y una válvula de recuperación baja.

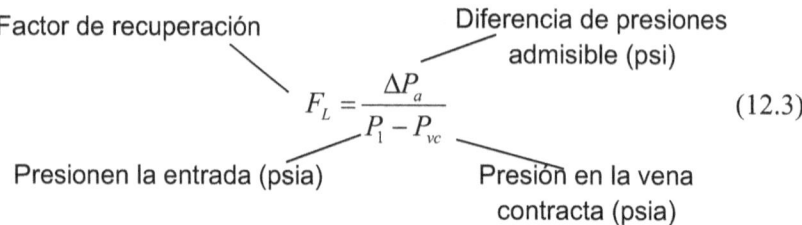

$$F_L = \frac{\Delta P_a}{P_1 - P_{vc}} \qquad (12.3)$$

Factor de recuperación

Diferencia de presiones admisible (psi)

Presionen la entrada (psia)

Presión en la vena contracta (psia)

Con presión constante a la entrada, la ΔP_a es la caída de presión máxima a través de la válvula que efectivamente incrementa el flujo. De esta definición, se puede ver que F_L relaciona las características de recuperación de la válvula con el flujo que pasa a través de ella. De la Figura 12.24 se observa que cuando las dos válvulas alcanzan el mismo flujo de choque, $P_1 - P_{vc}$ en ambas tiene el mismo valor, pero la ΔP_a son diferentes, digamos $P_1 - P_2$ para la válvula de alta recuperación, y $P_1 - P_2'$ para la válvula de baja recuperación, es decir, $(P_1 - P_2) < (P_1 - P_2')$ o ΔP_a (alta) $< \Delta P_a$ (baja). En efecto, válvulas con recuperación grande tienen

F_L pequeños, y válvulas de baja recuperación tienen F_L altos (Figura 12.24 y Ecuación 12.1).

La ecuación 12.1 se puede reacomodar así,

Presión a la entrada (psia)

$$\Delta P_a = F_L (P_1 - P_{vc}) \qquad\qquad (12.4)$$

Presión en la vena
contracta (psia)

Si se conoce la *Pvc*, se puede calcular la caída de presión limitante para el flujo de choque de un término conocido como *relación crítica de presiones*;

$$r_c = \frac{P_{vc}}{P_v} \qquad\qquad (12.5)$$

Expresión que puede incluirse en la ecuación 1.2 para obtener;

$$\Delta P_a = F_L (P_1 - r_c P_v) \qquad\qquad (12.6)$$

Así, para cualquier tipo de fluido se puede determinar r_c de curvas de los fabricantes como las que se muestran en la Figura 12.25.

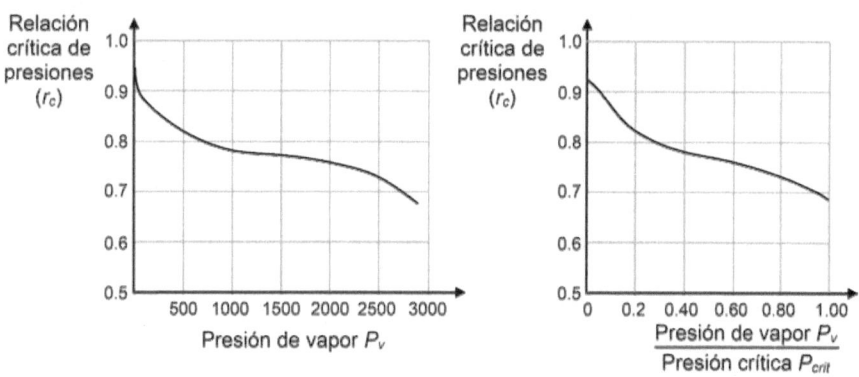

Figura 12.25 Relación gráfica de r_c con la presión de vapor.

Usando la ecuación 12.6 se puede calcular la ΔP limitante para flujo de choque. La presión de entrada y la presión de vapor son parte de las condiciones de proceso. La ecuación 12.6 predice la ΔP limitante para evaporación o cavitación e indica que la ΔP_a depende del diseño de la válvula (F_L), las propiedades del líquido (r_c y P_v) y de la presión antes de la válvula (P_1). Por eso se puede incrementar la ΔP_a aumentando la P_1.

12.13 Procedimiento básico de selección de válvulas de control.

1. Determine las condiciones de servicio. P_1, ΔP, Q, T_1, propiedades del fluido, ruido permitido, etc. Seleccione la clase ANSI apropiada y requerida para el cuerpo de la válvula y el trim.
2. Cálculo preliminar de Cv requerido. Verificar niveles de ruido y cavitación.
3. Selección de tipo de trim. Si no hay indicación de ruido o cavitación, elija el trim estándar. Si el ruido aerodinámico es alto elija trim silencioso. Si el ruido del líquido es alto o hay algo de cavitación elija el trim Cavitrol® III (Emerson).
4. Seleccione cuerpo de la válvula y tamaño del trim. Seleccione el cuerpo de la válvula y el tamaño del trim con el Cv requerido. Tenga en cuenta las opciones de carrera, el conjunto del trim y cerrado.
5. Selecciones los materiales del trim. Elija los materiales del trim de acuerdo a sus aplicaciones; asegúrese de que el trim seleccionado está disponible en el grupo de trim para el tamaño de válvula seleccionado.
6. Opciones. Considere las opciones para apagado, empaque del vástago, etc.

12.14 Selección de las características de Flujo.

La selección de una válvula de acuerdo a sus características de flujo es un procedimiento que no es sencillo. Lo que debe hacerse es un análisis dinámico completo del sistema para tener un control estable. En este análisis se debe verificar la caída de presión real ocasionada por la válvula y las curvas de la bomba. En la Tablas 12.7 y 12.8 se muestran, en forma resumida, algunas reglas prácticas que pueden orientar en la selección de la adecuada característica de caudal. Tales reglas deben usarse con precaución puesto que sólo son una guía. La experiencia y muchos análisis realizados sugieren que en caso de duda elegir la característica igual porcentaje o parabólica modificada.

Tabla 12.7 Selección de curvas características de válvulas de control (Creus, 2011)		
Presión	Líquidos y gases en general	Igual porcentaje
	Gas con retardo considerable entre la toma de presión y la válvula de control y con alta pérdida de carga de la válvula de control.	Lineal.
Flujo	Margen de caudal amplio	Lineal.
	Margen de caudal estrecho y alta pérdida de carga de la válvula de control.	Igual porcentaje
Nivel	Pérdida de carga constante.	Lineal
	Aumento de la pérdida de carga de la válvula con la carga del sistema sobrepasando el doble de la pérdida de carga mínima de la válvula	Apertura rápida
Temperatura	En general	Igual porcentaje

12.15 Actuadores.

Los actuadores de las válvulas de control se clasifican de acuerdo a como se observa en la Figura 12.26. Los más utilizados son los actuadores neumáticos de diafragma, por lo que se enfocará en ellos.

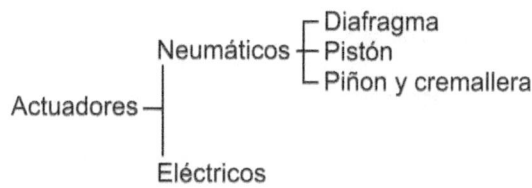

Figura 12.26 Clasificación de actuadores de válvulas de control.

Variable de proceso a controlar	Condiciones del proceso		Característica de flujo a utilizar
Nivel Líquido	Caída de presión constante.		Lineal.
	Caída de presión variable.	Disminuyendo la caída de presión con el aumento del caudal: si la caída de presión a caudal mínimo fuera mayor que 20 % de la caída de presión a caudal mínimo.	Lineal.
		Disminuyendo la caída de presión con el aumento del caudal: si la caída de presión a caudal máximo fuera menor que 20 % de la caída de presión a caudal mínimo.	Igual porcentaje. Parabólica modificada.
		Aumentando la caída de presión con el aumento del caudal: si la caída de presión a caudal máximo fuera menor que 200 % de la caída de presión a caudal mínimo.	Lineal.
		Aumentando la caída de presión con el aumento del caudal: si la caída de presión a caudal máximo fuera mayor que 200 % de la caída de presión a caudal mínimo.	Apertura rápida
Presión.	Líquido		Igual porcentaje. Parabólica modificada.
	Gases.	Sistemas rápidos: volumen pequeño, tramo de menos de 3 metros de tubería corriente debajo de la válvula de control.	Igual porcentaje. Parabólica modificada.
		Sistemas lentos: volumen grande (el proceso posee un receptor, sistema de distribución o línea de transmisión superiores a 30 metros de tubería corriente abajo). Disminuyendo la caída de presión con el aumento del caudal: si la caída de presión a caudal máximo fuera mayor que 20 % de la caída de presión a caudal mínimo.	Lineal
		Sistemas lentos: volumen grande. Disminuyendo la caída de presión con el aumento del caudal: si la caída de presión a caudal máximo fuera menor a 20 % de la caída de presión a caudal mínimo.	Igual porcentaje. Parabólica modificada.

Tabla 12.8. Guía para la selección de la característica de flujo de válvulas de control (Vignoni, 2005).

Tabla 12.8 (CONTINUACIÓN). Guía para la selección de la característica de flujo de válvulas de control (Vignoni, 2005).

Variable de proceso a controlar		Condiciones del proceso	Característica de flujo a utilizar
Flujo	Señal del elemento primario de medición proporcional al flujo.	Grandes variaciones del flujo	
		a. Elemento primario instalado en serie con la válvula de control	Lineal.
		b. Elemento primario instalado en el contorno * de la válvula de control	Lineal.
		Pequeñas variaciones de flujo, pero grandes variaciones de caída de caída de presión con el aumento del caudal	
		a. Elemento primario instalado en serie con la válvula de control...	Igual porcentaje. Parabólica modificada
		b. Elemento primario instalado en el contorno * de la válvula de control	Igual porcentaje. Parabólica modificada.
	Señal del elemento primario de medición proporcional al cuadrado del flujo.	Grandes variaciones de flujo	
		a. Elemento primario instalado en serie con la válvula de control	Lineal.
		b. Elemento primario instalado en el contorno * de la válvula de control	Igual porcentaje. Parabólica modificada.
		Pequeñas variaciones del flujo, pero grandes variaciones de presión con el aumento del caudal	
		a. Elemento primario instalado en serie con la válvula de control	Igual porcentaje. Parabólica modificada.
		b. Elemento primario instalado en el contorno * de la válvula de control	Igual porcentaje. Parabólica modificada.

De acuerdo a la posición de los resortes y la entrada del aire y el diseño del obturador se pueden tener diversos tipos de actuadores neumáticos, Figura 12.27. Los actuadores de acción directa son aquellos que al aumentar la presión del aire, el vástago del actuador se extiende (baja en la mayoría de los casos); así, un actuador de acción inversa al aumentar la presión el vástago del actuador se retrae (sube en la mayoría de los casos), de acuerdo con Spirax-Sarco, (2017). De la misma Figura 12.27 se infiere que una válvula de acción directa es aquella donde el vástago se extiende y la válvula se cierra; de igual manera si el vástago se extiende y la válvula abre, será una válvula de acción inversa. Analice los cuatro casos presentados en la Figura 12.27.

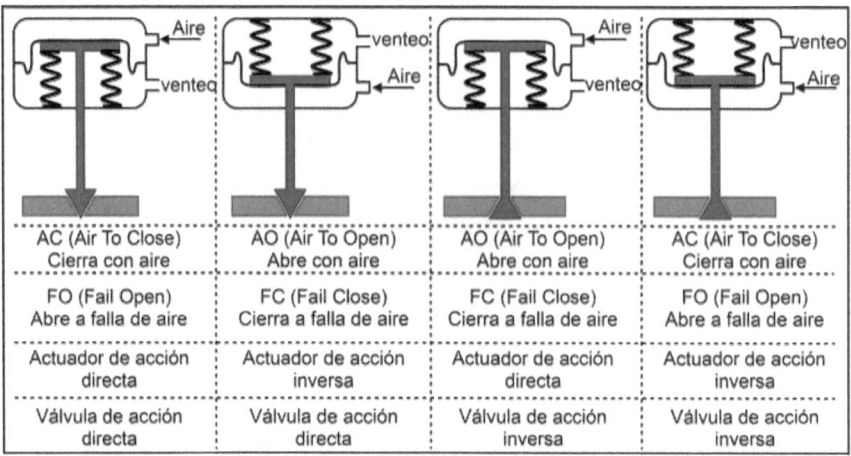

Figura 12.27. Tipos de acción de actuadores y válvulas.

12.16 Posicionadores.

Un posicionador de una válvula es un dispositivo usado para incrementar o disminuir la presión de aire que opera el actuador hasta que la válvula alcanza la posición indicada por el controlador. Los posicionadores generalmente se montan a un lado o arriba del actuador. Están conectados mecánicamente al vástago de la válvula de tal manera que su posición puede compararse con la posición indicada por el controlador. Un posicionador es un tipo de relevador de aire que se usa entre la salida del controlador y el diafragma de la válvula. El posicionador actúa para sobreponerse a la histéresis, la fricción de los empaques, y un desbalance en el obturador de la válvula debido a la caída de presión. Asegura una posición exacta del obturador de acuerdo a la SC y proporciona un control fino. Hay muchos tipos de posicionadores. Los principios básicos de operación son similares en todos ellos.

Un posicionador es un controlador de ganancia alta que mide la posición del vástago, dentro de los 0.1 mm, compara esa posición con el SP (en este caso es la salida del controlador), y genera una corrección, si esta es necesaria, reubicando el vástago.

Tabla 12.9 Comparación de actuadores	
Ventajas	**Desventajas**
Diafragma	
Los más económicos	Capacidad limitada de salida
Pueden estrangular sin posicionador	Tamaño y peso grandes
Sencillos	
Acción segura a falla de aire	
Requiere bajo suministro de presión	
Fácilmente ajustable	
Mantenimiento sencillo	
Pistón neumático	
Capacidad alta de torque	Seguridad a falla requiere de accesorios o un resorte
Compacto	Requiere de posicionador para estrangulación
Peso ligero	Alto costo
Adaptable a temperatura ambiental alta	Requiere de un suministro alto de presión
Movimiento rápido	
Dureza relativamente alta del actuador	
Motor eléctrico	
Compacto	Caros
Dureza o rigidez muy alta	No tiene acción segura a falla
Capacidad alta de salida	Ciclo de trabajo limitado
	Baja velocidad de desplazamiento
Electrohidráulico	
Capacidad alta de salida	Caros
Dureza alta del actuador	Complejidad y mantenimiento difícil
Habilidad excelente de estrangulación	Tamaño y peso grandes
Velocidad alta de desplazamiento	Acción segura a falla solo con accesorios

Las figuras 12.28 y 12.29 muestran el funcionamiento básico de un posicionador neumático y uno eléctrico.

En el caso del posicionador neumático (Figura 12.28), cuando se igualan las fuerzas (balance de fuerzas) entre la presión en el fuelle (señal de control) y el abanico (posición del vástago) se asegura que se tenga la posición correcta de apertura de la válvula.

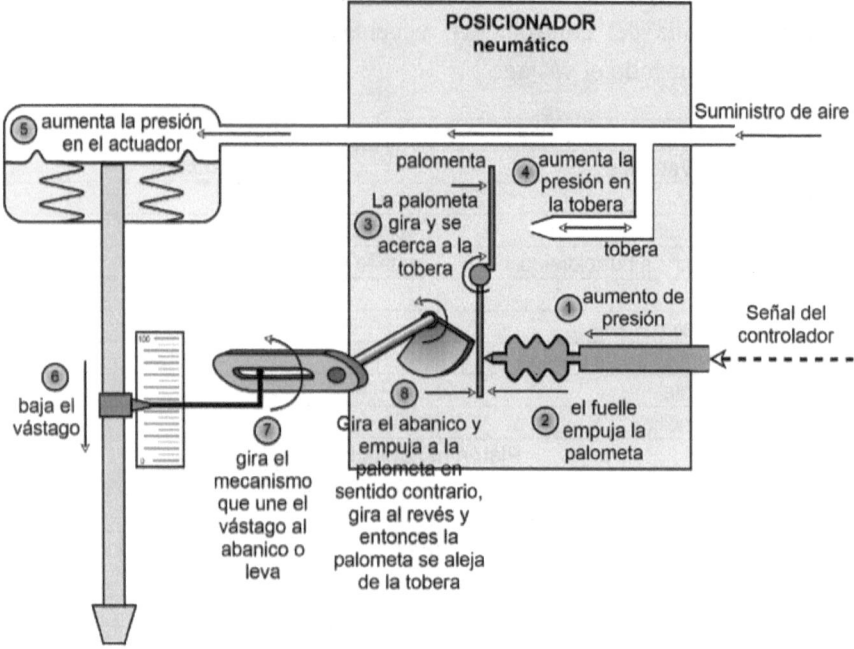

Figura 12.28 Funcionamiento básico de un posicionador neumático.

Un posicionador deben considerarse en las circunstancias siguientes (Spirax – Sarco, 2016):

1- Cuando se requiere una posición exacta de la válvula.
2- Para acelerar la respuesta de la válvula. El posicionador usa una presión más alta y un mayor flujo de aire para justar la posición de la válvula.
3- Para incrementar la presión contra la que actuarán al cerrar una actuador y válvula en particular (actuar como un amplificador).

4- Cuando la fricción en la válvula (especialmente del empaque) provoca una histéresis inaceptable.

5- Para linealizar un actuador no lineal.

6- Cuando las presiones diferenciales variantes dentro del fluido provoquen que la posición del obturador varíe.

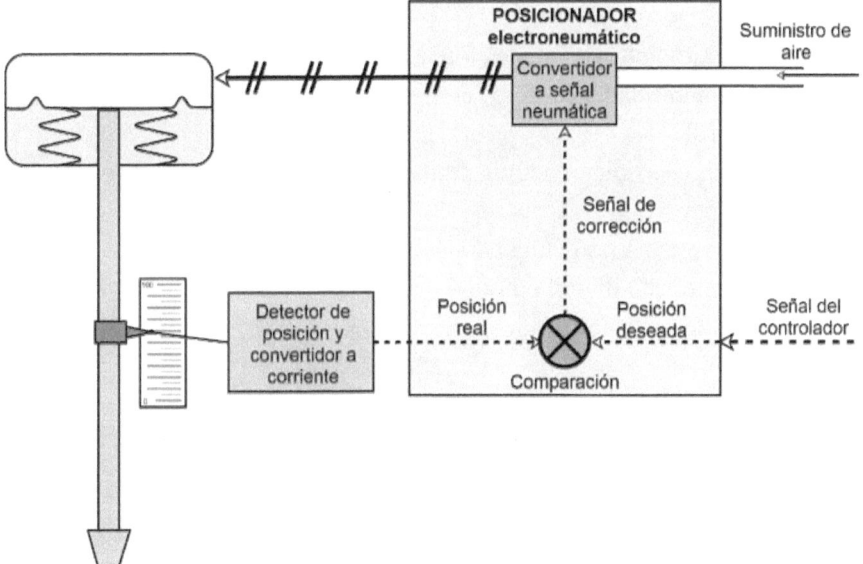

Figura 12.29 Funcionamiento básico de un posicionador eléctrico.

Un posicionador también:

- Incrementa la velocidad de respuesta a un cambio en el proceso.
- Permite la división del rango.
- Permitir distancias entre el controlador y la válvula de control.
- Permite un rango amplio de variación de flujo: opera a menos de 10% del recorrido bajo condiciones normales.
- Permite un mayor uso de la señal electrónica de 4-20 mA.
- Incrementa la capacidad de venteo rápido (descarga).
- Permite el uso de actuadores de pistón.
- Facilita la operación cuando el número más alto en el rango de banco es mayor de 15 psig: 10-30 psig, 6-30 psig, etc.

12.16.1   Posicionadores digitales.

Algunas veces referidos como posicionadores inteligentes, los poscionadores digitales monitorean la posición de la válvula y convierten esta información en forma digital. Con esta información un microprocesador integrado ofrece características avanzadas al usuario como:

- Exactitud alta de la posición de la válvula.
- Adaptabilidad a cambios en las condiciones de la válvula de control.
- Muchos poscicionadores digitales usan mucho menos aire que los análogos.
- Una rutina automática para una fácil calibración y ajuste.
- Diagnóstico digital en línea.
- Monitores centralizados.
-

12.16.2   Resumen de posicionadores.

1- Un posicionador asegura que haya una relación lineal entre la señal de presión de entrada del sistema de control y la posición de la válvula de control Esto significa que para una señal dad de entrada, la válvula siempre intenta mantener la misma posición independientemente de los cambiso en la presión diferencial, fricción sobre el vástago, histéresis del diafragma, etc.

2- Un amplificador puede usarse como un amplificador de señal o potenciador. Acepta bajas presiones de aire de la señal de control y, usando su propia fuente de presión, la multiplica para proporcionar una presión más alta de salida de la señal de aire al diafragma del actuador, si se requiere, para asegurar que la válvula alcance la posición deseada.

3- Algunos posicionadores incorporan un convertidor electro neumático de tal manera que un a entrada eléctrica (típicamente 4 – 20 mA) pueda usarse para controlar la válvula neumática.

4- Algunos posicionadores pueden actuar como controladores básicos, aceptando entradas desde sensores.

12.17 Otros elementos finales de control.

Otros dispositivos utilizados como elementos finales de control, aunque en menor proporción que las válvulas de control, son las mamparas, las persianas, los motores de corriente alterna (CA), motores de corriente directa (CD), y algunos autores consideran a las bombas como otros elementos finales de control.

De manera muy sencilla podemos decir que, en el caso de los motores de CA se puede variar su velocidad cambiando la frecuencia de alimentación, ecuación 3.5, utilizando un variador de frecuencia (VFD: Variable Frecuency Drive).

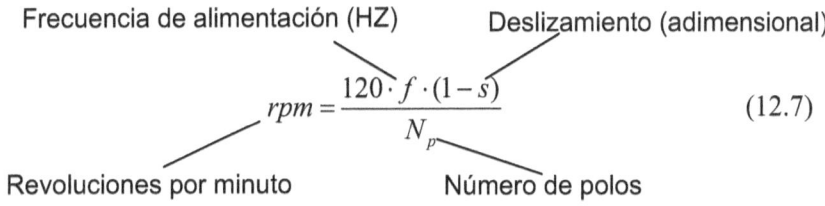

Frecuencia de alimentación (HZ)   Deslizamiento (adimensional)

$$rpm = \frac{120 \cdot f \cdot (1 - s)}{N_p} \qquad (12.7)$$

Revoluciones por minuto   Número de polos

En el caso de los motores de CC, se cambia su velocidad de rotación cambiando el voltaje de alimentación, eciucación 3.6, utilizando simplemente un reóstato (resistencia variable).

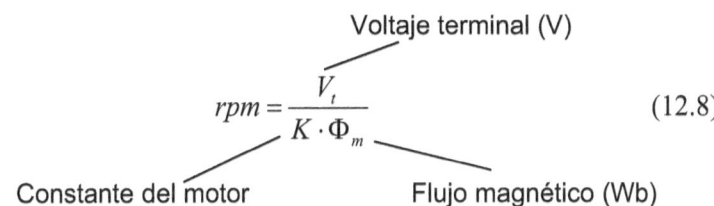

Voltaje terminal (V)

$$rpm = \frac{V_t}{K \cdot \Phi_m} \qquad (12.8)$$

Constante del motor   Flujo magnético (Wb)

En la actualidad existen técnicas mejoradas para variar el voltaje como el modulador de anchos del pulso (PWM: Pulse Width Modulation).

En el caso de las bombas, son mecanismos sencillos ampliamente utilizados en procesos que pueden proporcionar control de presión o flujo en un solo equipo. Cuando en el proceso no se pueden tolerar la pérdida de energía debida a una válvula de control de flujo, se puede usar una bomba centrífuga con un accionar de velocidad variable para controlar la bomba. En el caso de las bombas rotatorias, suministran un flujo que es proporcional a la velocidad de la bomba y producen un flujo preciso y uniforme. Las bombas reciprocantes, debido a que son muy precisas en el volumen de fluido que descargan por cada ciclo, se usan en aplicaciones de dosificación, por lo que se les conoce como bombas dosificadoras.

13 Modos de control

Regresando a nuestro esquema general de un circuito de control, pero detallando más la caja correspondiente al controlador, se observa, en la Figura 13.1, que la respuesta que da el controlador a la entrada que recibe, depende de la *función del controlador* (instrucciones para generar la salida), que no es otra cosa que la forma en que el controlador procesa la entrada para generar la salida, y generalmente se le conoce como *Modos de Control.*

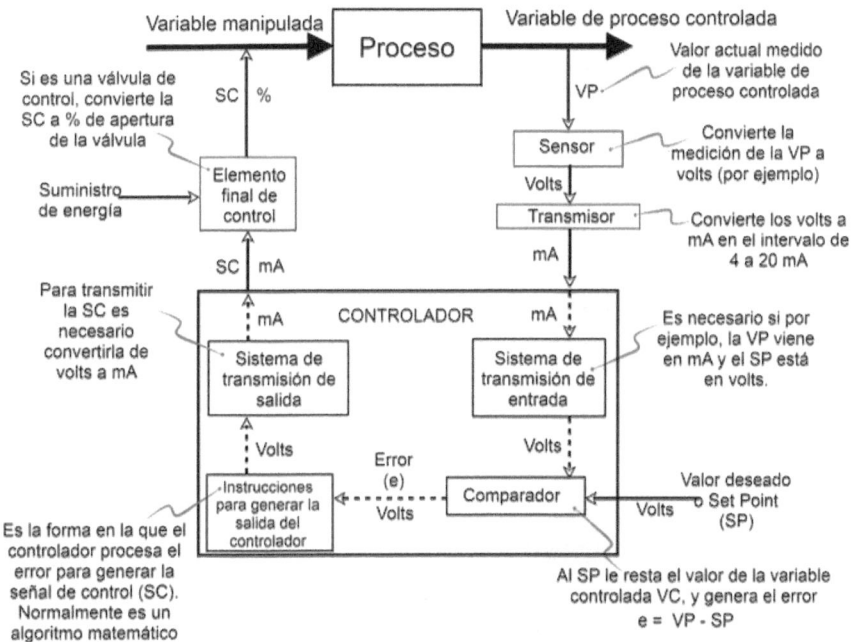

Figura 13.1 Circuitos de control y los modos de control para generar la salida del controlador.

Los modos de control que se estudiaran aquí son:

- Control todo o nada, de dos posiciones u on-off.
- Control Proporcional (P).
- Control Integral (I).
- Control Derivativo (D).

- Control Proporcional – Integral (PI).
- Control Proporcional – Derivativo (PD).
- Control Proporcional – Integral – Derivativo (PID).

Los controladores automáticamente comparan la Variable de Proceso (VP) con el Set Point (SP) para determinar si existe un error. Cuando éste existe, el controlador ajusta su salida (salida del controlador, SC, o señal correctiva) de acuerdo a los parámetros o instrucciones que han sido colocados dentro de él. Con estos parámetros esencialmente se responde a las preguntas:

- *¿Cuánta* corrección debe realizarse? Es la *magnitud* de la corrección (cambio en la SC) y está determinada por el modo proporcional.
- *¿Cuánto tiempo* debe aplicarse la corrección? Es la *duración* del ajuste a la SC y está determinada por el modo integral.
- *¿Qué tan rápido* debe aplicarse la corrección? Es la *velocidad* con que se hace la corrección y está determinada por el modo derivativo del controlador.

Por supuesto que para responder íntegramente las tres preguntas anteriores se requiere de un controlador PID (Proporcional-Integral-Derivativo), aunque se sabe que el modo de control más usado es el PI, como se verá más adelante.

13.1 Control manual.

Tomando de nuevo el ejemplo del tanque gravitacional, cuando este no tiene control de nivel y sufre una perturbación (incremento grande en el flujo de entrada), presenta la respuesta mostrada en la Figura 13.2.

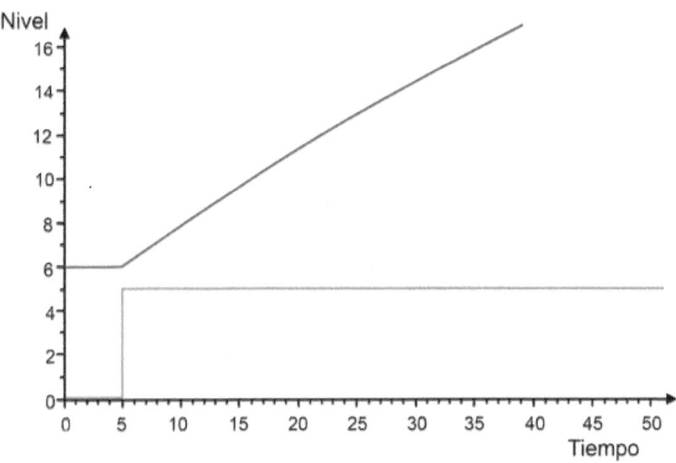

Figura 13.2 El nivel sube continuamente, si no existe un control del mismo, hasta caer por el borde del recipiente.

Se recordará que en el Capítulo 4, sección 4.1 y Figura 4.2, al tanque gravitacional se le adicionó un control manual de nivel. Esta forma de control se vuelve impráctica si el tamaño del tanque es muy grande, Figura 13.3.

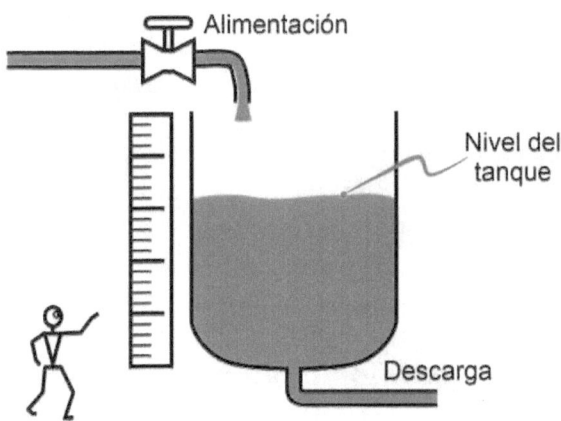

Figura 13.3 Control manual de nivel de un tanque muy grande.

13.2 Acciones del controlador.

El controlador, al igual que todos los instrumentos (Capítulo x), pueden tener acción directa o inversa. Para que cada lazo de control tenga la característica de "retroalimentación negativa debe ajustarse su tipo de acción a "acción directa" o "acción inversa", Figura 13.4.

Si un controlador de coloca en acción directa, cuando la VP aumenta, la SC aumenta también. Por el otro lado, si el controlador se coloca en acción inversa, si aumenta la VP, la SC disminuye.

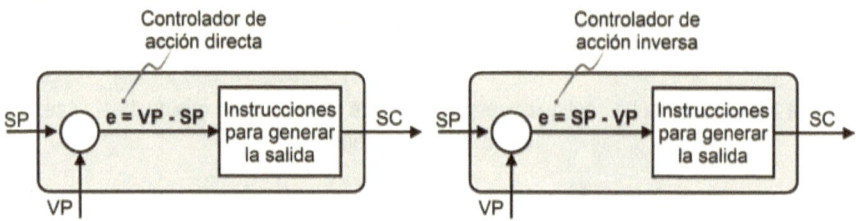

Figura 13.4 Acción directa e inversa en controladores.

Que acción debe realizar el controlador es función de las características del proceso, la válvula y el transmisor. El tipo de acción del controlador debe tenerse presente sobre todo en la puesta en marcha pues un olvido del tipo de acción puede traer complicaciones en el arranque.

Para determinar en qué tipo de acción debe establecerse un controlador, se debe considerar si la válvula de control es de acción aire para abrir o aire para cerrar y las características del proceso. Adicionalmente, se tiene que analizar que tiene que hacer el controlador (aumentar o disminuirla SC) si la variable de proceso PV aumenta o cuando esta disminuye.

13.3 Control de dos posiciones.

El control de nivel de ese tanque gravitacional enorme se puede mejorar si se le adiciona un modo de control de dos posiciones, siendo usted, otra vez, el controlador del circuito de control (Figura 13.5). Para ello adicionamos una válvula solenoide en la descarga, que como se recordará sólo tiene dos posiciones, o totalmente abierta o totalmente cerrada. Se tendrá también un transmisor (y medidor) de nivel que mandará la medición a un indicador de nivel remoto, donde usted obtendrá la lectura (Figura 13.5 A) y, dependiendo del valor medido, ejercerá la acción correctiva oprimiendo el botón de encendido o apagado (Figura 13.5 B), lo que abrirá o cerrara la válvula solenoide, o viceversa, dependiendo del tipo de válvula (normalmente cerrada o normalmente abierta).

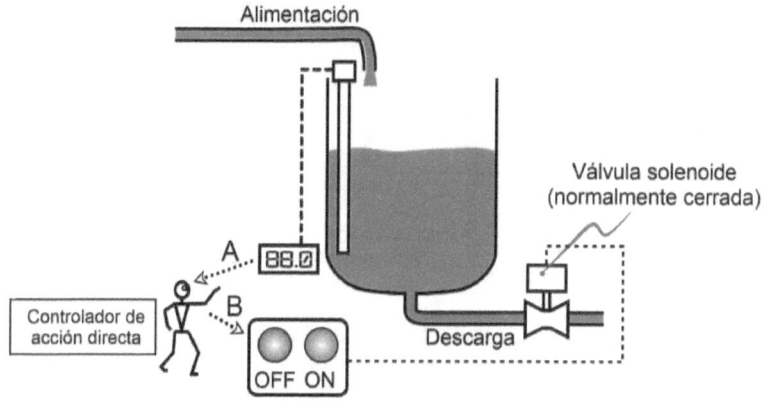

Figura 13.5 Control de dos posiciones del nivel de un tanque grande.

Suponiendo que la válvula es del tipo normalmente cerrada, es decir, que se mantiene cerrada cuando no tiene corriente eléctrica (apagada o en off), la válvula abre al energizarla; si el nivel está por arriba del valor deseado, usted deberá abrir la válvula (oprimir el botón on), y si el nivel está por debajo del Set Point, deberá cerrar la válvula (oprimir el botón off). Fíjese que usted está trabajando como un controlador de acción directa, es decir, si el nivel sube, la salida del controlador también sube (de 0 a100% apertura).

$$e = VP - SP \qquad (13.1)$$

El comportamiento que tendrá el nivel con este modo de control se muestra en la Figura 13.6. En esta Figura se muestra el caso donde hay una entrada extra de líquido y por tanto el nivel aumenta, provocando que se tenga que abrir la válvula solenoide (a la descarga) para tratar de compensar esa cantidad adicional de líquido.

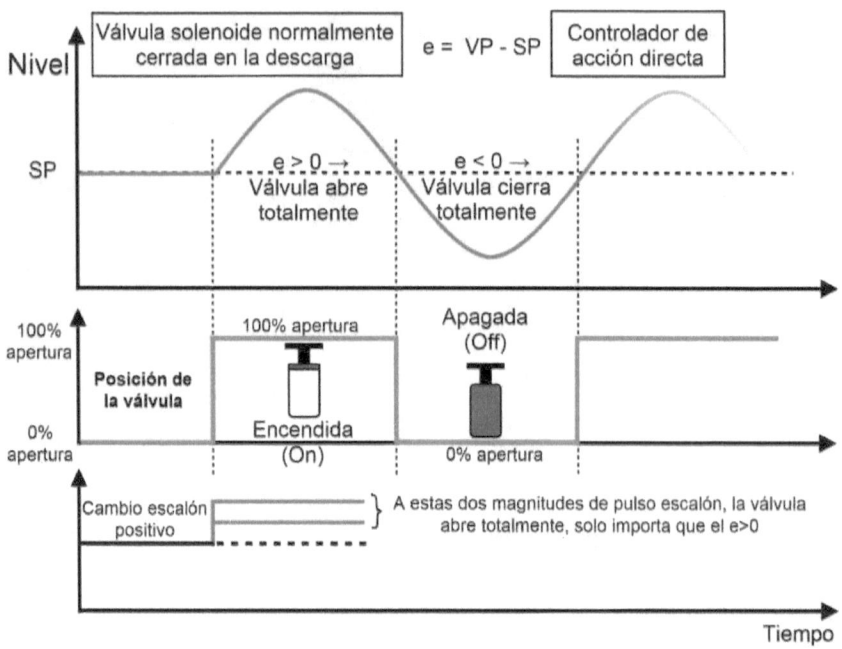

Figura 13.6 Respuesta de un control de dos posiciones a un cambio escalón de aumento en el flujo de alimentación.

De la misma Figura 13.6 se observa lo siguiente:

- El modo de control de dos posiciones es sencillo.
- Al sólo tener dos posiciones (100% abierto y 100% cerrado), casi siempre da una respuesta excesiva, lo que conduce a que el proceso, inevitablemente, oscile.
- El signo del error, sin importar su magnitud, es lo que genera una u otra respuesta por parte del controlador (cerrar o abrir la válvula).

Como se comentó, en el control de dos posiciones sólo importa el signo del error y no su magnitud. Esto significa que el controlador genera su respuesta independientemente del valor del error y, dependiendo del signo, abre la válvula al 100 % o al 0% (todo o nada). No importa si el error es muy grande o muy pequeño. En el caso de una válvula normalmente cerrada para la salida del controlador, *SC*:

Válvula normalmente cerrada:

$$e > 0 \rightarrow SC = 100\% \text{ de apertura}$$
$$e < 0 \rightarrow SC = 0\% \text{ de apertura}$$

(13.2)

Otra forma de representar el comportamiento del control todo o nada se muestra en la Figura 13.7. En ella se supone que el intervalo de trabajo del nivel está entre 1 y 3 m, con un SP = 2 m.

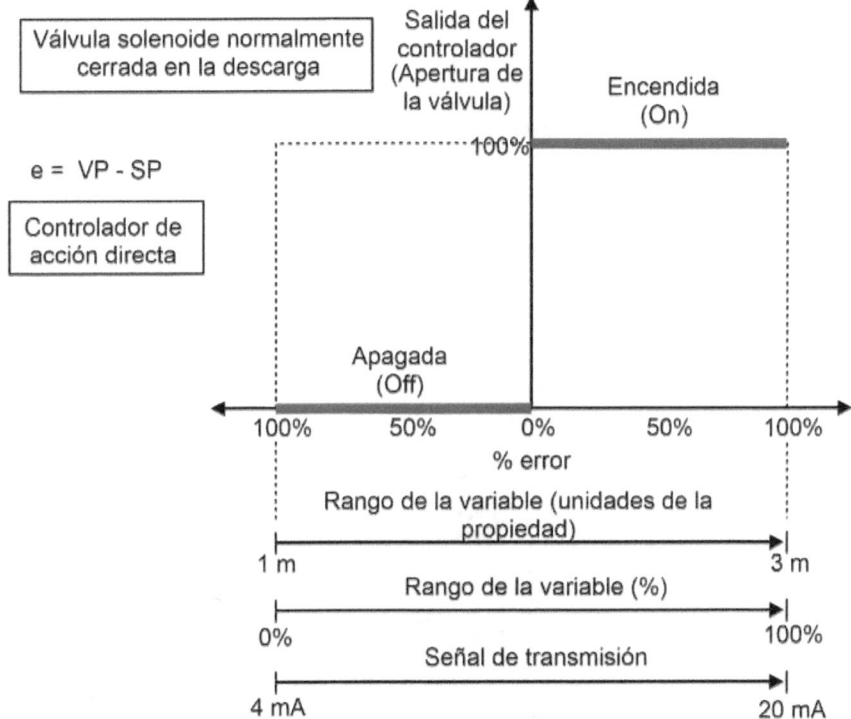

Figura 13.7 Válvula solenoide normalmente cerrada ubicada a la descarga del tanque.

Para muchos procesos donde la oscilación de la variable controlada no representa un problema, el control de dos posiciones es suficientemente bueno y económico. Sin embargo, hay procesos que requieren de un control más fino.

Como ejercicio se trabaje con el mismo sistema, pero controlando el nivel con la válvula de alimentación. Construya los esquemas y las gráficas correspondientes considerando una válvula normalmente abierta.

Pueden realizarse ejercicios adicionales cambiando la acción del controlador, sin embargo, resulta obvio que lo más práctico es tener un controlador de acción directa con una válvula solenoide normalmente cerrada a la salida o una válvula solenoide normalmente abierta en la alimentación, ¿está de acuerdo?

13.4 Control proporcional.

Para mejorar el control de nivel del tanque gravitacional, resulta obvio que debe considerarse la magnitud del error y generar una respuesta acorde con el valor del mismo. Así, si el nivel sube mucho, usted abre la válvula de descarga mucho más para regresar el nivel al SP. Si el nivel sube poco sólo necesita abrir un poco la válvula en la descarga. Si el nivel baja demasiado, usted cierra más o completamente la válvula de descarga para regresar el nivel al SP. Si el nivel baja poco sólo necesita cerrar un poco la válvula. Figura 13.8.

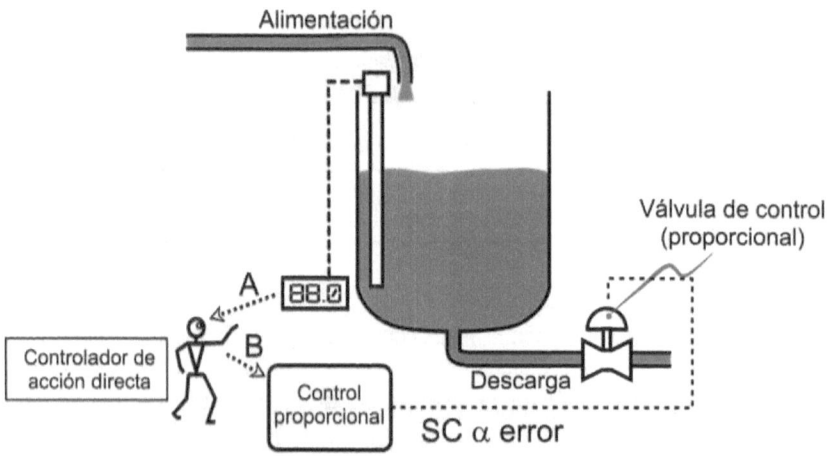

Figura 13.8 Control proporcional del nivel de un tanque.

Por eso se ha ideado el modo de control proporcional, que matemáticamente se puede expresar así:

$$SC \: \alpha \: e \qquad\qquad (13.3)$$

Es decir, la salida del controlador es proporcional al error. Si se introduce una constante de proporcionalidad se tendrá:

Salida del controlador   Ajuste manual

$$SC = K_p \cdot e + m \qquad\qquad (13.4)$$

Ganancia proporcional   error

El ajuste manual m, es la magnitud de la salida del controlador cuando el error es igual a cero. También se le conoce como *bias*.

La *ganancia proporcional* K_p, o simplemente *ganancia*, es una medida de la sensibilidad con que el controlador responderá a la señal del error. Por extensión, es una medida de la sensibilidad con que la válvula de control cambiará su posición (% de apertura) al responder a la magnitud del error. Obviamente, en este caso necesitamos un tipo de válvulas diferentes a las solenoides, un tipo de válvulas cuya apertura pueda ser modulada en cualquier valor entre 0 y 100% de apertura, que llamaremos válvula *proporcional* (Se hablará más sobre éstas en el Capítulo 9).

El comportamiento de este tipo de control se muestra en la Figura 12.9. Como dependiendo del proceso se pueden tener muchas magnitudes tanto del error como de la apertura de la válvula, normalmente este tipo de gráficas se normalizan presentando el % de apertura de la válvula en función del % del error. Como se ve, la salida del controlador (% apertura de la válvula) es proporcional a la magnitud del error.

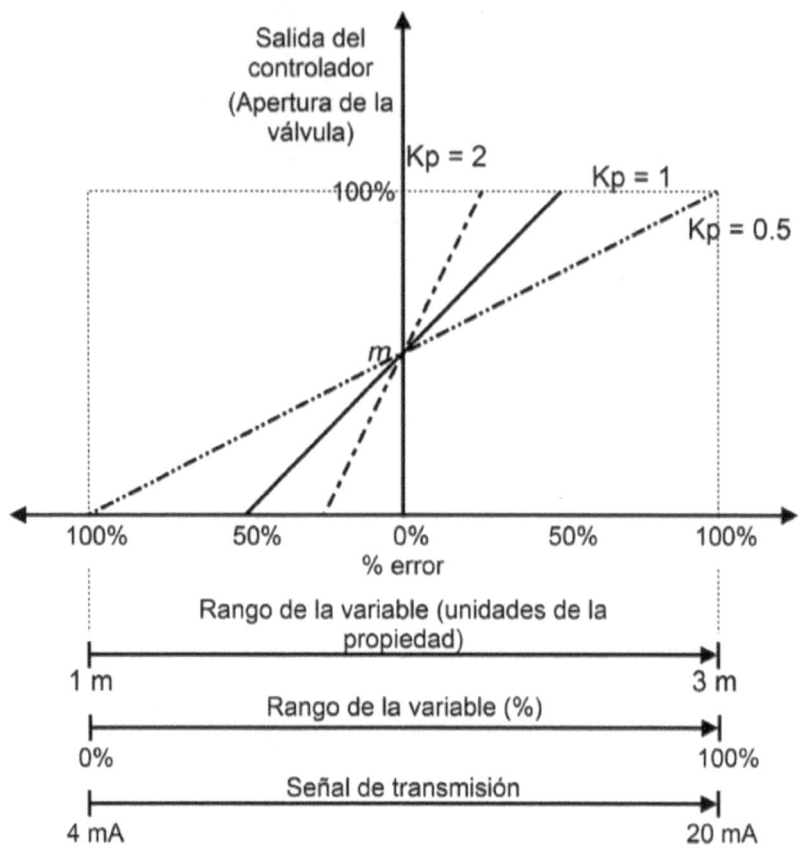

Figura 13.9 Salida del controlador proporcional en función del % de error.

En la misma Figura 13.9 se puede observar que cuando el error es de cero, la apertura de la válvula está exactamente a la mitad de su recorrido ($m = 50\%$). Está es una situación ideal que en muchos casos no se cumple. Si la ganancia es de uno, con un error del 25% la válvula abrirá en un 75%, pero si la ganancia es de dos, un error del 25% abrirá la válvula 100%, por lo que se dice que tiene mayor sensibilidad, puesto que con el mismo error produce una % de apertura más grande. Por otro lado, para cerrar completamente la válvula se requiere un error de -50% ($K_p = 1$) y de -25% ($K_p = 2$). Finalmente, con un valor de $K_p = 0.5$ la válvula abrirá o cerrará totalmente con errores de 100% y -100%, respectivamente.

Existe otro concepto equivalente a la ganancia, y que aquí se expone porque todavía hay fabricantes y equipo en operación que utilizan este concepto, y es la *banda proporcional* o BP. Esta simplemente la calculamos si a 100% lo dividimos entre la ganancia, ecuación 4.6.

$$BP = \frac{100\%}{K_p} \qquad (13.5)$$

En realidad el concepto de BP nació antes que la K_p, y se definió como el % de error que provoca que la válvula haga un recorrido completo (de 0 a 100% de apertura o a la inversa). Para que usted pueda comparar, en la Figura 13.10 se muestra la misma gráfica de la Figura 13.9 pero con los valores correspondientes de BP. Como puede observar, para que la válvula vaya de 0 a 100% de apertura, o viceversa, lo puede lograr con un error del 50% (BP=50%), con un error del 100% (BP=100%) y con un error del 200% (BP=200%).

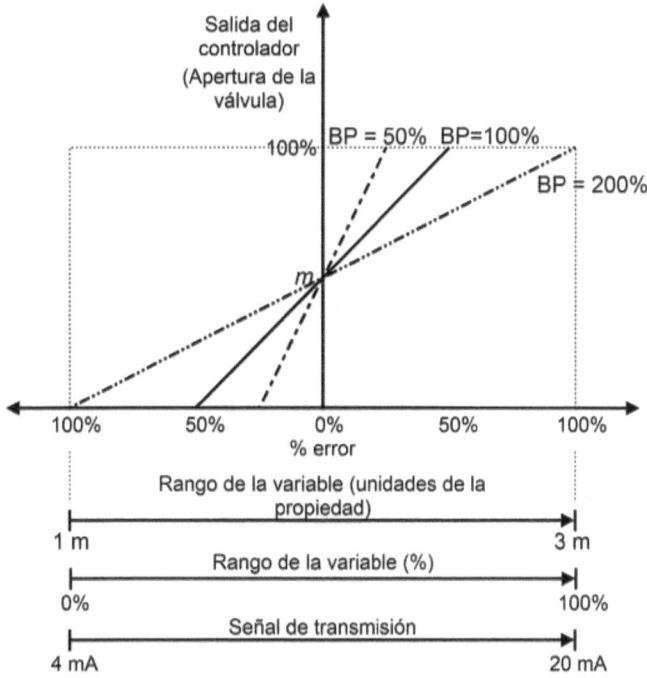

Figura 13.10 Salida del controlador a diferentes valores de la banda proporcional.

227

Suponiendo de nuevo una válvula de control a la descarga, pero ahora del tipo proporcional, el nivel del tanque gravitacional responderá a un cambio de SP de acuerdo a lo que se observa en la Figura 13.11. Observe el efecto de la Ganancia proporcional.

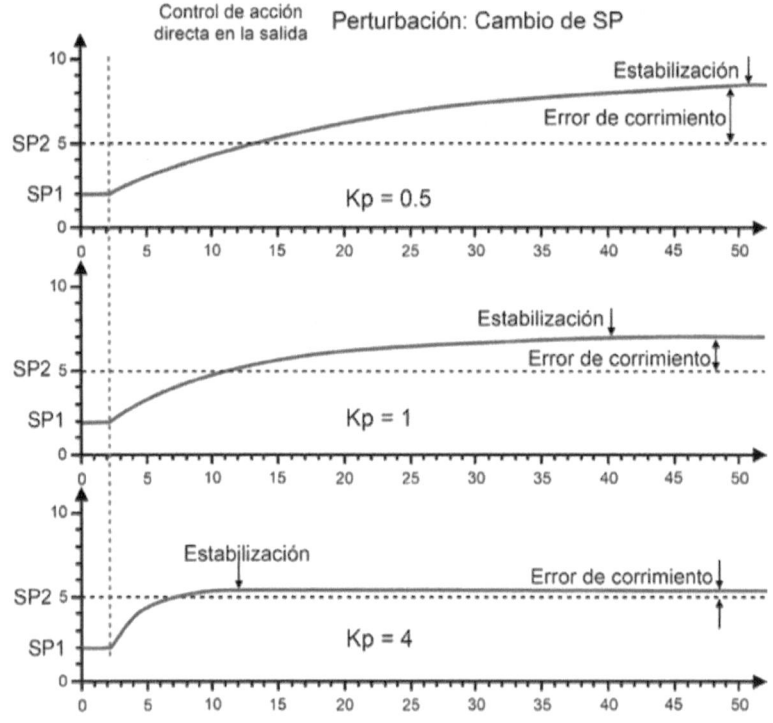

Figura 13.11 Efecto de la magnitud de la ganancia a un cambio en el SP. Válvula de control a la descarga.

Con la válvula de control a la entrada se tendría lo mostrado en la Figura 13.12. Observe el efecto de la Ganancia proporcional y compárelo con el caso anterior.

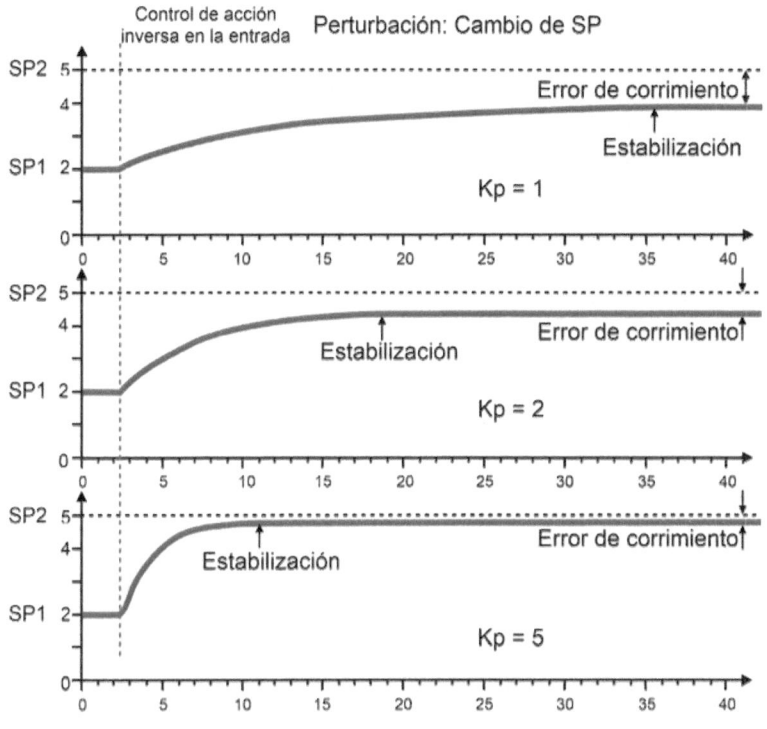

Figura 13.12 Efecto de la magnitud de la ganancia a un cambio en el SP. Válvula de control a la entrada.

Si la ganancia es muy grande puede provocar que el sistema oscile, como se observa en la Figura 13.13.

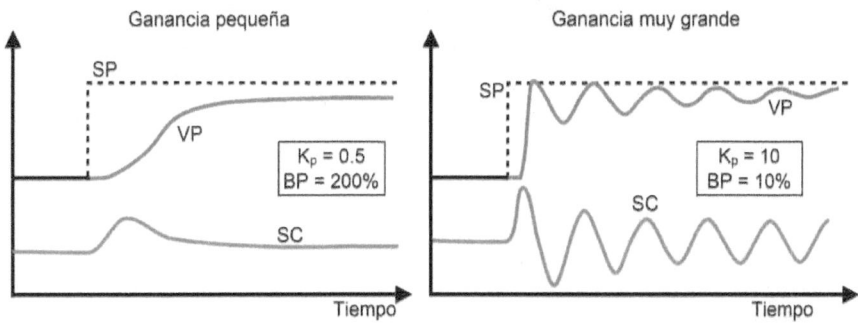

Figura 13.13 Ganancias muy grandes puedes desestabilizar el sistema controlado, PA control (2016).

229

Resumen del control proporcional.

- a acción proporcional sólo responde a un cambio en la magnitud del error.
- La acción proporcional no regresa la VP al SP. Sin embargo, puede regresar la VP a un valor dentro de un intervalo predefinido alrededor de la VP.
- Es Sencillo.
- Deja error de corrimiento.
- Ganancia grande o BP pequeña > minimiza el corrimiento, posible oscilación.
- Ganancia pequeña o BP grande > Corrimiento grande, respuesta estable.

Recomendaciones de entonamiento: Reduzca la *BP* (incremente K_p) hasta que el proceso oscile siguiendo a una perturbación, entonces duplique la *PB* (reduza K_p a la mitad), PA control.

13.5 Control Integral.

En el control todo o nada sólo es indispensable conocer el signo del error para generar la señal de control. Se mejoró este tipo de control haciendo que la señal de control dependiera también de la magnitud del error (control proporcional). Ahora se hará una mejora adicional considerando la idea de que la rapidez de apertura o cierre de la válvula (rapidez de cambio de la SC) sea proporcional a la magnitud del error, es decir, cuanto más grande sea el error el obturador de la válvula se mueve más rápido a su posición correctiva.

Matemáticamente la idea parte de:

$$\frac{d(SC)}{dt} \alpha \, e \tag{13.6}$$

Por tanto

$$\frac{d(SC)}{dt} = K_i \, e \tag{13.7}$$

$$d(SC) = (K_i\, e)dt \tag{13.8}$$

$$\int_0^{SC} (SC) = K_i \int_0^t e\, dt \tag{13.9}$$

$$SC = K_i \int_0^t e\, dt \tag{13.10}$$

Señal de control

Ganancia Integral

Si se considera que

$$K_i = \frac{K_p}{t_i} \tag{13.11}$$

Por tanto,

Ganancia proporcional

$$SC = \frac{K_p}{t_i} \int_0^t e\, dt \tag{13.12}$$

Tiempo de reajuste

Por lo que al final, la SC es proporcional a la integral del error con respecto al tiempo. La SC con *acción integral o reajuste* es la integración de la señal de error de entrada e en un periodo de tiempo. La acción integral también es conocida como "Reajuste automático" y esto es porque reajusta la SC hasta que el error sea cero. La acción integral corrige el error de corrimiento; así que si permanece un error, la acción integral entra en funcionamiento aumentando la salida del controlador hasta que la VP alcance el SP.

Matemáticamente, el modo integral "incrementa la salida del controlador por una magnitud igual a la Integral del error". Esto significa que el valor de la SC está cambiando a una velocidad que es proporcional al error e

que existe en un tiempo determinado. En otras palabras, el control integral responde a la dirección (signo), magnitud y duración del error.

Para asegurar que la SC tiene la magnitud apropiada, se requiere ajustar o *entonar* cuidadosamente el término de "minutos por repetición" t_i. Los minutos por repetición (t_i) es una medida del tiempo en que el modo integral iguala la magnitud de la respuesta del modo proporcional, Figura 13.14. En otras palabras, si la salida del modo proporcional es 25%, el tiempo de repetición es el tiempo que le lleva al modo integral llevar su salida a 25%. Así, para tener una acción integral más grande y se alcance más rápido ese 25% se requiere menos "minutos por repetición (t_i menor). Para hacer las cosas más intuitivas, comúnmente se usa el término "repeticiones por minuto" (RPM) que, obviamente, es el inverso de minutos por repetición". Entonces, si las "repeticiones por minuto" son mayores, mayor será la acción de control.

Resumen del modo integral.

- Los controladores con reajuste automático mueven la válvula a una velocidad proporcional al tamaño del error, Primer (2000).
- Otro componente del error es la duración. La SC del modo integral o reajuste automático es función de la duración del error, PA control (2006).
- El propósito del modo integral es regresar la VP al SP. Esto lo hace repitiendo la acción del modo proporcional durante el tiempo en que el error exista, PA Control (2006).

La acción integral se expresa en términos de:

- Repeticiones por minuto. Cuantas veces se repite el modo proporcional cada minuto.
- Minutos por repetición. Cuantos minutos se necesitan para que ocurra una repetición del modo proporcional.
- Elimina el error.
- Puede presentarse una SC con valor excesivo (reset windup).
- Reajuste rápido (rpm grandes, ti pequeño). Alta ganancia, rápido retorno al SP, posible oscilación.

- Reajuste lento (rpm pequeñas, ti grande). Ganancia baja, retorno lento al SP, estable.
- Entonamiento. Incremente la rpm hasta que la VP oscile siguiendo la perturbación, entonces reduzca la acción de reajuste hasta un valor de 1/3 del ajuste inicial.

Este modo de control no se usa sólo, pero acompañado del modo proporcional es el modo combinado que más se usa en la industria de proceso, es decir, el modo Proporcional más Integral (PI).

13.6 Modo Proporcional Integral.|

Gráficamente, el modo Proporcional más Integral (PI), se ilustra en la Figura 13.14. Se considera un cambio escalón en un punto determinado. Primero hay un cambio inmediato en la posición de la válvula igual a K_pe debido al modo proporcional. Al mismo tiempo el modo Integral detecta que hay un error y mueve la válvula a una velocidad proporcional al tamaño del error. Como lo que se muestra en la Figura 13.14 es un error contante, la velocidad con que se mueve la válvula es constante. Se observa que después de un tiempo t_i (minutos por repetición) la válvula se ha movido una cantidad igual a la ocasionada por el modo proporcional. El ajuste del modo integral determina la pendiente de su respuesta. Las líneas punteadas, Figura 13.14, muestran otros valores del reajuste (t_i).

La Figura 13.15 muestra las respuestas de un proceso a dos magnitudes de reajuste: reajuste lento (RPM = 2min o t_i = 0.5 rep/min); y reajuste rápido (10 RPM o t_i = 0.1 rep/min).

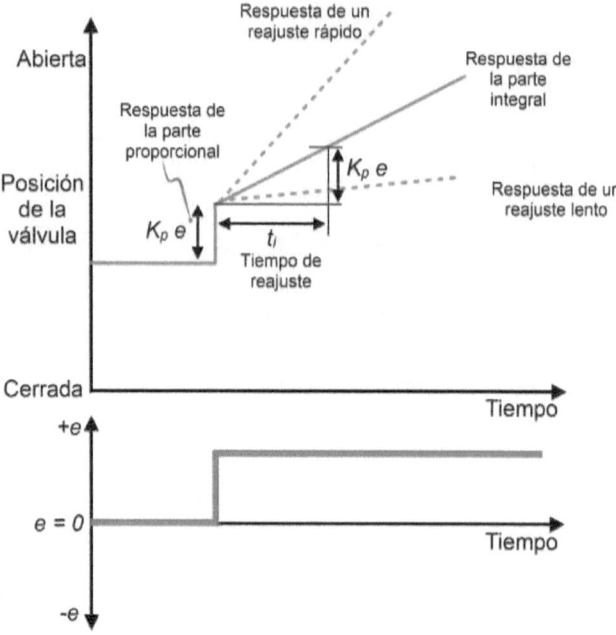

Figura 13.14 Respuesta de un controlador proporcional integral a un pulso escalón.

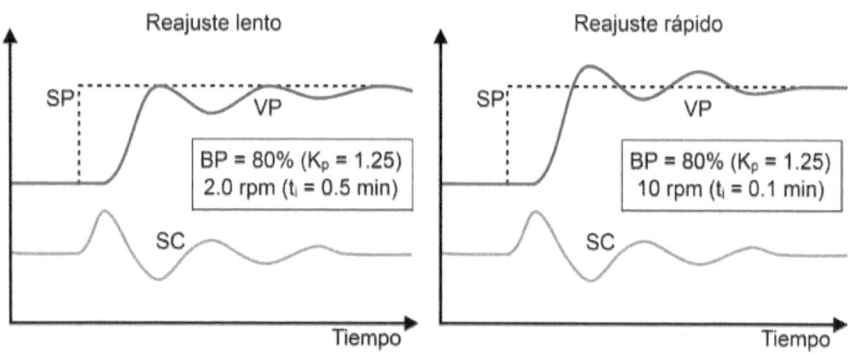

Figura 13.15 Respuesta de un proceso a dos valores de reajuste automático, PA control (2016).

13.7 Modo derivativo.

Algunos procesos que son muy grandes o muy lentos no responden bien a pequeños cambios en la SC. Por ejemplo, el control de nivel de líquido de un proceso grande o un proceso de carga térmica grande (intercambiador de calor muy grande) pueden reaccionar lentamente a un cambio en la SC. También puede ocurrir que en cierto proceso el error cambie muy rápido. Para mejorar la respuesta de esos procesos se puede aplicar una SC inicial más grande. Esta acción es el papel principal del modo derivativo de control.

El modo derivativo (D) o de velocidad (*rate*) hace que el movimiento de la válvula sea proporcional a la velocidad de cambio del error (*de/dt*) o proporcional a la velocidad de cambio de la variable de proceso (*d(VP)/dt*). Esta corrección derivativa existe sólo si la VP está cambiando, y desaparece cuando la VP permanece constante aunque este lejos del SP (*de/dt* = 0 o *d(VP)/dt* = 0), Figura 13.16.

El control derivativo puede expresarse matemáticamente como:

$$SC \, \alpha \, \frac{de}{dt} \qquad (13.13)$$

$$SC = K_d \frac{de}{dt} \qquad (13.14)$$

La constante derivativa K_d puede relacionarse con la constante proporcional K_p con la ecuación siguiente:

$$K_d = K_p t_d \qquad (13.15)$$

Donde t_d es la constante de tiempo del control derivativo. Sustituyendo se obtiene

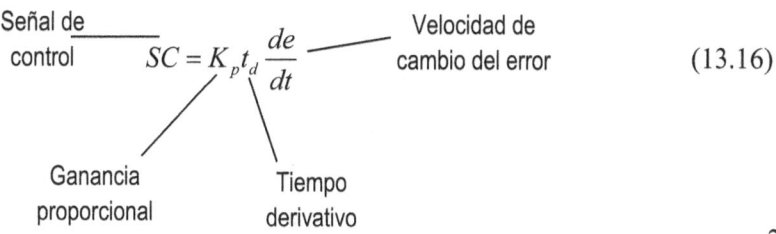

Señal de control $SC = K_p t_d \dfrac{de}{dt}$ Velocidad de cambio del error (13.16)

Ganancia proporcional   Tiempo derivativo

La acción derivativa se inicia siempre que haya un cambio en la velocidad de cambio del error (pendiente de PV con el tiempo $d(VP)/dt$, o de/dt), Figura 13.16. La magnitud de la acción derivativa está determinada por el *tiempo derivativo* que se expresa en minutos (t_d). En operación el controlador primero compara el valor actual de VP con el último valor de VP. Si hay un cambio de pendiente de la VP ($d(VP)/dt$ o de/dt) el controlador determina que su salida sea un punto en el futuro (el tiempo futuro o de adelanto se determina por el valor del ajuste derivativo en minutos) El modo derivativo incrementa de inmediato la salida en esa cantidad, Figura 13.16.

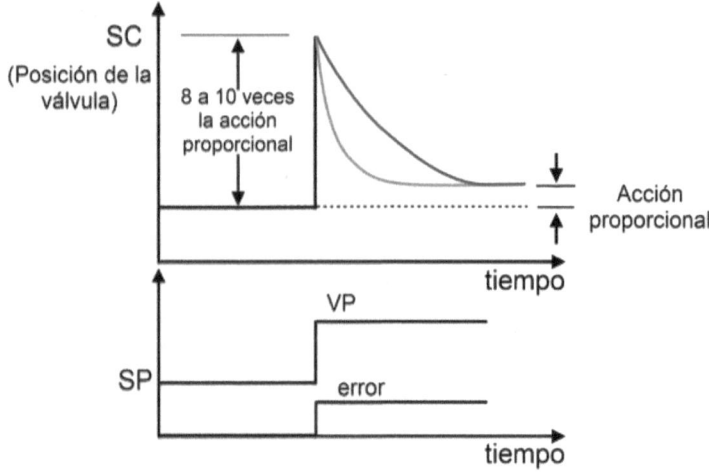

Figura 13.16 Respuesta de un controlador derivativo a un cambio escalón.

La acción derivativa mejora la acción del controlador porque predice un valor futuro de la VP (que todavía no ha pasado), basándose en la velocidad de cambio del error. Esto significa que el controlador no usa el valor medido actual de la VP, sino que usa un valor estimado en el futuro de la VP. Si la acción derivativa es de 15 segundos, el término derivativo estimará el valor que tendría la VP 15 segundos en el futuro.

El gran problema con el control D es que si se tienen mucho ruido en la señal, esto confunde al algoritmo y puede provocar inestabilidad.

La acción derivativa por sí misma, es incapaz de controlar un proceso, porque no reconoce una desviación constante de la VP del set point y porque un cambio repentino en la VP *(d(VP)/dt)* enviaría una señal "infinita" al controlador y haría que la válvula de control abriera o cerrara completamente.

El control derivativo es utilizado combinado con el modo Proporcional e Integral en sistemas que tienen retrasos largos, donde puede dar una respuesta rápida anticipada en la cantidad de corrección a una señal de error variable cuando el error es todavía pequeño. Esto impedirá que la variable de proceso se aleje demasiado del SP mientras el controlador lleva a cabo la corrección.

Es un modo de control bueno para la temperatura porque es una variable que normalmente presenta retrasos largos, sin en cambio para la variable flujo puede ser muy mala porque la mayoría de los lazos de flujo tiene retrasos cortos.

Resumen.

- La acción derivativa es función de la velocidad de cambio del error. Sus unidades son minutos. La acción es aplicar una respuesta inmediata que es igual a la proporcional que habría ocurrido algunos minutos en el futuro.
- Ventajas: La salida rápida reduce el tiempo requerido para regresar al SP en procesos lentos.
- Desventajas: Amplifica dramáticamente señales con ruido, puede causar oscilación en procesos rápidos.

Ajuste:

- Grande (minutos) > ganancia alta, cambio grande en la salida, oscilación posible
- Pequeña (minutos) > ganancia baja, cambio pequeño a la salida, circuito estable
- Entonamiento ensayo y error.
- Incremente el ajuste derivativo hasta que el proceso oscile después de una perturbación, entonces reduzca el ajuste 1/3 del valor inicial.

Este modo de control no se usa sólo, y rara vez se usa con el modo Proporcional. Lo más común es que se use con el modo Proporcional más Integral más Derivativo.

13.8 Modo Proporciona más Derivativo.

Gráficamente, el modo proporcional más derivativo se ilustra en la Figura 13.17. De aquí se puede ver que la posición de la válvula cambia con la acción derivada y se suma a la respuesta obtenida con solo modo proporcional.

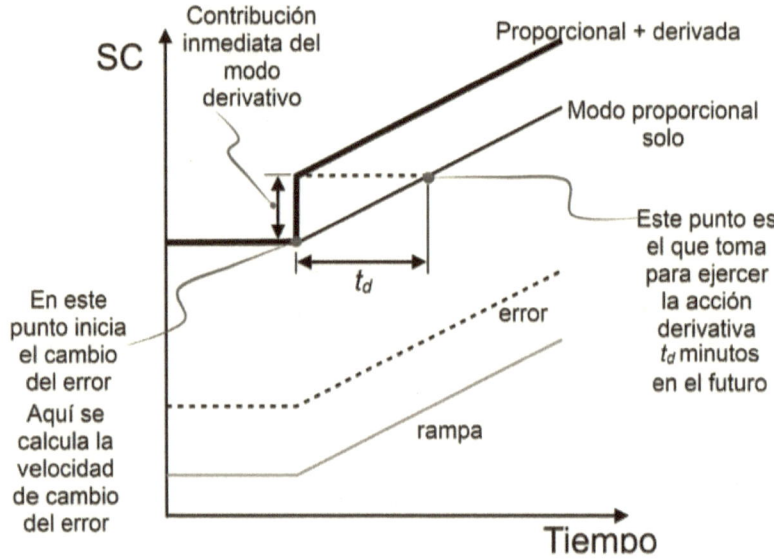

Figura 13.17 Respuesta de un modo Proporcional más derivada.

También puede verse que con un error tipo rampa, la válvula alcanza una determinad posición mayor (SC_{PD}) en un tiempo menor (t_1) que con modo proporcional solo (SC_P a $t_1 + t_d$). La diferencia es el tiempo derivativo. Este efecto se ilustra mejor en la Figura 12.18.

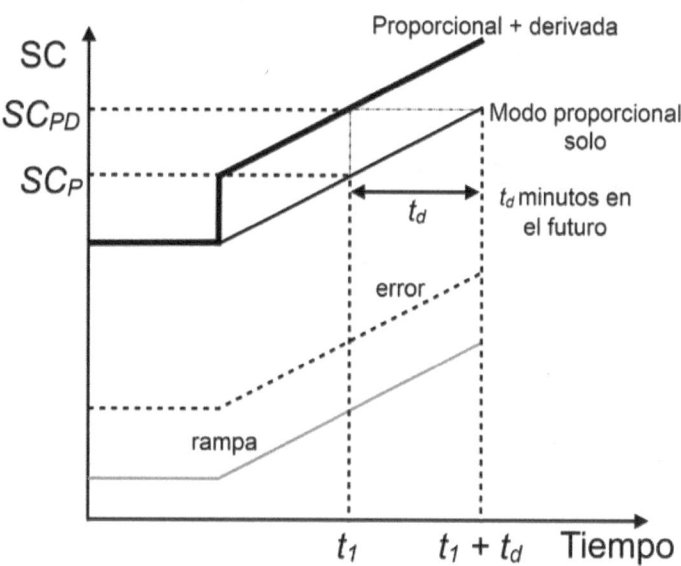

Figura 13.18 La salida del controlador es mayor en un tiempo menor con PD comparado con P sólo.

Considérese un sistema de control de temperatura, que normalmente es un proceso lento. La $K_p = 2$ y no hay reajuste automático (Figura 13.19, superior). La Ganancia proporcional actuando a un cambio de 10% en el SP produce un cambio de 20% en la SC. Debido a que la temperatura es un proceso lento la estabilización es larga y la VP no alcanza nunca el SP porque no hay reajuste.

Si se adiciona el modo derivativo con un ajuste de 1 minuto, $K_p = 2$ y sin reajuste (Figura 13.19, gráfica inferior), se obtiene una salida muy grande del controlador al tiempo cero, debido a la acción derivativa porque esta es una función de la velocidad de cambio de la VP o del error, y porque en un cambio escalón la $d(VP)/dt$ o de/dt tiene un valor casi infinito. Si ahora se incrementa el tiempo derivativo a 10 minutos (Figura 13.20), la Ganancia total del controlador es alta y como resultado, la SC y la VP oscilan. De nuevo la adición del modo derivativo, aún con un valor alto de t_d, no lleva la VP al SP, lo que muestra la necesidad de incluir la acción integral para que el proceso regrese o al SP.

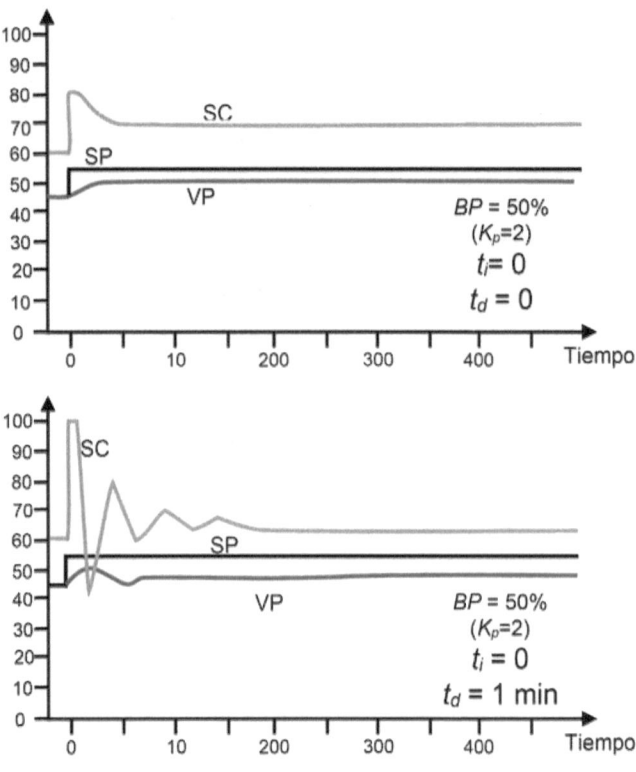

Figura 12.19 Efecto de la magnitud del tiempo derivativo en la respuesta de un proceso lento, PA control (2016)..

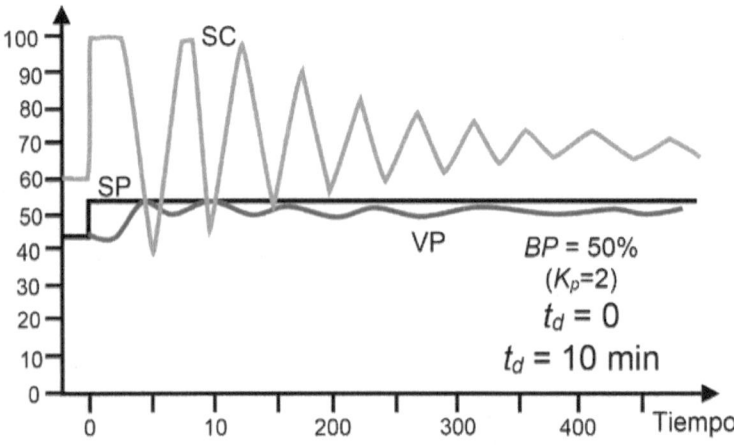

Figura 13.20 Respuesta de un proceso lento con un t_d grande, PA control (2016)..

13.9 Control Proporcional, Integral, Derivativo (PID).

Finalmente el controlador con los tres modos se logra combinándolos simultáneamente. Así la posición de la válvula estará determinada por los efectos aditivos de los tres modos.

$$SC = K_p e + \frac{K_p}{t_i} \int_0^t e\, dt + K_p t_d \left(\frac{de}{dt} \right) \tag{13.17}$$

Usando los tres algoritmos de control juntos, se puede:

- Mantener el proceso cerca del SP sin mayores fluctuaciones con la contribución Proporcional.
- Lograr una respuesta más rápida a perturbaciones grandes con la contribución derivativa.
- Eliminar el corrimiento con la contribución Integral.

No todos los procesos requieren un PID completo. Si un corrimiento pequeño no tiene impacto sobre el proceso, será suficiente con un control Proporcional.

El control Proporcional Integral se usa cuando no se puede tolerar el corrimiento, donde puede presentarse ruido (lecturas temporales de error que no reflejan la magnitud verdadera de la VP) y donde no sea un problema un tiempo muerto excesivo.

En procesos donde no se desee corrimiento, no haya ruido, y donde el tiempo muerto es un problema. Se puede usar el PID completo. La Tabla 4.tt muestra los tipos comunes de circuitos de control con los algoritmos de control típicamente usados.

13.10 Resumen de los modos de control:

- **El modo proporcional** produce una SC proporcional al error y si se usa sólo se obtiene un error constante en estado estacionario.
- **El modo integral** produce una SC proporcional a la magnitud del error y proporcional al tiempo en que el error está presente,

reduciendo el error en estado estacionario al mínimo, provocado por el modo proporcional.

- **El modo derivativo** produce una SC proporcional a la velocidad del cambio de la VP y es de sumo cuidado utilizarlo en variables de respuesta rápida.

A continuación se presenta un resumen de las características básicas de cada uno de los modos de control.

a) Proporcional.

- Simple.
- Intrínsecamente estable cuando se sintoniza correctamente.
- Fácil de sintonizar.
- Experimenta offset en estado estable.

b) Proporcional-mas-Integral (reset).

- No hay offset.
- Mejor respuesta dinámica que con el reset solo.
- Posibilidades de inestabilidad debido a la introducción de un atraso.
- El control proporcional +integral es el método de control más comúnmente utilizado.

c) Proporcional-mas-Derivativo (rate).

- Estable.
- Menos offset que el con el proporcional solo (utilización del mayor Kc posible).
- Reduce los atrasos, proporciona una respuesta más rápida.
- Puede provocar inestabilidad en sistemas de respuesta rápida

d) Proporcional-mas-Integral-mas-Derivativo

- Más complejo.
- Rápida respuesta.
- No hay offset.
- Difícil de sintonizar.
-

La Figura 13.21 ilustra cómo responden los modos de control a un incremento de flujo del líquido en un calentador, en términos de la VP o temperatura de salida del líquido. En resumen, el control proporcional tiene un error de corrimiento menor si se usa una ganancia alta, el control PI regresa la VP al SP, y el PID, hace lo mismo pero en un tiempo menor. Estas gráficas son ilustrativas puesto la forma de cada una de ellas depende de las magnitudes de K_p, t_i y t_d.

En teoría, el mejor modo de control es el PID, sin embargo, su mejor aplicación es en procesos lentos y el modo de control más utilizado es el PI, como se verá más adelante. La desventaja de este modo de control es que se tiene la necesidad de ajustar tres parámetros (no dos ni uno) para el correcto funcionamiento del controlador.

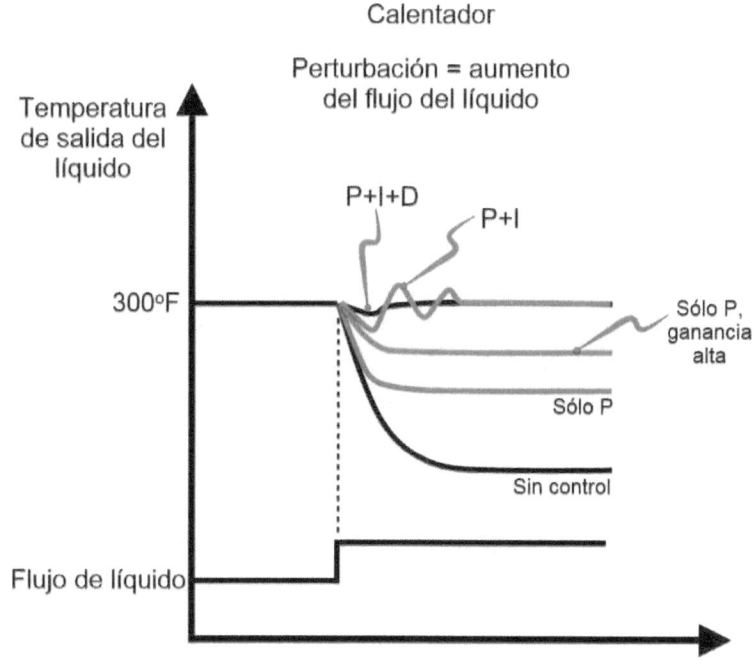

Figura 13.21 Respuesta teórica de los modos de control a un pulso escalón.

13.11 Guía para selección de controladores

La selección de los modos de control apropiados para un proceso en particular es un tema complejo, pero hay unos lineamientos generales que pueden considerarse.

Control on - off. Este modo de control es popular debido a su sencillez. En general su funcionamiento es satisfactorio si el proceso tiene una capacitancia grande y un tiempo muerto mínimo. Este modo de control responderá apropiadamente, hasta cierto punto, a las perturbaciones, pero éstas no deben ser rápidas o grandes. En la industria, el control on-off es adecuado, por ejemplo, para el control de temperatura en un hervidor de cocimiento donde los cambio de carga solo son debidos a cambios en la temperatura ambiente. La capacitancia es grande y los cambios de carga pequeños (Honeywell, 2000).

Control Proporcional. El control proporcional reduce significativamente la oscilación que provoca el control on-off. Hace un trabajo particularmente bueno cuando la capacitancia del proceso es grande y se tienen tiempos muertos pequeños. Estas características promueven la estabilidad y permiten el uso de una ganancia alta, que da una acción correctiva más rápida y con menos corrimiento. Cuando el proceso tiene estas características favorables, el control proporcional puede hacer que se toleren perturbaciones moderadas. Sin embargo, cuando la Kp debe ser baja, perturbaciones pequeñas provocan corrimiento. (Honeywell, 2000).

Control Proporcional Integral. La ventaja principal del control PI es que elimina el corrimiento que provocan las perturbaciones. Puede usarse incluso cuando la capacitancia de los proceso es pequeña y las perturbaciones grandes. La limitación principal es su inhabilidad para prevenir que la SC tome valores excesivos (reset windup) debido a la acumulación de la acción de *reset*. Cuando la acción integral responde a cambios de error suficientemente grandes o uno que existe durante mucho tiempo, pone la válvula en saturación (completamente cerrada o abierta), y es subsecuentemente incapaz de cambiar la dirección del movimiento de la válvula hasta que el error cambie de signo, esto es, hasta que la VP cruce el SP. Este es un problema que se encuentra particularmente en procesos de arranque, pero puede causarlo cualquier perturbación grande o rápida. (Honeywell, 2000).

Control Proporcional Integral Derivativo. La acción derivativa (*rate*) puede ser muy útil para minimizar los "disparos" en los valores de la VP cuando el controlador está tratando de compensar perturbaciones grandes o rápidas. Es útil para prevenir el "disparo" de la VP en el arranque de procesos por lote. Sobre un proceso que se mueve muy lento, el control derivativo tiene un mínimo efecto. En procesos ruidosos, como flujo, el control derivativo amplifica el ruido y provoca en una sobre corrección. Ha sido ampliamente usado en el control de temperatura, y poco en aplicaciones de presión o flujo Sin embargo, en años recientes su uso se ha ampliado a través de todas las aplicaciones de control. (Honeywell, 2000).

Resumen. Cada modo de control es aplicable a procesos que tienen cierta combinación de características. El modo más simple que haga el trabajo será el mejor. Las Tablas 13.1 y 13.2 resumen las guías para selección de los modos de control para varias combinaciones de características del proceso.

Tabla 13.1 Guías para aplicación de los modos de control de acuerdo a la variable de proceso que se quiere controlar. PA control (2006).

Variable controlada	P	PI	PID
Flujo	Si	Si	No
Nivel	Si	Si	Raro
Temperatura	Si	Si	Si
Presión	Si	Si	Raro
Analítico	Si	Si	Raro

Tabla 13.2 Aplicación de los modos de control. (Honeywell, 2000).			
Modo de control	**Velocidad de reacción del proceso**	**Tiempo muerto**	**Perturbaciones**
On-off	Lenta	Pequeño	Pequeña y lenta
Proporcional	Lenta a moderada	Pequeño a moderado	Pequeña, infrecuente
PD	Lenta a moderada	Moderado	Pequeña, rápida
PI	Rápida	Pequeño a moderado	Lenta, pero de cualquier tamaño, frecuente
PID	Rápida	Moderado	Rápida

14 Sistemas de control compuesto.

Los sistemas de control compuesto, también conocidos como control avanzado de procesos (APC: Advanced Process Control) o estrategias de control, consisten en dos circuitos de control que se combinan para lograr un propósito principal común. Los sistemas de control compuesto que se verán en este Capítulo son:

- Control en cascada.
- Control de predominio.
- Control de relación.
- Control prealimentado.

14.1 Control en cascada.

En la Figura 14.1 se muestra el esquema de un control en cascada para un horno que se usa para calentar agua. El objetivo principal es mantener la temperatura del agua caliente a un valor constate e igual al SP preestablecido que corresponde al SP del TIC. Si el combustible se usa en varias unidades de la planta que probablemente sean encendidas y apagadas con cierta frecuencia, se tiene como consecuencia que el suministro del combustible varíe mucho. De esta manera el FIC de combustible trata de compensar esas fluctuaciones y mantener el flujo de acuerdo al SP que le manda el TIC, abriendo o cerrando la válvula de control de flujo de combustible. Como el control de flujo de combustible no es el objetivo global de esta estrategia de control se le conoce como circuito secundario.

El control en cascada puede mejorar significativamente la estabilidad del control comparado con un circuito sencillo, pero solo es realmente efectivo si el control secundario responde muy rápido al cambio del SP que le manda el circuito primario.

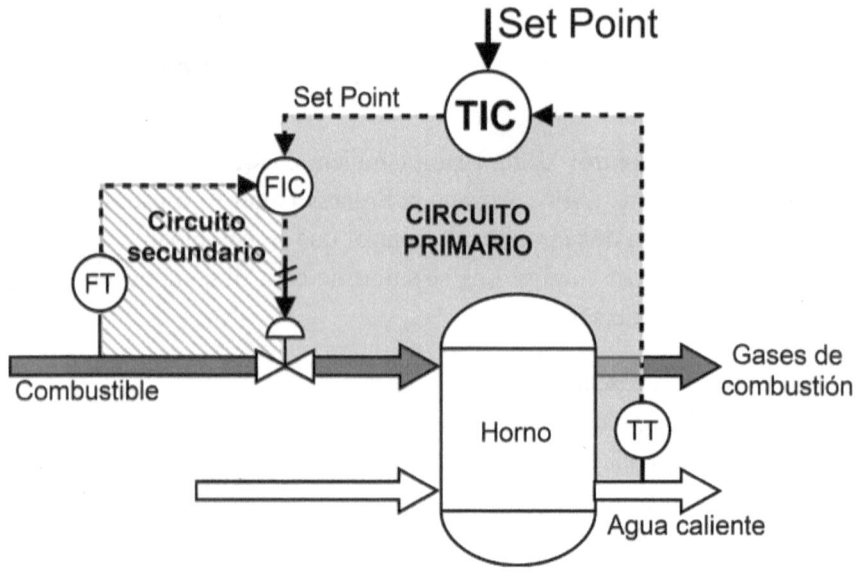

Figura 14.1 Control en cascada de un horno.

La ventaja de utilizar un control en cascada sobre uno sencillo se muestra en la Figura 14.2. La estabilidad se alcanza más rápido con menos oscilación.

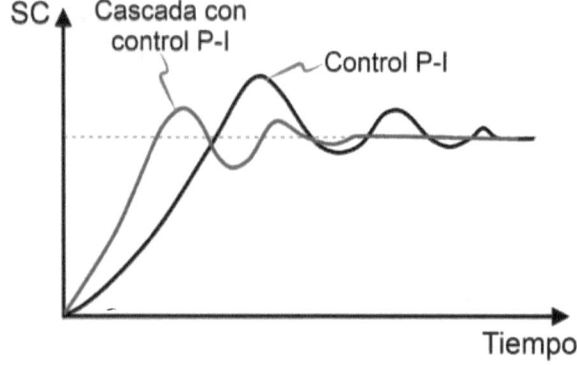

Figura 14.2 Comparación de la respuesta de un control en cascada con un control sencillo.

14.2 Control de predominio.

La estrategia de control de predominio es útil cuando se pueden presentar condiciones de operación anormales que pueden poner en riesgo la operación de la planta. En la Figura 14.3 se muestra el esquema de este tipo de estrategia. Cuando las condiciones de operación del equipo están dentro de lo conocido como "normales" el circuito de control TIC es el que controla la temperatura del agua caliente a la salida del intercambiador de calor. Pero si la presión del ramal principal de alimentación de vapor cae por debajo de un valor previamente establecido (P < SP del PIC), el selector elige transmitir la señal de salida que proviene del PIC, a la válvula de control común entre los dos circuitos, y darle al PIC el control del sistema. Mientras las condiciones de operación sean anormales, el PIC es el circuito de control que predomina, en caso de condiciones normales de operación, el TIC es el circuito predominante.

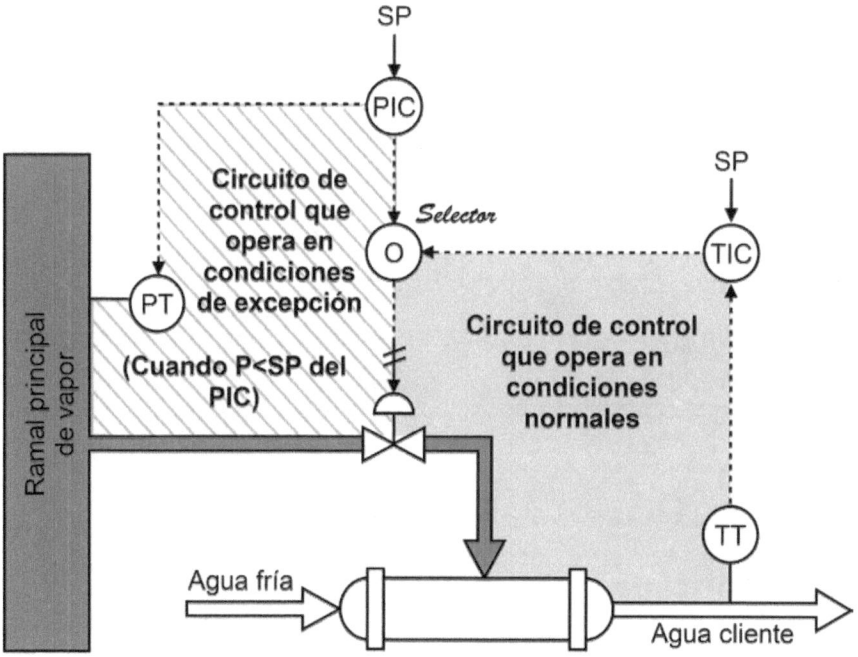

Figura 14.3 Control de predominio en un calentador.

14.3 Control de relación.

La estrategia de control de relación se utiliza principalmente en el mezclado de dos corrientes. Generalmente se tiene una corriente "libre" o de valor conocido (A), que se tiene que mezclar en cierta proporción con otra corriente que es la controlada (B), Figura 14.4. Debe notarse que la corriente "libre" se le llama así porque el Controlador Flujo a Flujo (FFC) no tiene ningún efecto sobre ella, sin embargo, es posible que esta corriente "libre" esté controlada por otro sistema. En esta estrategia de control el flujo "libre" se mide y su valor se lleva al Controlador Flujo a Flujo (FFC) cuyo SP es la relación deseada de Flujo controlado/ Flujo "libre" (B/A). El controlador compara la relación B/A con el SP y de ser necesario genera su señal correctiva.

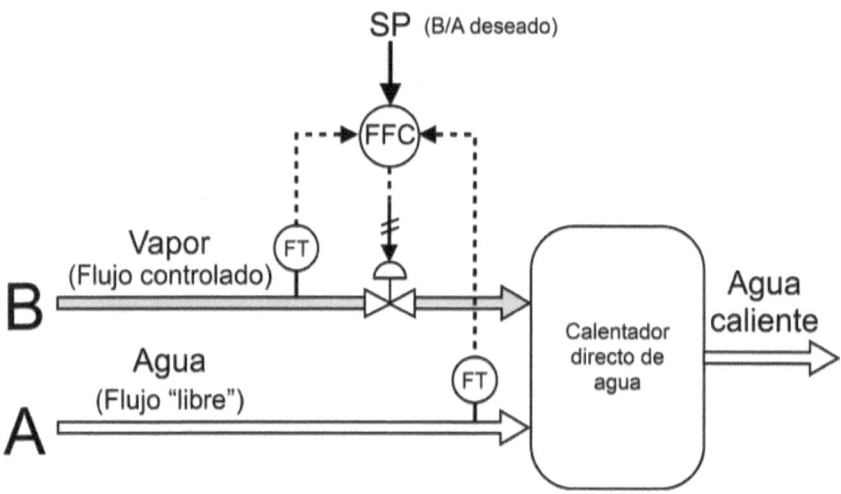

Figura 14.4 Control de relación de un calentador directo de agua.

14.4 Control de rango dividido.

Este tipo de control se utiliza cuando se tiene más de una variable manipulada y una sola señal correctiva. El control divido coordina las diversas variables manipuladas involucradas en el sistema de control. Como ejemplo, en la Figura 14.5 se muestra el control de pH.

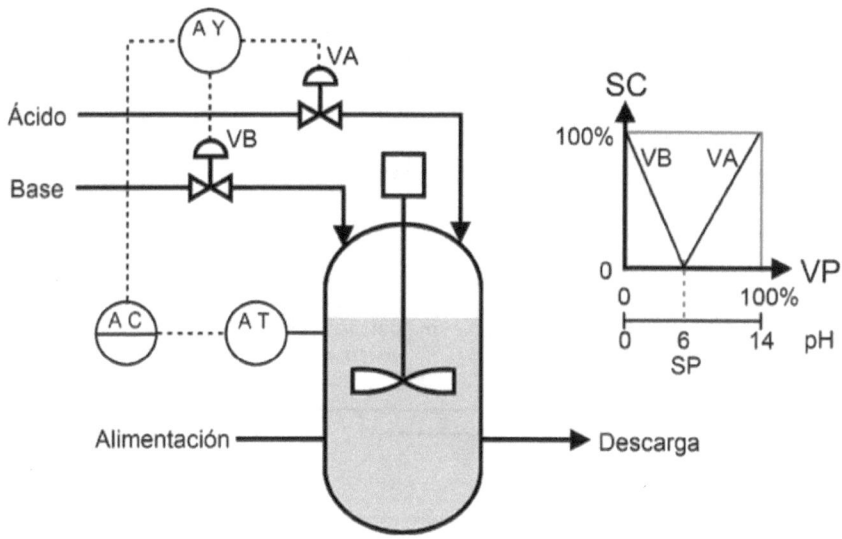

Figura 14.5 Control de pH en un tanque.

Como puede observar, el rango de medición se divide en dos: de 0 a 6 y de 6 a 14. Si el SP es de 6, y la lectura es menor se agrega álcali abriendo la válvula VB; por el contrario, si la medición es mayor de 6, se abre la válvula de alimentación de ácido VA. La decisión de a donde se manda la señal correctiva la toma el relevador pH-Y.

14.5 Control prealimentado.

Los circuitos de control vistos hasta ahora son controles con retroalimentación negativa que para responder o generar su señal correctiva debe presentarse primero y medirse un error en la VP, es un sistema correctivo. Una alternativa para resolver esta situación es el control prealimentado que puede considerarse un sistema preventivo.

La estrategia de control prealimentado consiste en medir las perturbaciones tanto como sea posible, Figura 14.6. Para el intercambiador del ejemplo, etas perturbaciones pueden ser la presión y la temperatura del vapor de calentamiento, la temperatura de entrada del agua, la temperatura ambiental. Cualquier cambio en esas variables provocaría un cambio en la VP. Con el control prealimentado se miden esas perturbaciones y con ayuda de un modelo matemático se predice el impacto que tendrán en la

VP y se genera una acción correctiva (más bien preventiva) que se transmite a la válvula que controla la VP antes de que se detecte un error en la VP.

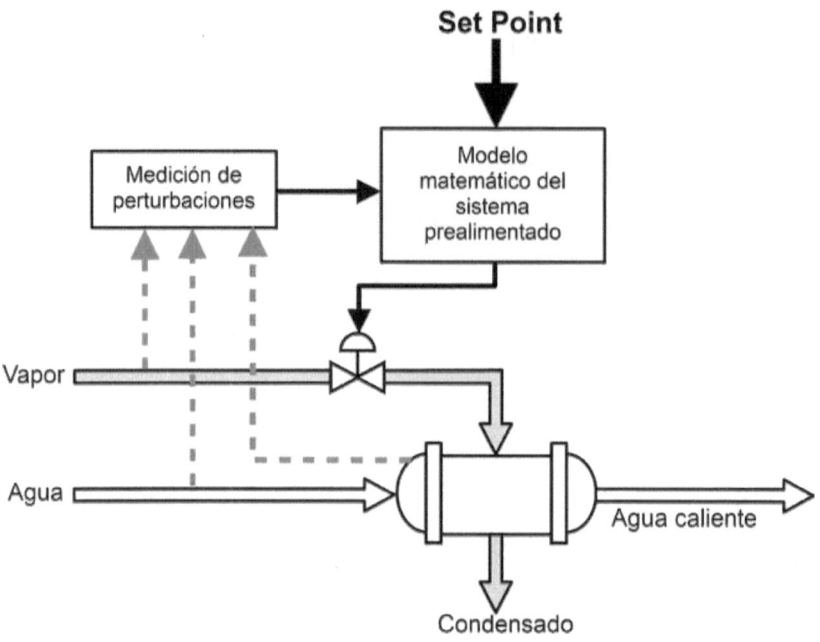

Figura 14.6 Esquema básico de un control prealimentado.

Como los procesos no cambian sus variables de manera instantánea, los modelos matemáticos de los sistemas prealimentados deben tener componentes dinámicos para coordinar la SC con la dinámica del proceso. Por ejemplo, considérese que cierta perturbación impacta el valor de VP 15 segundos después de que ocurre, y que adicionalmente se requieren de 5 segundos para que la variable manipulada tenga efecto en la VP, estos tiempos deben tomarse en cuenta en el modelo matemático para que la salida del controlador ajuste en el tiempo adecuado; en este caso, la SC debe retrasarse 20 segundos.

Al esquema básico del control prealimentado puede tener algunas modificaciones como se muestra en las Figuras 14.7 y 14.8. En el primer caso sólo se añade la medición de la VP controlada. En el segundo, se adiciona un reajuste por retroalimentación.

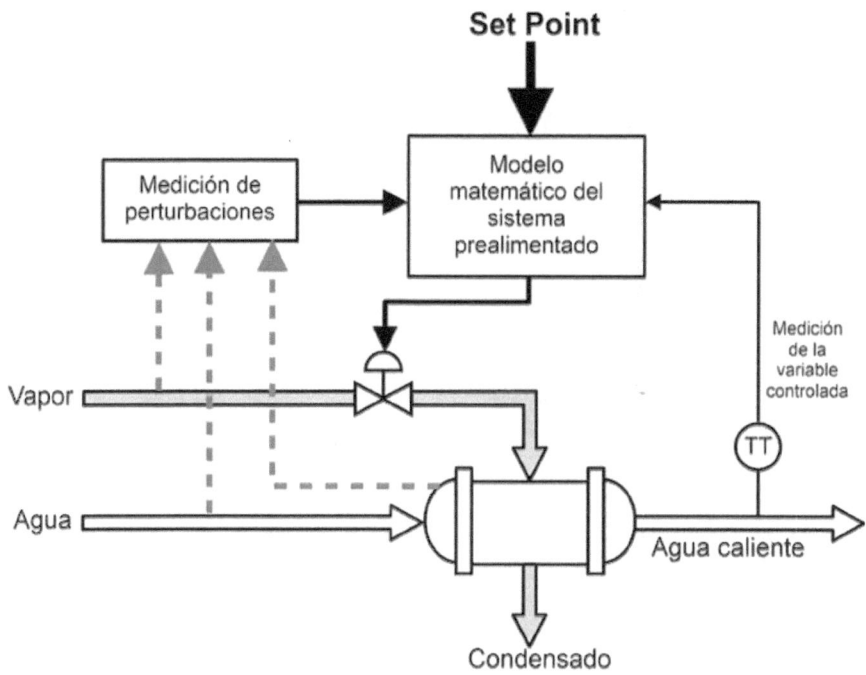

Figura 14.7 Control prealimentado con medición de la variable controlada.

Tener un control prealimentado funcionando correctamente es una verdadera odisea. El modelo matemático debe ser sumamente preciso y mantener esa precisión con el tiempo, porque el equipo envejece y las condiciones del proceso cambian. Lograr y sostener la precisión del modelo matemático es muy difícil. Normalmente se tendrán errores en los parámetros del modelo y seguramente no se podrán lograr algunas de las mediciones que impactan la VP. El modelo matemático se podría reajustarse periódicamente para incluir los cambio que ha sufrido el proceso, pero este trabajo se hace impráctico. Para solucionar esta limitación se propone insertar un ajuste por retroalimentación (Figura 14.8) para compensar esos cambios que no se han incluido en el modelo matemático. La adición de este ajuste por retroalimentación se considera que es una solución práctica para la operación apropiada del control prealimentado en las plantas de proceso. Sin embargo, este sistema deja de ser un control prealimentado y puede decirse que se convierte en una

253

estrategia mixta de control pues combina la idea del control prealimentado con la del retroalimentado.

Debido a las dificultades mencionadas, el control con retroalimentación sigue siendo el tipo de control más usado.

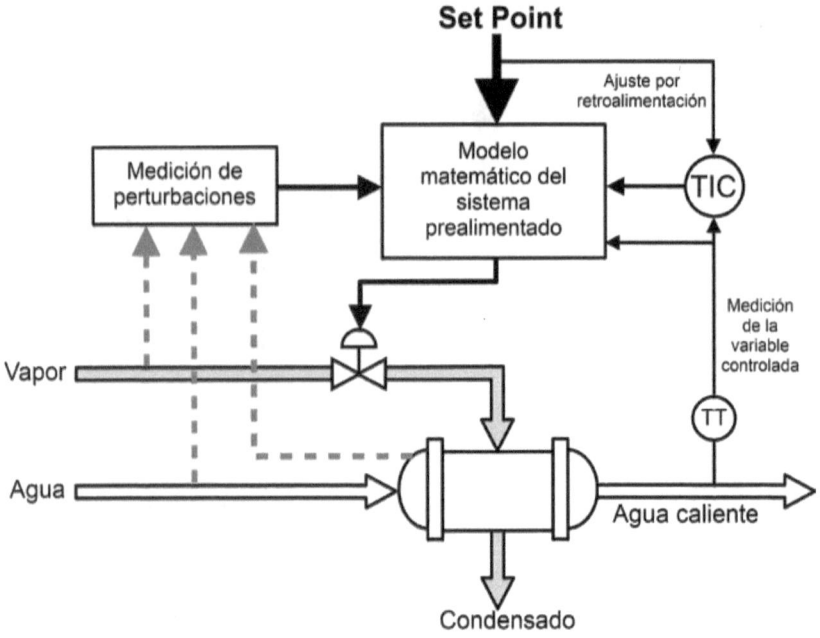

Figura 14.8 Control prealimentado con reajuste por retroalimentación.

15 Bibliografía.

Altmann Wolfgang (2006) Practical Process Control for Engineers and Technicians. Elsevier

Anderson, A. A. (1997). Instrumentation for Process Measurement and Control. Third Editon. CRC Press.

Anderson Gary (2014). Industrial Network Basics: Practical Guides for the Industrial Technician. Createspace Independent Publishing Platform

Bartelt, T (2006). Instrumentation and Process Control. Delmar Cengage Learning. 1 edition .

Battikha, N. E. (2006). The condensed handbook of measuremente and control. 3rd Ed. ISA.

Blog instrumentación.
http://www.bloginstrumentacion.com/blog/2010/06/28/como-funciona-un-transmisor-de-presion/

Controls.engin.umich.edu (2016)
https://controls.engin.umich.edu/wiki/index.php/PIDStandardNotation

Creus A (2011) Instrumentación industrial.8ª. Edición. Alfaomega, Marcombo.

Dewey's Instrument Troubleshooting Handbook Plastic Comb – 2001 by Ralph Dewey (Author)

Dunn W. (2005). Fundamentals of Industrial Instrumentation and Process Control. McGraw-Hill Education; 1 edition.

Fisher (2011) Tecnologías Fisher para el control de la cavitación. Fisher Controls International LLC.

Honeywell (2000). A Process Control Primer. Honeywell, Illinois.

Hughes A Thomas (2007). Measurement and Control Basics. 4a Ed. ISA.

IDC (2004) Practical Instrumentation for Automation and Process Control for Engineers and Technicians. IDC Technologies.

Instrumentationtoday, (2016)
http://www.instrumentationtoday.com/optical-pyrometer/2011/08/

Instrumentationtools.com (2017) https://instrumentationtools.com/digital-control-valves-working-principle/

Instrumentationtoolbox.com (2016)
http://www.instrumentationtoolbox.com/2011/02/pressure-sensors-used-in-industrial.html#axzz4RXKQSJVV

Martin & Hale (2010) Automation Made Easy. ISA.

Moreira R (2001) Automatic control for food processing systems. Aspen.

Muller R (1994) Control System Documentation. Applying symbols and identification. ISA

NTT (2007) Introduction to Instrumentation & Process Control. 7a. Ed. National Technology Transfer Inc.

Omega (2016)
http://www.omega.com/literature/transactions/volume3/pressure2.html.

PA Control (2006). Instrumentation & Control. Process Control Fundamentals. PA Control.com.

PC-education (2016)
http://www.pc-education.mcmaster.ca/Instrumentation/go_inst.htm

Purdy's Instrument Handbook by Ralph G. Dewey (Author) Glen Enterprises (December 30, 1996)

Purdy's Instrument Handbook #2 Paperback – 2000 by Dewey (Author)

Schwartz Monte y Koslov Joshep (1984). Chemical Engineering , July 9, 1984.

Smith C. (2010). Advanced Process Control. Wiley, AIChE.

Spirax- Sarco (2016). http://www.spiraxsarco.com/resources/steam-engineering-tutorials/control-hardware-el-pn-actuation/control-valve-actuators-and-positioners.asp

Spirax- Sarco, 2017. http://www.spiraxsarco.com/Resources/Pages/Steam-Engineering-Tutorials/control-hardware-el-pn-actuation/control-valve-actuators-and-positioners.aspx

TDK (2017)
https://product.tdk.com/info/en/products/sensor/sensor/humidity/technote/tpo/index.html

Turton, Baile, Whiting and Shaeiwitz. (2003). Analysis, Synthesis and Design of Chemical Processes. 2d. Edition. Prentice Hall.

Ulrich Gael (1992). Diseño y economía de los procesos de ingeniería química. Mc Graw Hill.

Vignoni José R. (2005). Válvulas de control. Instrumentación y Controles Industriales.

Walas Stanley M. (1998). Chemical Process Equipment. Butterworth.

Warren controls. Valve sizing & selection technical reference. VSSTR-9/05.

Webstore.ansi.org (2016)
http://webstore.ansi.org/FindStandards.aspx?Action=displaydept&DeptID=160&Acro=ISA&DpName=ISA:%20Instrumentation,%20Measuring%20and%20Control%20Systems&source=google&adgroup=isa&gclid=CMyqhJKlxbICFU6mPAodVX4AtA